U0267067

中国科普大奖图书典藏书系

站在地球极点的思索

位梦华◎著

长江出版传媒 湖北科学技术出版社

图书在版编目(CIP)数据

站在地球极点的思索 / 位梦华著. —武汉:湖北科学技术出版社,
2015.12(2018.6 重印)

(中国科普大奖图书典藏书系/叶永烈 刘嘉麒主编)

ISBN 978-7-5352-8216-3

Ⅰ.①站… Ⅱ.①位… Ⅲ.①极地—普及读物
Ⅳ.①P941.6-49

中国版本图书馆 CIP 数据核字(2015)第 200667 号

站在地球极点的思索

ZHAN ZAI DIQIU JIDIAN DE SISUO

责任编辑:万冰怡 封面设计:戴 旻

出版发行:湖北科学技术出版社 电话:027-87679468
地 址:武汉市雄楚大街 268 号 邮编:430070
(湖北出版文化城 B 座 13-14 层)
网 址:http://www.hbstp.com.cn

印 刷:武汉中科兴业印务有限公司 邮编:430071

700×1000 1/16 22.75 印张 2 插页 301 千字
2016 年 3 月第 1 版 2018 年 6 月第 5 次印刷
定价:34.00 元

本书如有印装质量问题 可找本社市场部更换

　　我热烈祝贺"中国科普大奖图书典藏书系"的出版！"空谈误国，实干兴邦。"习近平同志在参观《复兴之路》展览时讲得多么深刻！本书系的出版，正是科普工作实干的具体体现。

　　科普工作是一项功在当代、利在千秋的重要事业。1953年，毛泽东同志视察中国科学院紫金山天文台时说："我们要多向群众介绍科学知识。"1988年，邓小平同志提出"科学技术是第一生产力"，而科学技术研究和科学技术普及是科学技术发展的双翼。1995年，江泽民同志提出在全国实施科教兴国的战略，而科普工作是科教兴国战略的一个重要组成部分。2003年，胡锦涛同志提出的科学发展观则既是科普工作的指导方针，又是科普工作的重要宣传内容；不是科学的发展，实质上就谈不上真正的可持续发展。

　　科普创作肩负着传播知识、激发兴趣、启迪智慧的重要责任。"科学求真，人文求善"，同时求美，优秀的科普作品不仅能带给人们真、善、美的阅读体验，还能引人深思，激发人们的求知欲、好奇心与创造力，从而提高个人乃至全民的科学文化素质。国民素质是第一国力。教育的宗旨，科普的目的，就是为了提高国民素质。只有全民的综合素质提高了，中国才有可能屹立于世界民族之林，才有可能实现习近平同志最近提出的中华民族的伟大复兴这个中国梦！

　　新中国成立以来，我国的科普事业经历了1949—1965年的创立与发展阶段；1966—1976年的中断与恢复阶段；

1977—1990年的恢复与发展阶段；1990—1999年的繁荣与进步阶段；2000年至今的创新发展阶段。60多年过去了，我国的科技水平已达到"可上九天揽月，可下五洋捉鳖"的地步，而伴随着我国社会主义事业日新月异的发展，我国的科普工作也早已是一派蒸蒸日上、欣欣向荣的景象，结出了累累硕果。同时，展望明天，科普工作如同科技工作，任务更加伟大、艰巨，前景更加辉煌、喜人。

"中国科普大奖图书典藏书系"正是在这60多年间，我国高水平原创科普作品的一次集中展示，书系中一部部不同时期、不同作者、不同题材、不同风格的优秀科普作品生动地反映出新中国成立以来中国科普创作走过的光辉历程。为了保证书系的高品位和高质量，编委会制定了严格的选编标准和原则：一、获得图书大奖的科普作品、科学文艺作品（包括科幻小说、科学小品、科学童话、科学诗歌、科学传记等）；二、曾经产生很大影响、入选中小学教材的科普作家的作品；三、弘扬科学精神、普及科学知识、传播科学方法，时代精神与人文精神俱佳的优秀科普作品；四、每个作家只选编一部代表作。

在长长的书名和作者名单中，我看到了许多耳熟能详的名字，备感亲切。作者中有许多我国科技界、文化界、教育界的老前辈，其中有些已经过世；也有许多一直为科普事业辛勤耕耘的我的同事或同行；更有许多近年来在科普作品创作中取得突出成绩的后起之秀。在此，向他们致以崇高的敬意！

科普事业需要传承，需要发展，更需要开拓、创新！当今世界的科学技术在飞速发展、日新月异，人们的生活习惯和工作节奏也随着科学技术的进步在迅速变化。新的形势要求科普创作跟上时代的脚步，不断更新、创新。这就需要有更多的有志之士加入到科普创作的队伍中来，只有新的科普创作者不断涌现，新的优秀科普作品层出不穷，我国的科普事业才能继往开来，不断焕发出新的生命力，不断为推动科技发展、为提高国民素质做出更好、更多、更新的贡献。

"中国科普大奖图书典藏书系"承载着新中国成立60多年来科普创作的历史——历史是辉煌的，今天是美好的！未来是更加辉煌、更加美好的。我深信，我国社会各界有志之士一定会共同努力，把我国的科普事业推向新的高度，为全面建成小康社会和实现中华民族的伟大复兴做出我们应有的贡献！"会当凌绝顶，一览众山小"！

中国科学院院士
华中科技大学教授　　杨叔子　二〇一二　九·廿八

第二部　北极天地生

第三部　三大浪潮进北极

第四部 漫漫天涯路

第五部　初拍北极

第六部　远征北极点

历史的一瞬

1995年5月6日,北冰洋上风和日丽,一支队伍人欢狗叫,向着一个既定目标奋力冲击。北京时间上午10时55分,"砰"的一声枪响,两颗信号弹腾空而起。"北极点到了!"接着是一阵狂热的欢呼。

这时,在茫茫的冰雪之上,"哗"地展开了一面红旗,那是一面五星红旗;红旗映红了几张激动的面孔,那是一群中国人的面孔;天上一轮辉煌的红日,那是一轮不落的红日;地上一道深深的痕迹,那是一道历史的痕迹。中国首次远征北极点科学考察队中的7名冰上队员,经过13天艰苦卓绝的奋力拼搏,克服了重重困难和危险,终于把中华民族的足迹延伸到了地球之巅。在进入21世纪之前,完成了一个古老民族在地球上所能进行的最后一次远征。这一时刻,牵动着多少人的心弦;这一进军,背负着多少人的心愿;这一成功,凝结着多少人的汗水;这一胜利,使地球上最大民族的一个长久梦想得以实现。从表面来看,北极点与其他地方并没有明显区别,同样是一片冰雪,冰雪一片。但是实际上,这里却有许多特殊之处,例如,这里不仅是北的尽头,而且东西也随之消失,任你旋转三百六十度,所有的方向都是南。当我遥望蓝天,虽然是光亮一片,但我知道,北极星就在我的头顶上,当然非常遥远。这时又想到了我们伟大而古老的中华民族,自改革开放以来,正焕发出无限的青春活力,以崭新的面貌,迎接着各种挑战。那么,我们下一个远征的目标是什么呢? 那就是飞向太空,去考察月球,探测宇宙空间。于是,

心潮澎湃,浮想联翩,吟诗一首曰:

登北极点

一九九五年五月六日

冰封大洋雪连天,
脚下步步是深渊。
裂缝纵横危机伏,
生死只在一瞬间。

飞橇直下九百里,
人困狗乏对愁眠。
梦来忽复百花开,
醒时更觉饥肠寒。

万般思虑皆冷淡,
唯有冰柱挂嘴边。
四顾茫茫何处去,
忽闻已到北极点。

炎黄子孙齐欢呼,
小小环球已踏遍。
昂首未来望太空,
吴刚嫦娥盼飞船。

正在这时,天空中传来了嗡嗡声,渐渐地,有几个黑点出现在天际,接我们的飞机到了,又是一阵跳跃欢呼,连那些已经筋疲力竭、骨瘦如柴,在这次考察中立下了汗马功劳的爱斯基摩（因纽特旧称）犬也都格外兴奋起来，一个个狂蹦乱跳，仰天长嚎，因为它们知道，回家的时刻到了。

我们选好了一块平整的冰面，用滑雪杆和人墙标出了一条降落跑道。飞机扬起漫天的飞雪，带着尖利的呼啸，徐徐地停稳之后，基地队员们便像潮水似地冲了出来，在这宝贵的时刻，在这特定的地方，紧紧握手，热烈拥抱，在那冰天雪地之中，再一次响起了中国人的欢呼声。

考察队的副领队，基地总指挥，中国科学院的刘健同志满脸严肃地向我走来，那几步路似乎是那样的遥远，那几秒钟似乎是那样的漫长。终于，我们的手紧紧地握在了一起，我们的目光直直地碰在了一起。无言，无语，无笑，无泪，只有两颗心在激烈地跳动。

本来，我们计划25名科考队员在北极点来个胜利大会师。然而，可惜的是，有一架飞机中途出了故障，只好返回基地。所以，只有18名队员相会在北极点。

三架飞机相继升空，并绕着北极点转了一个圈，算是最后的告别和致意，然后掉头往南飞去。我俯在舷窗的玻璃上，盯着那渐渐远去的冰雪和纵横交错的裂隙，先是深感轻松，因为它们再也奈何不得我。接着又觉得惋惜，因为也许这就是永别，我可能再也见不到它们了。

然而，不管我的感受如何，外界世界都仍在无穷无尽地变化着，脚下的冰原在向着远方延伸，头上的蓝天在向着太空扩大，而夹在蓝天和冰雪之间的白云，则在风力的鼓动下变幻莫测，飘浮不定，从飞机四周擦身而过。这时，我突然萌发出了一个奇怪的念头，觉得在冰雪上的那13个日日夜夜是我一生中最为纯洁的时刻，纯洁的大气，纯洁的海洋，纯洁的天空，纯洁的太阳，纯洁的暴风，纯洁的阳光，纯洁的孤寂，纯洁的凄凉，而所有这些纯洁，共同孕育和塑造出了那些纯洁的冰雪。在这样的环境里，人与人之间的关系是纯洁的，人与狗之间的关系是纯洁的，人与大自然之间的关系是纯洁的，因此，人们的心灵也都是纯洁的。现在，所有这些纯洁正在渐渐地离我而去，大气中的烟尘愈来愈多，心灵上的阴影愈来愈浓，于是我开始后悔，觉得真不该登上这架返程的飞机，如果能长眠在那片晶莹的冰雪里，使灵魂得到升华，该是一种多么难得的幸福！

　　然而这时，极度疲劳的身躯已经不堪这沉重的思维，眼皮愈来愈沉，脑袋愈来愈低，我终于蜷缩在那狭小空间的机舱角落里，渐渐坠入梦乡，进入到另外一个更加虚无缥缈、广阔无垠的世界里。

第一部

两极的奥秘

两极的奥秘

引　子

　　大自然的奥秘是无穷无尽的，单就地球而言，就有许许多多奇奇怪怪的现象，连最伟大的科学家也说不清楚。例如，300多年以前，伽利略观测到了地球确实是绕着太阳旋转的，而不是以前人们普遍认为的那样，太阳绕着地球转，这是人类对地球认识的一大进步。但是，地球为什么会绕着太阳转呢？不仅伽利略对此一无所知，就连现在的科学家也是众说纷纭，各执一词，只能提出一些推断和假说，并没有一个统一的认识。200多年以前，牛顿发现了万有引力定律，知道了苹果为什么会落地，但却仍然坚信上帝的存在，因而被列宁批为"伟大的科学家，渺小的哲学家"。

　　100多年前，爱因斯坦提出了相对论，揭示了空间和时间的辩证关系，加深了人们对于物质和运动的进一步认识。但研究来研究去，他最后还是得出结论说，看来自然界中还是有一种超自然的力量，否则就无法解释太阳系的八大行星为什么会排列得如此和谐而有序。这种超自然的力量就是爱因斯坦心目中的上帝，实际上它与一般人们所顶礼膜拜的上帝可能是大不一样的，但有一点却是一脉相承的，那就是，自古以来，当人们对大自然的奥秘还无法解释时，便会归结为上帝。于是，万能的上帝便成了人们的精神寄托,不仅无所不包,而且无所不能。

地球除了绕太阳公转,一年一圈之外,还在不停地自转,转一圈正好24小时,这就是一天。至于为什么会有自转,也还是搞不清楚。但有一点是可以肯定的,那就是,正因为有了自转,所以才有了两极。

对跖的两极

一说到两极,那难解的谜就更多了。首先从地形上看,似乎就有点不可思议。大家都知道,北极是个大洋,即北冰洋,而南极是块陆地,即南极洲,这是由于大陆漂移的结果,没有什么可以大惊小怪的。但是,当你知道如下事实时,就会觉得大自然的安排是如此巧妙而又不可思议。因为,无论是从面积还是形状来看,北冰洋和南极洲都是极为相似的。例如,北冰洋的面积为1 470万平方千米,而南极洲的面积则为1 405万平方千米。除了狭窄的白令海峡之外,北冰洋只有一个出口与外界大洋相连,那就是格陵兰与挪威之间的大西洋海渊。而南极洲也有一个唯一的“犄角”与外界大陆遥遥相对,那就是南极半岛。不仅如此,这两个一凹一凸的地理单元在高低起伏上也有明显的对应之处。例如,南极有一条高高的山脉横穿大陆,那就是横贯山脉,而北极则有一条深深的海沟横在海底,那就是北极海沟。北冰洋的平均深度为1 280米,而南极洲的平均高程则为1 830米。南极洲最高的山峰是在南极半岛根部的文森峰,海拔高程为5 140米;而北冰洋最深的地方则正好是在其海渊出口的顶端,深达5 608米。也就是说,南北两极不仅其最高点和最低点的海拔数值大体相似,而且其所在的位置也一一相对应。因此,如果我们用一把巨大的铲子将南极大陆沿海平面以上250米左右的地方铲下来,然后翻转过来,小心翼翼地扣到北冰洋里去,那么,地球的两极则将变为海拔250米左右的平地。人们把这种高低相反——一对应的关系叫作对跖关系。看上去宇宙中似乎存在着一种巨大的压力,不仅把地球压成了一个扁平的球体，而且还把地球顶部压成了一个大坑，那就是北冰洋。而大坑中的物质则在底部凸了出来，那就是南极洲。这一过程就像压模似的，至于为什么，却仍然是一个谜。

南极物语

现在的南北两极都是冰天雪地，极度严寒。南极大陆95%以上都为巨厚的冰川所覆盖，平均厚度达2 000多米，最厚处可达4 800米。北极的格陵兰也是如此。俗话说，"冰冻三尺，非一日之寒"，看到如此巨大的冰川，你会想到，这些地方不知已经被严寒统治了多少万年。是的，南北两极处在甚至比现在还要寒冷的气候之下，已经有几百万年了。但是，地质历史的研究表明，地球上的气候却并非一成不变的。实际上，南北两极都有过相当温暖的历史时期，那时它们同样也是树木茂盛、草原丰美、森林密布、鸟语花香。这就是所谓的间冰期。地质学家告诉我们说，地球上已经经历了好几个冰期和间冰期。最后一个冰期是在大约一万多年以前，那时候，北极的冰川往南一直延伸到北纬四十度以南，像中国的黄山，都留下了冰川的痕迹。后来，天气又很快转暖了。也就是说，我们现在正生活在一个间冰期，但这个间冰期还没有暖和到足以使两极的冰盖完全融化的程度。至于地球上为什么会有冰期和间冰期的反复循环，将来会不会再进入下一个冰川期，也同样是个谜。

最大的陆地动物——蚊子

正是这种气候上的特点，造就了两极非常独特的生物。而两极另外一个最大的区别,则是生物种类的不同。

　　说起来也许难以置信,南极大陆是地球上唯一没有高等生物的大陆,最大的陆地动物,只是一种不到两厘米长的蚊子,而且一年当中有300多天都处在冬眠状态,只有在最暖和的一个多月里,才能苏醒过来。一旦醒来,则立刻繁衍生子,然后又进入梦乡。这种蚊子称得上是南极大陆真正的主人,真是"山中无老虎,猴子称大王",因为除了它们,南极大陆就再也找不到一种更加像样的陆地生物了。

最古老的植物——苔藓与地衣

　　地球上最原始的植物是地衣,它虽不起眼,却能在其他植物所不能生长的岩石、峭壁、冻土上繁衍生息,并成为其他植物生长的拓荒先锋。它们总共有400多种。在其他大陆,十年可以长出一片高大的森林。但是,它们虽然枝叶繁茂,气势雄伟,可一挪到南极,却连一天也活不下去。而那些不畏严寒的地衣,经过十年的艰苦生长,还不足以大到令人能够察觉的程度。因此,当你看到一片直径十几厘米的地衣时,可曾想到,它已经在那里生存几百年了。

细菌、磷虾、南极鱼

　　若把南极的范围从陆地扩展到海洋,那奥秘就更多了。例如,南极鱼可以在 $-18\,^{\circ}\mathrm{C}$ 的冰水里游来游去而毫不畏惧,且可以在冰缝中穿行自如。而其他鱼类只要接近零度就会被冻僵,而且它们的身体只要一碰到冰立刻就会被冻住。那么,南极鱼为什么会有如此非凡的能力呢?据说因为它们的血液中有一种特别的物质。因此,科学家们正在拼命地研究,如果能将这种物质提取出来，注射到人的血液里，就有可能会大大地提高人的抗寒能力，不仅冬泳变得轻而易举，就是在冰天雪地里打起仗来，也可以大大地提高战斗力。还有那些神秘莫测的磷虾，来时浩浩荡荡，使整个大海都变成了红色，而去时则会无影无踪，即使用先进的仪器也查找不到它们的踪迹。磷虾是南极生物链中最为关键的一环，从天上飞的鸟到水里游的鱼，小到企鹅大到鲸鱼，都要靠它而生存，如果没有了磷虾，南极将变得毫无生气。甚至连南极的细菌也令人们迷惑不解。在南极大陆中心地区，年平均气温在－50℃，但在冰雪当中仍然可以找到少量的细菌，在如此寒冷的情况下，它们是怎样生存和繁殖的呢？更加有意思的是，它们抵御得了严寒，却忍受不了高温，只要一到十几摄氏度就都死光了，因此对人类没有什么威胁，因为它一接触到人体便都一命呜呼了。

当地居民——神气活现的企鹅

如果要在南极选一种生物作标志，那当然就是企鹅了。它的知名度之高不仅在南极首屈一指，就是在全球的动物王国也是名列前茅的。

凡是有幸能到南极的人，都有一个共同的心愿，那就是希望能与当地的"居民"会一下面。因为，如果到了南极而未能见到企鹅，就如到了埃及而没有见到金字塔，到了中国而没有见到万里长城一样，简直就像没有到过南极似的，将成为终身的憾事。我的心情当然也是如此。到了野外之后，天天盼望着企鹅的到来，工作之余总是东张西望，左顾右盼，总希望会有意外的发现。但是，时间一天天地过去了，却总也见不到企鹅的影子，眼看野外工作已经接近尾声了，我的心情也愈来愈焦躁不安，心想，大概企鹅不会来拜访我们了。没有想到，在一年一度的感恩节那天，我的愿望终于实现了。我那天正好值日，等把东西整理好之后，已经是午夜12点了，见太阳依旧悬在半空，便拍了一张照片，题为感恩节午夜的太阳，作为留念。然后拖着疲惫不堪的身子，钻进了盼望已久的帐篷，刚想躺下，忽然听见外面传来两声奇怪的叫声，不像是贼鸥，倒有点像是鸭子。难道南极还会有鸭子吗？在好奇心的驱使之下，我从帐篷里又爬了出来，向叫声方向望去，啊！原来是一只企鹅！它正站在那里东张西望，犹豫不决，不知道是不是可以到我们的帐篷里来拜访，似乎生怕打扰了我们似的，因此大叫了几声，看样子是想先打一下招呼。见此情景，我欣喜若狂，高兴得跳了起来，心想："亲爱的，你到底来了。"便背上相机，奔了过去。那只企鹅见到了人，好像也是满心欢喜，便步履蹒跚地迎了上来，一面仔细地打量着我，似曾相识似的。我赶紧把镜头对准它，"咔嚓咔嚓"地拍起照来，而它却像是一个老练的电影演员，在镜头面前表现得镇静自若，沉着大方，就差没有背台词了。接着，在我的陪同之下，它摇摇摆摆地走进了我们的驻地，转来转去地巡视了一遍，对我们的帐篷似乎特别感兴趣。后来，看样子它大概是有点累了，便在我的帐篷旁边卧了下来，把脑袋一缩，打起瞌睡来。我蹲在它的身边，仔细地观看着它背上那黑褐发亮的羽毛，从头到尾，柔软细密，确实像一件上等料子的燕尾服。从童年到现在，几十年过去了，梦想变成了现实，我终于看到了这种神话般的带有传奇色彩的动物，而且是在南极。想到这里，心情未免有点激动起来，于是我轻轻地伸出了手，小心翼翼地想抚摸一下它的脑袋，谁知道，当我的手刚刚碰到它的嘴巴，它就"咚"地站了起来，一反温文尔雅的常态，似乎是大敌当前，摆出了一副迎战的架势。看到它那种认真的样子，我笑了，说："唉，好朋友，你实在是误解了我的好意。"为了不再打扰它，我也就钻进帐篷，睡觉去了。

当我正在辗转于梦乡，又回到遥远的祖国的时候，却忽然被企鹅的叫声所惊醒，看看表，正是清晨三点。出来看时，那只企鹅已经踏上征途，离去了，那叫声大概是向我告别的。这就是我第一次看到企鹅时的情景，这情景将作为极其美好的印象，永远留在我的记忆里。美国人在感恩节时总要感谢上帝赐给了他们幸福，但我在南极度过的这个感恩节却另有一番意义，我应该感谢那只可爱的企鹅，是它带给我快乐。

几天之后的一个下午，大风掀天揭地，吹得我们不仅走路困难，而且连眼睛也睁不开，实在无法工作，只好收工回家。正走在路上，突然望见在远处有一只企鹅，正匆匆忙忙地从我们驻地旁边走过。大家立刻放下手里的东西，骑上摩托追了过去。有趣的是，当它发现了我们之后，便立刻扑打着翅膀，以飞快的速度向我们跑了过来，就像是见了久别重逢的朋友似的。相遇之后，还不断地点头哈腰，仿佛是在为刚才的匆匆而过深表歉意。我们纷纷打开相机，从四面八方对着它拍照，它却神气活现、洋洋自得、慢条斯理，不时地环顾四周，好像是在举行记者招待会。

野外工作终于结束了，在那种极端恶劣的环境里真是度日如年，虽然只有三个星期，但大家都觉得像是过了几年似的。还好，这项艰巨的任务总算顺利完成了，每个人都如释重负，有一种说不出的轻松感。特别值得庆幸的是，我们到底还是看到了盼望已久的企鹅，总算可以心满意足了，再也没有什么东西可以留恋的了。但是，谁也没有想到，在我们即将离开时，还会有几只企鹅来给我们送行，真是意外。那天，天气晴朗，风和日丽，埃拉伯斯火山喷发出来的蒸汽缭绕在山顶，形成了一顶巨大的斗笠。吃过野外的最后一顿早餐之后，我们把各种装备分装在几辆车子上，排成一个长长的队伍，浩浩荡荡地向基地进发。我坐在最后一辆履带车里，车子后面还拖着一个雪橇，在厚厚的雪地上划出一道长长的印子。开着开着，忽然听到后面似乎有什么东西在叫唤。回头一看，原来是四只企鹅跟在我们后面拼命奔跑，紧紧追赶。显然，它们是望见了我们的雪橇，不知道是什么东西，觉得好奇，所以穷追不舍，想赶上来看个明白。见了这种情景，我们赶紧停下车来，走上前去表示欢迎。但它们却并没有急于围拢过来，而是慢条斯理地端详着周围形势，也许是因为害怕过于大惊小怪会有失绅士的风度。待走近之后，为首的一位像是它们的头头，首先摇摇摆摆地走过来，围着雪橇转了一圈，看看没有什么危险，其他三位才跟了过来，在我们的身边转来转去，待把所有的东面都看遍了之后，便心满意足地拍打拍打翅膀，告辞了。我们回到车上，同行的杰克向企鹅们挥动着双手，高声喊道："再见了，谢谢你们给我们送行!"而它们却头也不回,只顾赶自己的路。

我在南极最后一次看到企鹅是在罗斯岛上做重力测量的时候。那天,我们在一个观测点上碰到了几个澳大利亚人,他们正在焦急地等待直升机来接他们回基地去。互致问候之后,我们的机组人员便和他们聊起天来,询问他们是否需要帮助。那一带没有积雪,露出地表的是大片黑色的火山灰,离观测点不远的地方有一座木制的小屋,在这荒无人烟的地方绝无仅有,所以显得格外突兀。观测完毕之后,我们便都涌到那座房子里去参观,只见里面有一些破旧衣服、女人靴子、瓶瓶罐罐、刀叉炊具之类。房子的周围还放着许多罐头、食品、狗食、草捆、狗窝之类,似乎这房子的主人刚刚离去。但看过钉在房子上的一块铜牌之后方才知道,这房子原来就是著名的英国探险家沙克尔顿于1907—1909年率领英国探险队在这里建造的,距今已经有百余年的历史了。因该房屋建造的比较坚固,又没有什么人为的破坏,所以至今完好无损,成了重点保护的"文物"。

参观完毕,我站在高处往四周望去,不禁大吃一惊。原来离这里只有几百米的地方就有一个企鹅栖息地,只见成千上万只企鹅聚居在一块不大的地方,黑压压一片,甚为壮观。看到这种情况,我惊喜万分,抓起相机奔了过去,冲到企鹅中间"咔嚓咔嚓"地拍起照来。但是,与前面所看到的企鹅活泼好动的天性大不一样的是,这里的企鹅都在忙于孵蛋,对于我的到来并不在意,表现出一副无动于衷的样子。并不像游动的企鹅看到人时所表现出来的那样亲切和好奇。它们的"住所"都非常简朴,只有几块石子和一点点冰雪而已。单凭我们的眼睛,很难看出它们的窝之间会有什么差别。但企鹅们不仅能在成千上万、密密麻麻的窝中准确无误地找出自己的"家"来,而且还能年复一年地长期使用,这使我这个贸然造访的参观者实在是佩服得五体投地。

正当我聚精会神地参观访问时,那位驾驶直升机的美国机长却像一只贼鸥一样在我的背后大喊大叫起来。我听不清他说的是什么,还以为他是在喊我赶快回去上飞机呢。谁知等我走回来以后,他指着一块小小的木牌子吼叫道:"这里是企鹅保护区!你越过这个牌子就得罚款五千美元!"我确实没有看见那块牌子，所以只好向他表示歉意。再回头看看那些企鹅，只见它们都在专心致志地抚养后代，只有几只幼小的企鹅在附近的地上追逐嬉戏，就像是村头玩耍的孩子。同行的迪安解释说："以前由于经常有人到这里来参观，致使好奇的企鹅父母忘记照看自己的孩子，结果使一些幼小的企鹅失去了保护，它们或者被冻死，或者被贼鸥偷了去。从1975年起，这里的企鹅数量开始明显减少。为了保护这些企鹅，便把这里划为禁区。所以，那位机长的吼叫是情有可原的。"

飞机升空之后，我望着那片黑压压的企鹅，恋恋不舍，不禁产生了一种敬意，这些不畏强暴、不怕严寒的企鹅不仅给奋战在南极的人们带来了温暖和愉快，而且也给这块冰天雪地的大陆带来了一点点生机。

飞机在空中匆匆地掠过，冰雪在脚下徐徐地退去，我更加感到生命之宝贵，一只小虫，一棵野草，都应该有它生存的权利。然而，就连这些细小的生命在南极也是看不到的。冰雪覆盖了一切！冰雪扼杀了一切！由此可见，那些能够蔑视冰雪、击败严寒、将自己凌驾于这块白色的大陆之上的企鹅和贼鸥们，实在是地球上最了不起的生灵。

实际上，企鹅王国也是千奇百怪、奥秘无穷的。例如，企鹅的生物钟非常准确，每天早上下海和晚上归来的时间准确无误，前后差不了几分钟，比人类上下班还要准时，企鹅是怎样掌握时间的呢？况且，南极的海洋风大浪急，小小的企鹅在里面挣扎搏击、东漂西泊，其路线和距离都极难把握，要把时间掌握得如此精准，其难度之大就可想而知了。

企鹅不仅有着非常准确的时间观念，而且其方向感也令人类望尘莫及。南极冰原茫茫一片，很难找到固定不变的参照物，再加上气候恶劣，暴风频至，即使人类在上面行走，如果不借助导向仪器，绝无可能把握方向。然而，小小的企鹅高不过一米，还常常趴在地上匍匐前进，却能以最近的路径直线前进，行走若干千米，准确无误地到达自己的栖息地，这样的特异功能连那些观察和研究了许多年的生物学家们也无法解释。

企鹅喜欢群居，但却有相对固定的夫妻关系，而且在挑选配偶时总要经

015

过一番严格的考验，绝不肯草草了事，一旦喜结良缘，则会忠贞不渝，共同负担起养育后代的义务。特别有趣的是，它们还会实行幼儿园制度，即把一群小企鹅托付给一两只大企鹅看管，其他的大企鹅便都可以下海去捕食，然后回来喂养小企鹅。看上去有点呆头呆脑的企鹅们其智商竟会如此之高，分工合作又是如此之合理，甚至连那些专门调解家庭纠纷的心理学家们对企鹅的这种行为都产生了浓厚的兴趣。可惜由于语言不通，所以人类无法了解它们到底是怎么想的。

关于企鹅的另外一大奥秘，就是它们到底是鸟还是兽。当然，从外表看上去，企鹅应该是鸟，因为它身上长着一对短短的翅膀，头上长着尖尖的喙。脚丫子上还有厚厚的蹼，这都是鸟类所特有的。然而，从解剖学上来看，企鹅的翅膀确实是前肢。于是便产生了两种意见，争论不休，各执一词。那么，企鹅到底是由兽进化来的鸟呢？还是由鸟进化来的兽呢？这一点连它们自己也说不清楚。这也无关大局，企鹅就是企鹅，它们照样是那样活泼可爱，憨态可掬。不过，我们中文的名字都已经给它们定了性了，鹅即鸟也，没有什么含糊。然而，英文中的"penguin"却是一位法国南极探险家爱妻的名字。

不仅如此，企鹅到底是从哪里来的至今也还是一个谜。因为南美洲、非洲和澳大利亚的南部及南极大陆周围都有企鹅居住，由此可以断定，在冈瓦纳古陆因大陆漂移而解体之前企鹅就已经存在了，否则的话，它们虽然擅长游泳，但要横渡上千千米的大洋也是不可能的。但是，它们是在哪里演化出来的？又是怎样演化出来的？却仍然是难解的谜。

岌岌可危的食物链

前面已经谈过，南极虽然是一个大陆，但陆地生物却极其稀少，而且只有昆虫和细菌之类，都是一些低级生物。海洋中的生物虽然相对来说比较丰富一些，大到鲸鱼，小到磷虾，从企鹅到海豹以及鱼类样样都有，但种类相对温热带水域还是少得多。而且，最为特殊的是，在南大洋中，几乎所有的动物都直接或间接的依赖着同一种东西而生存，那就是磷虾。磷虾体长5厘米左右，红色，群居，以细小的浮游生物为食。夜间能发出一种蓝绿色的磷光，使整个大海都变得透明发亮，因此而得名。

磷虾的寿命比较长，可以活3～4年。有趣的是，它们按年龄分群，不同年龄的磷虾不在一起生活，似乎它们之间也有代沟似的。冬天，磷虾为冰层所覆盖，消声匿迹。只有夏天才能看到它们，浩浩荡荡，使大海变成了深红的颜色。这时，须鲸游到南极水域来饱餐，几个月之间它们的体重就可以增加一倍。而人类也可以趁机大捞一把，既能捕到鲸，又能捞到磷虾。

磷虾因为体内含有高蛋白，所以营养特别丰富。新鲜磷虾蛋白质的含量高达16%，而干磷虾则达65%，是其他动物性食品的2～3倍。此外，磷虾体内还含有大量的维生素A、D和B族以及相当丰富的矿物质，像钙、铜、铁、镁和磷等。由于磷虾生活的地方远离其他大陆，污染极少，而且它们只吃一些很小的浮游生物，所以体内所含的重金属极少。因此，对于人类来说，磷虾确实是一种非常理想的食物。但是，人们很快就发现，当人类张开大网在南大洋里捕捞磷虾时，却面临着与南大洋中几乎所有的动物争食的境地。因为，若与庞大的鲸相比，小小的磷虾确实是微不足道的，但是，若从维持南大洋的生态平衡的意义上来看，磷虾却是极其关键的一环。据科学家们研究表明，磷虾是5种鲸、3种海豹、20多种鱼类和南大洋中几乎所有的海鸟（当然也包括企鹅）的主要食物。而其他更高层次的消费者，例如嗜杀鲸和海豹之类，则是间接地依靠磷虾而生存。也就是说，磷虾就像是一个饲料加工厂，它把南大洋中低级的浮游生物变成了高蛋白，然后直接和间接地为南大洋中几乎所有的较高级的动物提供了口粮。如此之多不同种类的食肉动物都依靠同一种单一的食物而生存，这种现象在自然界中是极其罕见的。这也说明，南大洋中的生态平衡是非常脆弱的。正因为如此，磷虾成为了维系南大洋生态平衡的关键性因素。

大自然真是一个神奇的组织者，它能使万物之间自由竞争，但又不至于互相消灭。南大洋里的情况就是生动的例子,虽然有这么多不同种类的动物都依靠磷虾而生存,但它们都是在不同的时间、不同的地点、不同的层次和不同的深度上分食着不同年龄的磷虾,彼此心照不宣,配合默契,共同遵守着某种协调一致的分配规律。例如,不同种类的鲸不仅依靠着大小不同的磷虾而生存,而且它们迁移到南大洋的时间也各不相同,与磷虾发育的周期正好协调一致。另一方面,巨大而密集的磷虾群正好为鲸的吞食提供了极大的方便,使它们很容易地填饱肚皮。因为鲸一次进食往往需要几吨磷虾,如果磷虾三五成群、零零散散,鲸就会疲于奔命,难以生存下去。据推测,南大洋中磷虾的数量现在之所以如此之多,正是因为最近几十年鲸的数量由于捕杀过度而大大减少的缘故。

然而,大自然所固有的平衡是根据其自身的规律而设计出来的,并不包括任何人为的因素。因此,一旦人为的因素参与进来,自然界的这种协调就很容易被破坏,因为人类的需求是永远也没有止境的,从而人类也就具有比任何动物都要大得多的破坏力。例如,如果南极磷虾也像鲸那样被贪婪的人类捕杀殆尽,那么整个南大洋里几乎所有的生物都将陷入饥饿的境地,其后果是不堪设想的,为了避免这种悲剧的发生,人类在磷虾问题上必须加倍小心,谨慎从事,三思而后行。

天外来客南极陨石

特别有意思的是,南极的极光虽然不像北极那么有名,但陨石却格外丰富,陨石从宇宙中带来了大量可以看得见摸得着的地球以外的信息,因此就更具魅力。

最早在南极发现陨石的是澳大利亚科学家,他们于1912年在南极冰雪之中偶尔拣到了几块陨石。此后,美国和日本等国的科学考察人员又陆陆续续地在南极收集到一些零星的陨石。当然,所有这些发现都还是偶然的和随机的，人们并不指望能在南极大陆找到更多的陨石。直到1969年，日本科学家在蓝色的冰川上一下子就发现了9块陨石，这才第一次指出，在南极地区看来有可能发现和回收到更多的陨石。果然，1973—1974年的夏季，他们又找到了12块陨石。接着，1974—1975年夏季搜集到663块，1975—1976年夏季搜集到308块。而在1977年，美国和日本的科学家在干谷地区又发现了一块重达408千克的巨大陨石，这是迄今为止在南极所发现的最大的一块陨石。虽然每年可在野外工作的时间只有短短的几个月，而且人类在南极所能到达的地区比起其他大陆来少得简直无法比拟，但这几年在南极发现的陨石逐年增多。到1989年为止，人们在南极一共收集到11 000多块各种各样的陨石样品，这相当于在其他大陆上所收集到的陨石总数的1.5倍。南极大陆陨石之多就可见一斑了。

南极大陆的陨石不仅数量多，而且保存得也相当完好，这是由这里得天独厚的自然条件所决定的。因为，陨石落到南极冰盖上之后，由于巨大的冲击力而会深深地钻进冰里，于是，炽热的岩石很快冷却，表层被冰雪很快地保护起来，不仅不会受到氧化和污染，而且也不会和地球上的其他岩石相接触，因此具有很高的研究价值。根据化验分析表明，不同的南极陨石其化学成分和物质组成之间的差别是很大的，这说明它们是来自于宇宙中不同的星体。而且，陨石不仅携带有它所来自的那个星球上的重要信息，而且在运行的过程中还会受到太阳风和宇宙射线的作用，并且有时还会与其他星球相碰撞，因此可以俘获更加丰富的外层空间信息，这对研究宇宙中的物质成分、太阳系以至银河系的演化规律以及地球起源和生命进化都有着极其重要的科学价值。

1979年，日本科学家在南极发现了一块重180克的富碳陨石，其碳的含量高于2%。后经初步分析表明，这些陨石中含有大量的氨基酸，而氨基酸是构成生命所必需的大分子即蛋白质的基本单元。因此，消息传来，自然引起人们极大的关注。在以前的研究中虽然也曾经发现过含有有机物的陨石，但发现含有如此丰富的氨基酸的陨石却还是第一次。日本科学家应用了精密的分析方法,采取了极严格的保护措施,以保证试样不被地球上的任何有机物质所污染。结果,他们从这块陨石中检验出了20种氨基酸,并测定了它们的含量。然而,令人们感到失望的是,据日本科学家分析的报告认为,这些氨基酸虽然肯定不是地球上任何生命机体的产物,但似乎也不像是外空中某种生物的尸体。因为,从其结构上来看,这些氨基酸与地球上所能见到的任何生命机体的氨基酸都是不大一样的。

尽管如此,这一发现仍然具有十分重大的意义,因为任何星球都必须完成两种根本性的转变,才有可能演化出生物。第一步必须先将无机物转变成有机物,第二步才有可能从有机物中演化出初级的生命形式。因此,这块陨石有力地表明,宇宙中的某些星球已经完成或正在进行着由无机物转变成有机物的重要过程。

南极陨石研究的另外一个重要进展,就是在已经发现的南极陨石中发现了8块来自月球的陨石。更加重要的是,据科学家们鉴定证实,这些陨石并不是来自人类容易到达的月球正面,而是来自人类到目前为止还无法到达的月球背面。因此就具有更加重要的科学价值。

最近以来,人们对于探测宇宙中的生命表现出特别强烈的兴趣。据说,前些年,美国科学家曾经花费了巨额投资,将地球上各主要民族(当然也包括中华民族)具有特色的音乐旋律以及人类的其他信息压缩进了一个无线电信号里,并用强大的功率发往宇宙,以期收到宇宙中同类的回答,但至今似乎还没有得到任何响应。前些时候,据报道说,澳大利亚科学家通过他们巨大的宇宙探测天线收到了一种具有一定规律的无线电信号,这使他们欣喜若狂,但这种信号到底意味着什么,是否是其他星球上某种智能生物发出来的尚不得而知。长期以来,人们曾经寄希望于火星,认为火星上很可能会有某种形式的生命存在。但现在,从美国发射的火星探测器所收集到的信息表明,由于温度太低,温差太大,而且缺乏水分和氧气,所以火星表面似乎不大可能有任何形式的生命存在。

尽管科学家们费了九牛二虎之力,至今尚未得到外空有可能存在生命形式的任何信息。但飞碟和外星人降临地球的报道却层出不穷，有的甚至指名道姓，活灵活现，以致连科学家们也有点将信将疑。例如，有人报道说，1977年4月25日，在智利北部，边防队长亚孟都和其他几个士兵正在边境巡逻，忽然看到了地上有个不明飞行物。亚孟都因受责任心和好奇心所驱使走了过去，但一下子就不见了。15分钟后重新出现时，他手表上的日历却变成了4月30日，脸上的胡子也变长了，一下子长出了一寸多。而他本人对这15分钟的经历却完全失去了记忆。还有人报道说，1962年，美国有对夫妇曾被外星人所"掠获"，并用意念告诉了他们一张"星座图"。后来，一位年轻的天文学家用了4年时间查阅了上万件资料，结果证明，那幅星座图的12颗星，有9颗的位置十分准确。又过了五年，其他3颗星才陆陆续续被天文学家所发现，其方位和距离与星象图上所标出的都非常一致。而那对夫妇只有初中文化程度，且对天文学知之甚少，怎么能画出天文学家要花费近十年的时间才能测绘出的星象图呢？如此等等，这样的例子不胜枚举，而且来自世界各地。这更加引起了人们的好奇心，以至于一个庞大的国际性组织应运而生，这就是UFO，即不明飞行物组织。

然而，科学家们对于各种各样新闻报道的反映往往是比较冷淡的，他们仍在辛勤地工作，希望能找到一些稍微令人佩服的科学证据。那么，到什么地方去寻找这些证据呢？除了代价极其昂贵的太空探测之外，唯一的途径就是研究陨石。

但是，公众对外星人的兴趣却并没有因此而减弱，人们开始在地球上为外星人的入侵搜寻各种各样的证据。例如，英格兰由巨石筑成的圆形石阵，法国卡纳克由几千根石柱排列而成的长形石阵，复活节岛上面对大海的巨石人像和高大的石柱，特别是在安第斯山脉中5 000多米高的纳斯卡平原上所发现的，必须从高空中才能辨认出来的，绘有鸟、蜘蛛、猴子、蛇、鱼等生物形象和三角形、梯形等几何形状的巨型图案，所有这些奇怪的反常物都被解释成是外星人的杰作，甚至连埃及的金字塔和中国的万里长城也都有人怀疑可能是由外星人前来建造的。总而言之，在过去，人们把无法解释的自然现象都归结为神的意志。而现在，人们则把搞不清楚的人为设施都看成是外星人的功绩。人们对外空生命的兴趣是如此广泛而且浓厚，以致连那些一向埋头于秘密研究的战略家们也从中受到了感染和启发，从而制定出了星球大战计划。当然，他们的计划实际上并不是为了防御外星人的入侵的，而是为了对付地球上的同类的。值得庆幸的是，那些专门从事宇宙探测的科学家们并不受新闻舆论所左右，他们仍然在冷静地注视着太空，搜索着地球，在南极的冰天雪地里到处奔波，希望总有那么一天，能从那些天外来客们的身上找出某些外空确实存在生命的更加确凿的证据来。

人们之所以对外星人如此感兴趣，是因为在如此广阔的宇宙当中，除了地球上的生物之外，竟还没有发现任何其他生命，地球实在是太孤单了。

南极的回忆

世界上有些地方，你可能去过多次，但却印象平平，留不下什么记忆。而有些地方，也许只能去上一次，离开便是永别，但却印象深刻，永远也不会忘记。

1982年10月25日，正是我42岁的生日，那一天我飞到了南极大陆。一下飞机，寒风刺骨，脸上遭到针扎似的，我赶紧缩起脖子，倒吸了一口冷气，不觉浑身一颤，果然名不虚传。于是心中惴惴，觉得南极真不是好玩的。再抬头望那天空，只见天蓝得出奇，低头看那白雪，雪更是纯得透明，我不觉又兴奋起来，顿时增加了几分勇气。这就是刚到南极时的印象，将永远存在我的记忆里，是的，人生当中总会有一些特殊的日子永远也不会忘记。例如，考上大学，找到工作，找到对象，结婚生子，当了大官，乔迁新居，等等。生日也是如此，虽然人们在呱呱坠地时还不知道这一天的重要，但随着年龄的增长，则会愈来愈深地体会到这一天的真正含义，这是一生的开端，没有它，此后的酸甜苦辣、悲欢离合都无从谈起。但我42岁的生日却另有一番含义，因为那一天正是我两极之行的开始,也是我平生第一次开始玩"死亡游戏"。

从美国出发之前,除了进行严格的身体检查之外,与我合作的麦金尼斯教授还递给我一份详细的表格,上面规定了如遭不幸,尸体的几种可供选择的处理办法,并要详尽地写上由谁来处理后事,与死者的关系及详细的地址和电话号码。他严肃地说:"你好好想想,然后仔细地填写清楚,不用着急,过两天再给我。"

细细地读那表格,写得非常具体,有关遗体的处理,提供了两种选择,一是运回国内,二是就地掩埋。直到这时,我才认真地考虑起死的问题。人生总有一死,而且只有一次,但想到死却不知会有多少次。例如,生病的时候会想到死,痛苦的时候会想到死,困难的时候会想到死,危险的时候会想到死,愤怒的时候会想到死,沮丧的时候会想到死,遭受挫折会想到死,蒙受冤屈会想到死,甚至看见别人死了时也会想到自己的死。总而言之,死和生一样,在每个人的头脑中都会经常出现的。说实话,像上述的这些念头,我都曾经有过,有时想得还很认真,当然都是一闪而过,否则的话,也就不会有今日。但是这一次,却必须认真地加以思考,因为连尸体的处理方法都要选好,这实际上等于是遗嘱。而在美国,遗嘱是一个非常严肃的法律问题。

过了两天,当我把表格交给麦金尼斯先生时,他睁大了吃惊的眼睛问道:"你真的要做这样的选择? 不是开玩笑吧?"

"不!"我认真地摇摇头,"如遇不幸,请将我的遗体留在南极,但不要埋在土里,而要葬在冰里,越深越好,这样我就可以在一个水晶棺材里长眠,以净化自己的灵魂。"

他还是不相信,两眼直直地盯着我,因为所有的美国人都要求把遗体运回自家的墓地,以便和自己的亲人葬在一起。看着他满脸疑惑的样子,我笑了,又进一步解释说:"你知道,在全世界几十亿人当中,谁会有这样的机会,将自己的尸体葬在南极那片纯洁的土地上,既没有污染,也没有噪音,可以安安稳稳地躺在水晶棺里睡大觉。你们葬到墓地,虽然可以和亲人在一起,但很快就会腐烂的。而我躺在南极,却可以完好无损,再过几百年,医学大大进步了，当人们发现我时，也许还可以把我救活呢。到那时，我一定到你的墓前去拜访你。"说完，我忍不住哈哈大笑起来。麦金尼斯也笑了，并且无可奈何地将那表格放到抽屉里，口中还念念有词："真是不可思议。"最后还加上一句，"只要你不后悔就行了。"

"请放心好了，我决不会后悔。"我握住他的手，接着又加上一句，"万一出了事，即使想后悔也来不及了。"

那也是我平生第一次写下了遗嘱。俗话说，破家值万贯，但我那时的财产，将所有家当加在一起也不值一千块钱，实际上并无财产可遗。但却妻子俱全，感情还是有的。然而，感情只对活人有用，对死者毫无意义。因此，我在家信中说："万一我出了事，希望能尽快把我忘记，努力地去开创自己的生活。"

下定决心之后，心情反而轻松多了。到了新西兰，似乎又向死亡迈进了一步。在登机飞往南极之前，先得换上野外装备，然后每人发两个用特种钢做成的小牌子，串在一长一短的链子上，挂在脖子上叮当作响，戴上了一根项链似的。每个牌子上都刻有持有者的名字，还有 NSF 三个字母，是美国国家科学基金会的缩写。工作人员解释说："这是用来处理后事的，如果飞机失事，或者在野外遇难，遗体有可能面目全非，无法辨认，清理现场的人员就可以将其中一个牌子取下来，交给死者家属，家属就可以拿这个牌子与遗体上的牌子去对号入座，把自己亲人的遗体领回来。"于是，我便把这两个牌子叫作生死牌。

从 10 月 25 日到 12 月 12 日，我在南极一共待了 49 天，正好 7 个星期，其中有 3 个星期在野外，4 个星期在基地。虽然时间很短，但在我一生当中却是一个非常重要的时期。

罗斯岛是位于南纬 78°、东经 166° 左右的一座小小的火山岛，离南极大陆大约有 50 千米。上面有三大景观，那就是伊拉波斯火山、观察峰和麦克默多基地。麦克默多基地也是南极最古老的城市，始建于 1956 年，但早在1911 年，当英国探险家斯科特远征南极点时，就是从这里出发的，而且一去不复返,5个人在从南极点归来的路上全部葬身在茫茫的冰雪里。基地旁边的观察峰,就因斯科特当年经常爬到这个山顶上去观察天气而得名。现在人们在这个山顶上立起了一个巨大的木制十字架,上面刻着为征服南极点而献身的五位英雄的名字。半山腰上设有一个记事本,到此一游者可以在上面留下姓名。我可能是第一个登上此山的中国人,所以便用中文在上面大发了一通议论,可惜洋人看不懂。

最艰苦的日子是在野外的3个星期,那是我平生第一次吃住在冰雪里,由于过度劳累和异常辛苦,行动起来非常困难,有时人坐进了汽车,但两条腿却麻木得动弹不得,只好用手一条条地搬进来,那时我才真正体会到什么叫筋疲力竭。

最危险的时刻是在我乘坐直升机进行重力测量的时候,刚刚转过伊拉波斯火山口,突然遭到暴风的袭击,飞机几乎被吹翻,眼看就要摔到坚硬的山坡上,那时我摸着胸口上的生死牌,以为这下可派上了用场。后来还是老练的驾驶员终于控制住了局势,才避免了一场机毁人亡的惨祸。那是我第一次死里逃生,后来想起来还心有余悸。

最愉快的事情则是遇上了那些可爱的企鹅,由此得到的欢乐与享受,是可以补偿所有的艰苦危险而有余的。

北极物语

20世纪的忏悔

20世纪是人类历史上最为残酷的世纪，接连两次世界大战，给人类带来了空前的灾难。20世纪也是人类历史上最为辉煌的世纪，经济发展，科技进步，创造了巨大的物质财富。20世纪更是人类对两极深入探索的开始。1909年，美国人皮尔里经过20年的艰苦努力，终于率先到达了北极点。1911年挪威人阿蒙森在与美国人斯科特进行的一场心照不宣的比赛中取得了胜利，在人类历史上第一个到达了南极点。1920年国际上签署了斯瓦尔巴得条约，把位于北冰洋深处的斯瓦尔巴得群岛的主权归于挪威，但同时又规定，凡该条约的签字国的国民都有权利在该群岛上自由出入，从事捕鱼、打猎、资源开发和科学考察活动，只要不违反挪威的法律。1925年，中国北洋政府在该条约上签了字，从而第一次以条约的形式将中国与北极连在了一起。尽管当时并没有一个中国人到该群岛上去从事任何活动，但这却是中国官方参与北极事务的开始。从此，中国人的北极梦又大大地往前迈进了一步。

除了战争的苦难和经济的腾飞之外，20世纪最辉煌的业绩也就是在科学技术上取得了长足的进步，其中最集中的表现就是航天技术。结果是，人类终于离开地球,飞向了太空,使开天辟地以来最具神话色彩的梦想终于变成了现实。不识庐山真面目,只缘身在此山中。当人们从太空回望地球的时候,发现地球原来是美丽的,这个可爱的星球披着一身蓝色的外衣,两端还扣着两顶白色的帽子,这就是两极。然而,欣喜之余,人们忽然又想到了这样一个问题,即地球原来是很小的,而且不可能再增大了,但是,居住在上面的人类,无论是在数量上还是在欲望上都是一个无限膨胀的群体。那么,一个面积极其有限的地球,怎么能容得下在数量和欲望上都在无限增长着的人类呢?这给人类的观念带来了极大的冲击。

人无远虑,必有近忧,一个国家,一个民族,以至于全人类都是如此。总结过去,人类所犯的最大错误之一就是过高地估计了自己。是的,在地球上的万般生灵当中,人类的智商是最高的,比其他生物要高不知多少个数量级。但是,人类必须知道,自己不仅是从这个生物群中演化出来的,因而是这个生物群的一分子,而且人类也是依靠这些生物而生存的,如果其他生物不复存在,人类自己也将从这个星球上消失。然而,可惜的是,人类并不了解这一点,自认为是这个星球的主宰,从不把其他生物看在眼里。对于动物乱捕乱杀,好吃的杀着吃了,好用的取其用之,貌美的捉来欣赏,形丑的则斩尽杀绝。至于植物就更不在话下,对森林滥砍滥伐,对植被乱掘乱挖,能吃者取其食之,能用者取其用之,视之如粪土,从不把它们看成是有生命的。多行不义必自毙,结果招致大自然的报复,环境污染,气候异常,资源枯竭,生态破坏,自己面临着一大堆难题。直到这时人类才终于认识到,自己原来并非上帝。

人类所犯的最大错误之二,就是没有摆正自己与地球的关系。是的,地球是仁慈的,像是万物的母亲,她准备了相当充足的水源,为一切生命所必需;她提供了成分适宜的大气,为万物生存;她有灿烂的阳光,为光合作用奠定了基础;她有合适的温度,使生命得以延续;她以变幻无穷的气候席卷着大地,既为生命提供了机遇,又对生命进行考验;她以威力无比的运动塑造着空间,既为万物的生长提供了温床,又为生命的竞争创造了条件;她在地下储存了无数的宝藏,为人类的发展铺平道路;她在空中建好了一个臭氧层,挡住了对生命具有杀伤力的紫外线。总而言之,地球母亲对在她身上孕育出来的生命关怀备至,因此才会有如此生机勃勃,丰富多彩的大千世界。

然而,人类并不了解这一点,而是认为,地球上的这一切都是为自己准备的。于是便你争我夺,掳掠抢劫。不仅把地球划分成许多势力范围,各据一方,称王称霸,而且还经常大打出手,战争相加,都想在地球上当老大。正因如此,所以自从人类社会产生以来,就把主要精力放在不断地调整人与人之间、民族与民族之间、国家与国家之间以及集团与集团之间的利益关系上,而忽视了人与地球之间以及人与自然之间最基本的生存关系。现在地球在大声疾呼:人类不能再这样横行下去了! 自然在明确警告:如不悬崖勒马,后果咎由自取! 只有到了这时,人类才开始认识到,自己千百年来,又是刀光剑影,又是阴谋诡计,又是唇枪舌剑,又是来回拉锯,费尽九牛二虎之力,所划分出来的像蜘蛛网似的那些弯弯曲曲的国界线,用来约束自己是可以的,但对自然界却毫无意义。原来,地球是一个整体,自然有其自身的规律,无论是暴雨成灾,还是寒流侵袭;无论是洪水泛滥,还是火山爆发;无论是臭氧空洞,还是温室效应;无论是沙漠扩大,还是酸雨横行,都与国界毫无关系。因此,要对付这些问题,全人类必须共同努力,需要有全球意识。

地球的再发现

正是从这样一种观点出发,科学家们终于发现,地球有一个完整的体系,叫作地球整体系统。这一系统是由一系列以地核为中心的完整的球状圈层组成的,如地幔、岩石圈、水圈、磁圈等。其中,大气圈可分为许多层,如臭氧层可过滤大部分紫外线,电离层则可以保证地球表面的长距离通讯。因为生物主要集中在地球表面,昆虫和细菌最多可以钻到土壤以下几十米,鱼类又可以生活在海底,而鸟类最多也不过飞到几百米的高空,因此,有生物活动的这一层,包括岩石圈、水圈和大气圈的一部分,就叫生物圈。当然,人类已经冲破了生物圈的束缚,离开地球飞向太空。从而将生命活动的范围大大地扩大了。

地球系统有它自己的运动规律。例如,地球上的生物本来是互相依存互相制约的,构成了某种动态平衡,叫作生态平衡。气候也是如此,地球就像是一个热动力机,来自太阳的能量在赤道附近把大气和海水加热之后从高空和洋面流向两极,在那里冷却之后,再从地表和洋底流回赤道,形成一种对流体系,从而控制了风雨阴晴。又如,由于地幔对流而导致了海底扩张,由于海底扩张推动了版块运动,由于版块运动则控制了火山和地震的活动等。

即使没有人类的存在,地球系统照样也会发展变化。然而,随着社会的发展,人类的能力在飞速提高,以至于对自然界造成了越来越大的影响。例如,毁坏森林,捕杀动物,破坏了生态平衡;燃烧燃料,排放废气,引起了温室效应;大气污染导致酸雨;制冷废气破坏了臭氧层。为了研究和解决这些问题,科学家们提出了一个全球变化的重要课题。结果发现,在全球变化的过程中,两极地区不仅起着至关重要的控制作用,而且也是对全球变化最为敏感的地区,因而还可以作为观察全球变化的指示器。这就是为什么科学界纷纷把目光转向了两极。

北极的含义

对于人类来说,北极具有特殊重要的意义。这是因为,人类社会的主体是在北半球,例如,80%以上的国家,92%以上的人口,95%以上的大城市,重要的政治、经济、文化和交通枢纽都在北半球。而北半球的气候变化、大气质量和环境因子主要是受北半球的影响和控制。南极虽然在全球系统的变化中也发挥着至关重要的作用,但因为它毕竟离人类社会比较遥远,它的矿产资源至少在50年内还不能开发,而且没有人居住,所以它的实际意义主要还在于科学研究。北极则不同,它无论在军事、政治、资源、环境、人文、科学诸方面都具非常重要的现实意义和长远意义。

对中国来说,就更是如此,因为我们不仅是一个全球性的大国,更是北半球的重要国家。我们有960万平方千米的国土,跨越了几个不同的气候带和相当复杂的地理单元。因此,我们的气候变化和大气要素受到北极的严重制约和影响。如果气候发生突变,我们将首当其冲;如果北极遭到污染,我们就会受到酸雨的侵袭。特别应该指出的是,我国的人口已占全人类的四分之一,这就意味着,人类所面临问题的四分之一的后果将落到中国人的头上。同样的,在解决人类即将面临的种种困难和问题中,我们至少也应该尽到四分之一的责任和任务。

科学家的忧虑

如果把地球比喻成一个鸡蛋黄,那么包裹着这个鸡蛋黄的蛋清就好比流动的大气层,它像一具防护罩把地球严密地包了起来。在距地面32～40千米高处的大气层中存在着大量臭氧,臭氧是氧气的一种有毒形态,不能供生物呼吸,但它却能挡住太阳发射的各种有害射线,如大部分紫外线及来自太空的原始宇宙射线粒子对地球的轰击,从而保护了地球上的生命。不幸的是,由于有害物质像氟、氯等对大气层的污染,臭氧层变得稀薄起来了,甚至消失了,出现了一个大空洞。在南极上空的空洞面积就相当于一个美国的面积,强烈的紫外线一泄而下,降低了海洋浮游植物的光合作用,进而导致更高一级海洋生物的减少。科学家的观测研究表明:从1987年至今,海洋生物的总量已减少6%～12%。臭氧层变薄现象一般在春夏出现,这正是植物发芽生长时期,因此过量的紫外线照射会使农作物减产和质量下降。联合国环境报告指出,半个世纪以后恐怕会出现大的饥荒。对于我们人类来说,臭氧每减少10%,患皮肤癌的人数将增加26%;臭氧每减少1%,世界上患白内障的人每年就要增加175万……如果任其继续发展下去,人类将面临一场大灾难。在我国上古神话中就有这样的记载:

> "往古之时,四极废,九州裂,天不兼覆,地不周载,火爁焱而不灭,水浩洋而不息,猛兽食颛民,鸷鸟攫老弱。于是女娲炼五色石以补苍天……"
>
> ——《淮南子》

古时的人认为是天网出了大乱子,天空露出了大窟窿,地面塌陷成大深坑,大火不熄,洪水泛滥,猛兽食人,世界成了活地狱,这时化育万物的女娲挑选了许多五色石子,将它们炼成糯糊状的液体,把天上的大洞一个个补好,人类才又开始幸福的生活。

现在,人类面对这确实出现了的臭氧空洞,该怎么办呢? 由于人类自己毫无节制的贪欲造成的灾难,还是要人类自己来想补天的办法了。科学总是超前的,从发现到应用,往往相距很长时间。甚至长达几十个世纪。科学又是普遍的,既可以在东方生根,也可以在西方结果。因而属于全人类,而不受国界的限制。因此,具有超前意识的科学家们往往是先天下之忧而忧之,但绝不杞人忧天,而是确有事实根据。就拿全球变暖来说吧,大量的资料表明,地球正在快速的变暖,例如:阿拉斯加北极地区在最近几十年之内气温就上升了2～4℃,最高达十几摄氏度。西伯利亚也是如此,有些地方甚至高达36℃。再加上美国的热浪,中国的高温,都有力地表明,气候的变暖是全球性的。如果这种趋势继续下去,最后将导致两极冰盖的融化,海平面上升60～70米。不仅陆地面积将大大减小,耕地面积将所剩无几,90%的大城市都将变成水下宫殿,其后果不堪设想。这也许并非很久以后的事。同样的,世界范围的环境监测也发出了这样的警告,20世纪80年代以来,全球气候明显变暖。1990年,地球出现了创世纪的高温。对于这一点,我们自己似乎都有一种切身的感受,40多年前的北京,冬天,我们要穿棉衣棉裤,

031

出门还要再穿上长及膝盖的"棉猴"，带上大大的口罩。到了60～70年代，棉裤被淘汰，只穿一条毛裤就能过冬了。厚厚的大棉鞋也可以不穿了。最近这几年，地球如果老是处在这样一个逐渐变暖的气候中，两极冰盖就会融化，英国大部分将沉入海中，日本列岛这样的岛国将不复存在，所以全球37个岛国聚在一起开会，商量对策。当然也不仅仅是岛国为前途而恐慌，因为大多数国家最发达的地区大都集中在沿海，如果都被海水吞没，人类将要建造多大一个诺亚方舟才能自救呢？

未来与两极

人类来到这个世界上，已经有几百万年的历史了，先是在热带诞生，后来又向温带发展，创造出了光辉灿烂的文明。然而，人类所到之处，总是以牺牲自然为代价的。因为，人类既不能制造生命，更不能制造物质，唯一所能做的就是以自己的聪明才智将地球上的物质从一种形式变成另外一种形式。例如，将石油从地下抽出来，炼成汽油，用来开动飞机；把矿产从山里开发出来，炼成钢铁，用来制造机器；把泥土加以烧制，制成砖瓦，用来盖房子；将粮食取来烹调，做成饭菜，用来充饥。与此同时，却也造成了许多废气、尘土、渣滓和垃圾。从这种意义上来讲，人类真像是魔术师，以自己的智慧和双手，改天换地，创造出无数的奇迹。可惜的是，这个魔术师的手段并不高明，总是以牺牲自然界的和谐来满足自己的贪欲，所以走哪里，环境就被破坏到哪里，人类愈发展，破坏能力就愈大。时至今日，好端端的一个地球已经变得满目疮痍。只有在地球的两端，大自然正以其无比的严酷抵抗着人类的入侵，才保留住了两块处女地，这就是南极和北极。然而，人类并不甘心，正在向两极施加着越来越大的压力，资源上的需要、军事上的考虑、旅游观光、移民迁徙，使这两块净土已经不那么纯洁了。因此，在21世纪，人类所面临的一个重大课题就是如何处理两极问题，这在很大程度上要取决于人类的良知。

于是,有识之士发出了如下强烈的呼吁:保护地球就是保护人类!而要保护地球,首先就要保护两极!这是所有地球村民的共同任务!

第二部

北极天地生

天问

引 子

在我们的语言里,上下四方曰宇,往古来今曰宙,也就是说,宇宙包含了无限的空间和时间两大因素。这无疑是正确的,但却并不完全。因为,构成宇宙还有一个极其重要的元素,那就是物质。如果没有物质,即使有无限广大的时空,也只是一个空空的壳子。而且,如果没有物质,也就没有了人类,即使有个空壳子,还有什么意义呢? 所以要研究宇宙的起源,首先必须搞清这些物质的来历。

然而,宇宙是如此之大,真是鞭长莫及,而人类所能接触到的,只有一个小小的地球。当然,现在还多了一个月亮,尽管只在上面待了几个小时。而对其他星球,则只能靠观测和猜想而已,其难度之大就可想而知了。

起先人们认为,地球位于宇宙的中心,而其他星球,包括太阳和月亮,都是围绕地球转的。就像是有一个圆形的天幕,上面镶嵌着无数的珠子,不断地围着地球旋转,像是一个万花筒似的。如果能把脑袋伸到幕外,就可以看到另外的世界。在没有任何观测手段的古代,人们只能靠直观来判断周围的世界,这是完全可以理解的。

后来,人们发现错了,因为事实证明,地球是围绕着太阳旋转的。于是又认为太阳是宇宙的中心。

从20世纪开始，随着观测手段的不断发展，人类对宇宙的认识也不断深入。最初，人们认为，宇宙中只有一个星系，那就是我们所在的银河系。后来，由于更大的天文望远镜的投入观测，结果终于发现，原来宇宙中存在着无数多的星系，银河系只不过是其中之一。而且，令人惊奇的是，所观测到的所有星系都在以极高的速度离我们而去。于是，天文学家们认为，宇宙实际上正处于飞快的膨胀之中。

1915年，爱因斯坦的相对论发表之后，大大推进了人类对宇宙的研究和认识。根据爱因斯坦的理论，人们提出了各种各样的数学模型，计算的结果表明，宇宙可能是从一个单一的密度无穷大的物质发源并往外膨胀的。这就是所谓的大爆炸理论。这种理论认为在大爆炸之前，所有的物质都集中在一个体积无穷小而密度无穷大的点上。那时的宇宙是以辐射为主，也就是说，到处充满着放射性射线。因此，人们提出了这样的预言，即现在的宇宙中依然存在着微波辐射的背景。结果，1964年有人终于观测出了这种背景，使大爆炸理论又向前推进了一步。

现在，多数天文学家比较倾向于大爆炸理论。当然，这也是一种假设而已，依然有许多难以解决的矛盾。例如，很难想象，宇宙中这么多如此大的星球，最初怎么可能会都集中到一个无穷小的点上呢？

至于宇宙的密度，根据观测和计算表明，由已知星系所计算出来的平均密度是在 $10^{-31} \sim 10^{-30}$ 克/立方厘米，其化学组成为：75%的氢、24%的氦和1%的其他元素。而宇宙的寿命则在140亿到200亿年之间。也就是说，在200亿年以前，无限的时空照样是存在的，但却不像今天这样充满物质。那时的物质，全都集中在一个密度高达 10^{96} 克/立方厘米，体积却只有一个质子那么大，其半径只有 10^{-13} 厘米的点上。若以常人的观点想起来，小到地球，大到太阳，乃至整个银河系和其他许许多多星系的无数多星球，最初却都包含在那样一个无限渺小的微粒里，这简直是不可想象的。然而，科学家们却坚信不疑，因此只好信不信由你。

古希腊人的贡献

初到北极，半夜里忽然醒来，正是凌晨四点，透过窗户望出去，只见星空万里，于是急忙奔出屋外，抬头望去，星斗满天，深邃无际，偌大的太虚，似乎充满了无穷奥秘。巡视了半天，终于找到了七星北斗，然后顺藤摸瓜，确定出了北极星的位置。此时的北极星几乎移到了头顶之上，需仰视才见，闪闪发光，真是吉星高照。但是，在这里要根据北极星确定方向就很难了。天顶之上，何言南北东西。

实际上，北极星的位置也并非一成不变的。据天文学家说，再过几百年，由于地球旋转岁差的缘故，北极星将从地球自转轴的延长线上渐渐移开。到那时，在北半球望上去，北极星将不再在正北的方向了。因此，夜行者将失去一个可靠的方向指示标志。当然，到那时，科学技术将更加发达，例如可以使用全球卫星定位系统那样先进的仪器，不必依靠星象就可以准确地确定自己的方向和位置。

说到这里，又想起古希腊人的伟大贡献。据说，是善于观察星象并进行几何测量的古希腊天文学家首先提出北极圈这一概念的，因为，他们发现，天上的星星可以明显地分为两组，有一组是一年到头都可以看到的，而另外一组则只是季节性的出现，这两种星星之间的界限正好是北斗七星转画出来的一个圆，其与赤道之间的夹角为66°32′，这就是我们今天所说的北极圈。与此同时，他们还发现所有星星都有它们自己固定的轨道，并且都在绕着一个固定的点在旋转。而一颗明亮的星星正好在这个点上，在所有星星中，只有它的位置一年到头固定不变，这就是北极星。现代的天文观测表明，北极星距离地球相当遥远，足足有650光年。也就是说，如果我们乘坐宇宙飞船，以每秒30万千米的速度从北极点起飞，要一直飞行650年才能到达北极星！

古希腊人还有一个贡献,就是把北斗七星定为大熊星座。而把包括北极新星在内的七颗星连在一起,则称为小熊星座。有趣的是,那时候他们不可能知道北极的实际情况,但是大熊星座和小熊星座能覆盖的地区正是北极熊的家乡,不知是天地感应,还是偶然的巧合。

顺便说一下,古希腊人另外一个贡献,则是根据纬度将地球划分为五个带,即中央的赤道地区为热带;热带的两侧,从南北回归线到两个极圈,则是两个温带;而两个极圈以内,则是两个寒带。但因历史的局限,他们认为,热带如火,异常炎热,人类不仅无法生存,而且根本无法逾越。而两极则过于寒冷,所以根本不可能有人居住。当然,后来证明,这都是错的。热带不仅一直有人居住,而且人类正是从这里发源和演化出来的。然而,由于古希腊人的这一观点,所以在很长一段时间里人们一直不敢进入赤道地区,以致使人们对热带的开拓迟了几个世纪。

中国古代的星象知识

说到星象,特别是对北极和北极点的认识,今天的中国人是很可以为我们祖先的智慧而深感骄傲的。

我国的考古学家就曾在湖北随州战国初年曾侯乙墓出土的漆箱盖上发现28星宿图。后来在西汉时期的墓壁画上也发现绘有完整的28宿图。那形状就像一个橘子,有28瓣,每一瓣代表一个恒星星座环绕赤道一周,总共28个。每一个都配上一个人或动物来代表。由这28宿构成的天幕背景上,由于地球每天自转的相对运动,看起来就像每天东升西落环行一周天,同时由于地球绕太阳公转,28宿在一年看来也呈现自东向西的运行,如此一年之中黄昏时刻的天象,每天也都有所不同。古代的中国人与古希腊人所不同的是不太注意赤道附近的恒星在日出前和日落后的瞬间的出没,而是更注重永不上升和永不隐没的极星,特别是北极星。

　　小时候数星星,是每个孩子都会有的经历,那就像人类的童年。北极星不好找,大人就会指点你说:"先找勺子星。看到没有?把那七颗星连在一起,像不像一把勺子?"你找到后便会欣喜若狂:"嘿,真像!""从勺子尖的那颗星开始画一个延长线,延长线的那颗星就是北极星。"你的视线顺着大人们的手指画过去就会找到北极星。中国民间有"天上一颗星,地下一个人"之说,满天的星星就如同世间的人群"星列于天,而人象其行,常星犹公卿也,众星犹万民也。"(《盐铁论》)天上如果有一颗星陨落,地上便有一人死亡。只有北极星永不陨落,所以北极星是帝王之星,世世代代永在宝座上。普通老百姓看重的恐怕还是北斗星,因为春夏秋冬正是因北斗所指方向来确定的"斗柄东指,天下皆春;斗柄南指,天下皆夏;斗柄西指,天下皆秋;斗柄北指,天下皆冬"。百姓们正是根据一年四季变化来安排农事的。在我国北方以畜牧和狩猎为主的民族,像鄂伦春、赫哲人认为天上的银河是猎人踏着滑雪板追赶一群鹿,一追追到天上,猎人变成了大熊星座,滑雪板的轨迹成了银河,晾鱼架变成了北斗星。总之,在我国民间,北斗星被当作光明之神、寿诞之神、丰收之神、命运之神。也许是受此启发,我们的祖先发明的司南(指南针)也做成了一把勺子形,喻示着只有北斗星能够给人类指明方向。

爱斯基摩人关于日月的传说

　　虽然人们总是追求光明厌恶黑暗,但是实际上,无论生活在地球上的任何地方,人们生活在光明和黑暗中的时间大致都是相等的,只不过是交替的周期有所不同。例如,热带和温带地区都是二十四小时一个周期,有时白天长一点,有时黑夜长一点。而在两极中心地区,则以半年为一个周期,即半年的白天,半年的黑夜。至于两极的边缘地区,则是介于两者之间,春秋是以二十四小时为周期,冬夏则是连续几个月的黑夜和白天。生活在北极边缘地区的爱斯基摩人对于光明和黑暗自然会另有一重感受,因此他们对于太阳和月亮也就有着与众不同的传说。

对于一个没有文字的民族来说，其历史和文化主要是靠口头相传而一代一代积累起来的。因此，老人就显得格外重要，因为他们知道更多的东西。如果深入到爱斯基摩的老人中间，与他们聊天，他们往往会滔滔不绝，谈天说地，讲出许多动人的故事。

据说，在很久很久以前，当爱斯基摩人的祖先刚刚在这块寒冷的土地上生存和繁衍的时候，天上只有闪闪发亮的星星，根本就没有太阳和月亮，人们常年生活在黑暗之中，真是苦不堪言。当然，为了生活的方便，人们同样有规律地劳作和休息。在工作的时间里，男人们一起外出打猎。因为猎取的都是一些大动物，如鲸鱼、北极熊、海象、海豹等，所以需要协同作战，互相配合。而妇女们则是在家里缝制皮衣，或到海边捡柴烧火做饭。北极虽然没有树木，但北冰洋里却有许多漂木，不断地被海浪冲到岸上，则成了爱斯基摩人宝贵的燃料来源，她们只要用舌头舔一舔，就能知道是湿是干，因为干木头不粘舌头，而湿木头则往往能把舌头粘住。那时候，还有一个古老的风俗，就是女人不能在家里生孩子，临产的时候，丈夫会在远处给她搭一个小泥屋，让她自己去住，且不能去看她，只有女人们可以去照料，为母亲和婴儿提供帮助。

话说有一对夫妇，生有两个孩子，一男一女，长得都很健壮。后来，男孩长大以后，成为一个很好的猎手，女孩则亭亭玉立，成了一个窈窕淑女。

在古代，由于条件恶劣，地广人稀，所以爱斯基摩人并没有什么固定的社会群体，大家都过着流浪式的游猎生活，几个家庭聚在一起，便形成了一个小小的村落。因为必须共同奋斗，才有可能生存下去，所以基本上过着一种原始共产主义的生活。每个村庄都有一个大屋，是唯一的公共场所，男人们都在那里集中进餐，女人们把饭菜做好后，都送到那个大屋里去，请大家一起享用。

再说那对兄妹，现在都长大了，有一天，晚饭之后，女孩子收拾好东西，回家睡觉去了。突然，有个男人进到她的屋里，于是他们便同居了。自那以后，那个男人每天都来和她睡在一起。但因既无太阳，也无月亮；整天黑咕隆咚，总也看不清那个男人的面孔。这样子过了一阵之后，女孩子自然便想到结婚的事。但是，那时候，孩子们的婚事是由双方的父母共同安排的。因此，必须先知道那个男人是谁，才能找到他的父母。于是那个姑娘想来想去，终于想出了一个好主意。这天晚上，她预先准备好了一块木炭握在手里，当那个男人进来之后，借拥抱之机，便在他的肩头容易看到的地方，划了一个黑色的记号。

第二天早晨，姑娘做好早饭后，照例送到大屋，所有男人都蹲在火塘旁边等待进餐，她便借着火光，暗暗地巡视这些男人的肩头，一个，两个，三个，她的心在激烈地跳动着。啊！终于找到了那个明显的标志。然而，万万没有想到，那个人却是她的哥哥。她觉得一阵头昏目眩，本来迫切期待的心一下子冷了半截。

姑娘回到家里，痛不欲生，抄起锋利的石刀，将自己的乳房割了下来，飞快地跑回大屋，往哥哥的面前一扔，冲着他吼道："拿去，这就是你的两个妻子！"然后奔出屋外，在地上拼命地奔跑，飞快地转着圈子。只见她越跑越快，圈子越转越大，渐渐地飞了起来，升入空中，越飞越高，终于变成了火红的太阳，把那满腔的哀怨，化为万丈光芒，投向大地，于是便有了光明，从而就可以避免像她那样的悲剧再次发生。后来人们所说的残阳如血、血色黄昏之类，大概正因如此吧。

再说她的哥哥，看到妹妹如此惨烈，又悔又羞，无颜以对父老兄弟，默默地回到家里，拿起打猎的工具和一块巨大的鲸鱼肩胛骨，匆匆奔出屋外，跟着妹妹的踪迹，疯狂地追起来。他也是越追越快，圈子也越转越大，终于飞了起来，越飞越高，升入空中，渐渐远去，并发出惨淡的光芒，变成了月亮。由于羞愧难当，他便用那块鲸骨遮住了自己的脸庞，并慢慢地转动着身体，因而便会有盈有亏，有圆有缺。而月亮之所以莹白，远没有太阳那般明亮，正是因为他做了亏心事，因而无脸见人的缘故。而且他也不愿意将黑夜完全照亮，以便回忆起生前那段美好的时光。

与我们观念不同的是，爱斯基摩人让女人变成了太阳，男人却变成了月亮。而我们的祖先因为信奉阴阳，所以总是把月亮称为阴，太阳看成是阳，女人为阴，男人为阳。因此，在我们的祖先看来，如果日月是由人变成的话，那么肯定是让男人变成太阳，即所谓阳刚之气，而让女人变成月亮，即所谓月光如水，柔和顺良是也。

同样的，爱斯基摩人关于天堂和地狱的观念，与其他民族也是大不相同的。通常人们总是认为，天堂自然应该在天上，因为那里充满了光明；地狱自然应该是在地下，因为那里黑暗可怕。然而，大概是因为过惯了漫长的极夜的缘故，所以爱斯基摩人对于黑暗倒觉得并不怎么可怕。对他们来说，最可怕的莫过于寒冷。所以他们认为，天堂应该在地下，因为那里暖和而无风，地狱应该在天上，因为那里多风而寒冷。当然这都是以前的观念了，现在他们都住上了现代化的房子，穿上厚实的衣服，所以对风雪严寒已经满不在乎了，再加上西方宗教和文化的传入，思想观念也已经发生了翻天覆地的转变。因此不仅天堂和地狱的位置早已发生了倒转，而且对太阳和月亮的来历也已经有了科学的认识。

无独有偶，中国也有类似的传说：很早以前，世上有一对兄妹，哥哥叫伏羲，妹妹叫女娲，他们和父母生活得很幸福。忽一日，电闪雷鸣，天下大雨。雨下了七七四十九天，洪水泛滥，大地成了一片汪洋，天下的人都死光了，只有伏羲兄妹俩被父母放进一个大葫芦里，顺水漂流，才保住了性命。雨停水退之后，兄妹俩从葫芦里出来一看，什么都没有了，一切都得从头开始。勤劳的两兄妹用自己的双手盖屋种地，相亲相爱，无忧无虑地生活着。日子一天天过去。一天哥哥向妹妹提出结婚的请求，妹妹说："我们是亲兄妹呀，怎么能结婚呢？"哥哥再三恳求，妹妹只好说："你如果能追到我，我就跟你结婚。"于是，妹妹绕着一棵大树跑起来，哥哥在后紧追不舍。妹妹跑得快，哥哥总是追不上，怎么办呢？这样追下去到哪是个头呢？这时，哥哥心生一计，跑着跑着忽然转过身来，妹妹毫无防备，一头撞到哥哥怀里。这样他们终于作了夫妻。天下从此慢慢热闹起来。人也越来越多。以后伏羲、女娲

043

的子孙们就敬伏羲为太阳神,女娲为月亮神。

由此可见,爱斯基摩人古老的传说与历史悠久的中国文化是一脉相承的。

三大巨星小议

说到宇宙探测,就会想到科学家的功绩,而在人类对宇宙的观测和研究中,伽利略、牛顿和爱因斯坦正如三颗闪亮的明星,是做出了巨大贡献的,为现代天文学奠定了坚实的基础。

伽利略出生于1564年,卒于1642年,是文艺复兴时期意大利伟大的物理学家和天文学家,也是现代物理学和观测天文学的先驱者。他最有名的举动之一是在比萨斜塔上用同样大小的木球和铁球做自由落体表演,以此证明了物体下落的速度与其重量没有关系。他还以研究证明,机械不能产生力,只不过是把力转移而已。

然而,伽利略最重要的贡献还不在物理学,而在天文学。1609年,他第一个亲手制造出了20倍的望远镜,并用于天文观测,不仅看到了月亮上的环形山脉,而且还发现了一些新星。根据自己的亲眼所见,他成了哥白尼“日心说”(即宇宙是以太阳为中心的)的坚定支持者,因此他也闯下了大祸。因为这与宗教的教义是背道而驰的。当时的教会认为,宇宙是以地球为中心,所有的星球都是绕着地球而旋转,而地球本身却是静止不动的。因此他被送上法庭,站在了被告席。尽管伽利略心里明白,教会肯定是错的,但他却并没有像自己的同胞,几乎是同一时代的哲学家布鲁诺那样挺身而出、大义凛然,因而活活被烧死(1600年),而是委曲求全,承认错误,被判终身监禁,直到去世。在此期间,他继续他的运动学的研究,并且预言,物理学正面临着新的突破。

300年以后,即1979年11月10日,罗马教会终于为他平反昭雪。由此可见,真理是不可战胜的,这正如纸里包不住火。但是捍卫真理却往往需要付出代价的。

就在伽利略逝世的那一年，即1642年12月25日，在英国，另外一个科学巨星呱呱坠地，像是上帝派来接班的，这就是牛顿。

据说，牛顿并不算是一个特别聪明的孩子。他看到自家的猫生了小猫，经常被关在屋里，不能自由出入，便在墙上掏了两个洞，大洞是为大猫准备的，小洞则是为小猫准备的，结果发现，无论大猫还是小猫，统统都从大洞里出入，小洞显然是多余的。

牛顿童年时的境遇是很糟的，他出生在一个贫寒而唯唯诺诺的农民家庭里，在出生前几个月父亲就去世了。3年之后，母亲又改了嫁，把他寄养在外祖母家里。所以，虽然他一生笃信上帝，但无论是先天的条件，还是后天的机遇，上帝都没有给他什么特殊照顾。因此，他之所以成功的唯一秘诀就是比别人多了几分勤奋和执着。当他在剑桥大学基督教学院上学时，成绩平平，并没有显出有什么特别的才能。直到1665年夏天，由于瘟疫流行，大学关门，他不得不回到林肯郡时，却突然思路大开，才思如注，在此后的18个月里，他在数学、光学、物理学和天文学诸领域都取得了革命性的进展，做出了巨大成绩。例如在数学上他为微积分的计算奠定了基础。在光学上他发现白光并不是单一的，而是由红、黄、绿、蓝、紫等多种光组成的，并且用玻璃三棱镜将太阳光分解成多色光谱。而他最伟大的成绩还是在物理学和天体力学方面，早在1666年以前，他就已经开始用公式来描述运动学三大定律了，而且还发现了离心力和向心力定律。就在1666年，他把地球的引力延伸到月球，并且洞察到这正是与月亮的离心力相平衡的力。如此等等。就在瘟疫流行的这短短的十几个月里，牛顿竟能在如此多的领域里取得如此多突破性的进展，已经大大超出了伽利略的预言，这看上去真像是天意。而那时，他才刚刚23岁。由于万有引力定律的发现，而使天气观测和宇宙学研究大大地往前推进了一步。

当然，科学总是循序渐进的，一个人不可能解决所有的问题。由于历史局限和条件所限，牛顿虽然承认时间和空间的客观存在，但却认为，时间和空间与运动着的物质毫无关系,这显然是错的,这个问题只有等爱因斯坦来解决了。

1727年3月31日,牛顿在伦敦去世。

152年之后,即1879年3月14日,人类科学史上另外一名巨星降生了,那就是爱因斯坦。同样的,童年时的爱因斯坦看上去既不是天才,也并不听话,有时甚至还有点古怪。他出生德国,但却是在苏黎世完成了学业。作为成年人的第一个职业则是在瑞士专利局当了七年小职员。直到30岁以后,他的才能才逐渐得到认可,即所谓的三十而立。在此以后的25年里,作为教授,他一直在德国和瑞士的几所大学里教书。

科学的发展是一种积累的效应,积累到一定程度就会来一次飞跃。就拿人类对宇宙的认识来说,远古的积累形成了"地心说",这主要基于直观的感觉,从哥白尼到伽利略,使"日心说"占了上风,这主要是基于观察的结果。牛顿积前人的物理和数学的成果于大成,终于发现了万有引力定律,使得人类第一次有可能用一个新的理论来描述各个天体之间的关系。而到了从19世纪向20世纪过渡的时期,由于原子结构的发现,电磁辐射的观测,许多现象都无法再以老的理论来解释,因此,科学又面临着一次新的飞跃。而科学的每一次飞跃,都必须要有一批出类拔萃的科学家来完成。这次则是爱因斯坦应运而生,以他为代表的一批科学巨匠,完成了人类有史以来也许是最为伟大的科学革命。

爱因斯坦的伟大成就集中地体现在相对论里。而这一伟大理论,也正是科学积累的结晶。

1905年,爱因斯坦首先提出了狭义相对论,说起来也很简单,这一理论是由两个假定组成的:一是在宇宙中任何地方的任何惯性系统中,所有的自然规律都是相同的,即所谓的相对性原理;二是在真空中光速不变,而且在所有自然现象中是速度的极限,即所谓光速不变原理。由这两个基本原理出发,就可以得出两个特殊结论:(1)在高速运动中的时钟变慢了,东西也缩短了;(2)在高速运动中,物理的质量会随着速度的增加而增加。这时,

物体的质量 M 与它所包含的能量 E 之间的关系是：$E=MC^2$，其中 C 是光速常数。这也就是说，如果我们乘一艘飞船以光速在太空中旅行，那么我们的寿命就要比在地球上长得多。也许，当我们在宇宙中飞行了一年之后，再回到地球上一看，原来已经过去了差不多一个世纪，那该是多么有意思啊！真是：天上飞一日，地上已千年。

1915—1916年，爱因斯坦又提出了广义相对论。实际上，还在年轻的时候，爱因斯坦就对引力和光产生了浓厚的兴趣。而在1911年，他就已经猜测，来自星球的光线在通过一个巨大的天体时可能会发生弯曲。后来终于得到了证实。而广义相对论则主要是对引力而言的，其基本原理是：引力不再看成是一种奇怪的力，而是一个三度物体在四度空间中下落的条件。同样的，机械学中惯性的概念也不是一种力，而是引力的一种表现而已。这就是所谓的相对性原理。而且认为，在任何参考系中，物理定律都可以表现为相同的数学形式，即所谓的广义相对性原理。

1915年5月29日，在南半球发生了一次日全食，当阳光完全被遮挡起来之后，立刻天黑地暗，星星满天，与黑夜完全相似。这一年，英国派出了两支考察队，分赴非洲和南美，拍下了日食的夜空照片，与六个月前真正夜空的照片相比较，结果惊奇地发现，所有在太阳周围的星星的位置，都明显地向太阳靠拢。这就有力地证明了爱因斯坦的预言，即当这些星星的光束通过太阳附近时，由于受到引力而发生了弯曲和折射的缘故。于是，突然之间，爱因斯坦便成了全世界注目的中心人物。

就这样，爱因斯坦用几个公式就解决了天文观测中长期困扰着的一系列难以解释的现象和问题。人们终于认识到，宇宙并非仅仅是无限的时空，还包括那些正在高速运动着的物质。而且，也并不像牛顿认为的那样，时间和空间与物质无关，风马牛不相及；而是恰恰相反，时间、空间、物质、运动是密切相关，紧紧地连在一起，构成了宇宙的四大要素。于是人类对于宇宙的认识又大大地往前推进了一步。

地问

引　子

"生在地上想天上,活在人间想成仙",是指人们好高骛远,想入非非,不大容易满足。然而,对于整个人类来说,好高骛远并非坏事,正是因为永不满足,所以才能发奋努力,攀山下海,上天入地,无尽探索,总要问个为什么。因而,社会才能发展,人类才能进步。这也就是说,这种好高骛远,永不满足的好奇心和不怕艰难险阻,努力拼搏进取的探索精神正是人类社会不断发展的动力。正因如此,所以这两句话在过去看来似乎颇具嘲讽意味的豪言壮语现在至少已经实现了一半,即人类已经飞上了天。至于将来能否成仙则是另外一回事了,因为仙界是否存在还是个大问题。

现在,在我们追踪了北极星,神游了太阳系,探索了宇宙的起源,介绍了三大巨星的事迹之后,再重新回到地上来,看看我们所赖以生存的小小的地球又是怎么一回事。

北冰洋边畅想曲

你也许俯瞰过太平洋的浩大,你也许眺望过大西洋的雄姿,但是,当你来到北冰洋之滨,面对着那茫茫无边的水域,那感受,那思绪,那胸怀,那意气,都会大不一样的。因为你无论走到哪里,视野中总是留着它那浩茫如烟的影子。有时候,风平浪静,海面如镜,那大洋似乎进入了甜蜜的梦乡;有时候,阴风怒号,浊浪排空,那大洋似乎发起了脾气;有时候,波涛汹涌,浪花飞溅,那大洋似乎正在诉说;有时候,浮冰如山,银装素裹,那大洋似乎穿上了御寒的冬衣。

我常常独自徘徊在大洋之滨,久久不肯离去。飞鸟在面前一掠而过,在蔚蓝的长空翱翔;海豹偶尔从水中伸出圆滑的脑袋,然后又匆匆隐去;伞状的水母拖着一条长长的尾巴,在海边自由自在地游泳。倘若幸运,还能看到巨大的鲸群从远处缓缓地游过,不时地喷射出高高的水柱。晚霞映红了大海,像一把无名之火在天边熊熊燃烧;波涛震撼着大地,像是有千军万马正在向岸边冲击;太阳不落,每天绕行一周,周而复始;月亮却有圆有缺,有升有降,走着一条完全不同的轨迹。

也许是触景生情的缘故吧,就这样朝思暮想,潜移默化,久而久之,蓦然对大洋产生了一种敬慕之心,或者也可以叫作"大洋意识"。

我们赞颂大地,称她为人类的母亲,因为人类确实是从大地上演化而来,而且是在大地上生存繁衍至今的。但是据古生物学家告诉我们说,地球上最初的生命形式,如细菌和藻类等,却只能在海相沉积的岩石里才能找到它们的化石。这也就是说,地球上的生命首先是在大海中孕育和发展起来的。当然这要经过几十亿年漫长岁月的演化繁衍,优胜劣汰,从简单到复杂,从低级到高级,从单细胞到多细胞,从无脊椎到有脊椎,从水生到两栖,从两栖到陆生,从卵生到胎生,再到人类。众所周知,我们每一个人都是从一个单细胞开始,逐渐发育成熟起来的。所以,这十月怀胎大体上就正好反映了地球上生命演化的历史。因此,当人们怀着虔诚之心对着大地母亲顶礼膜拜的时候,却不应忘记大洋的功劳,因为她正是地球上所有生命的母亲。但遗憾的是,人类却似乎忘记了这一点,总是以最高级的生物自居,从不把其他生命看在眼里。实际上,如果没有那些看上去微不足道的低级生物,人类就成了无源之水,无本之木,只能像圣经上所说的那样,是由上帝造出来的。

我们讴歌大地,称她为人类文明的摇篮,因为大地确实赐给我们生存的沃土。但是,你可曾想到,如果没有雨水,这沃土只能是不毛之地。而这雨水则是通过大洋水分的蒸发源源不断地提供出来的。大洋就是这样,通过自己无私的奉献,给万物生机,并维系着地球上的生态平衡。

我们尊崇大地,称她为物质财富的宝库,因为大地确实为人类的生存创造了必要的物质条件。但是,你可曾想到,大陆上的许多自然资源都与海洋密切相关的。且不用说那些可再生的资源,如生物资源,都要靠水分而生存,而且有许多矿产资源,例如石油和天然气等,实际上首先也是在大洋里形成的,然后,经过沧海桑田的地壳运动,有一部分在陆地上储存起来,而有一部分仍然存于海底。不仅如此,人类所享用的许多物质都是直接从大洋里攫取的。因此,如果说大陆是资源的宝库,那么海洋则是资源的源泉。

我们热爱大地,称她为人类的家园,因为大地确实为人类提供了角逐的舞台和生存的空间。但是,你可曾想到,若与大洋相比,大陆只不过是彼此分离的孤岛,只有大洋才是紧密相连的,并构成了一个覆盖地球表面的完整的体系。因此,大洋不仅为人类提供了更加广阔的舞台,使人类在望洋兴叹之余,终于开始了对未知世界的探索,从而大大开阔了自己的眼界和思维空间,而且还以其本身的广阔、深远和包罗万象为科学的发展开创了许多崭新的领域。

最近几年,人类费尽了九牛二虎之力,正在进行着意义深远的宇宙探索,目的之一是想了解其他星球上是否也有生物,结果发现,即使原先认为最有希望的火星,也没有任何生命存在,其根本的原因就是那里没有水。于是,人们更加感到这大洋的可贵与神奇。是啊,若从太空望去,我们赖以生存的星球是个蓝色的球体,那正是因为,她披着大洋这层华丽的外衣。

然而,遗憾的是,由于人口爆炸,环境破坏,大洋正在承受着愈来愈大的压力。例如,大气污染,酸雨倾盆,最后却要由大洋来承担这恶果;森林砍伐,水土流失,最后却要由大洋接受这淤泥;能源匮乏,资源枯竭,最后却要从大洋里去寻找补偿；滥捕滥杀，生态失衡，最后却要由大洋来化解这危机。

当然，大洋也并非完美无缺，任人摆布。作为孕育了如此众多生命的伟大母亲，大洋是如此宽厚、温柔而仁慈。但是，作为组成自然环境的一个重要因素，大洋有时候又是如此的肆虐、狂暴而严厉。它那震天的怒吼确实令人闻而生畏，它那汹涌的波涛也确实令人望而却步。然而，正是由于它的博大深远，才激发了人类求知的欲望；正是因为这惊涛骇浪，才锻炼了人类顽强的意志。如果没有大洋，怎么会有出类拔萃的舵手？如果没有波涛，怎么会有激流勇进的弄潮儿？

站在海角，眺望大洋，常常会生出许多感触。在那弯弯曲曲的海滨，堆放着无数大大小小的沙石，这正是与大陆相互较量的产物。再看那遍布脚下的鹅卵石，虽然大小不等，形状各异，却都是光光滑滑，棱角全无，离不开一个"圆"字。这就标志着，它们虽都出自深山，但却经历了相当漫长的岁月，走过了极其曲折的道路。如果它们能够开口，一定会讲出一长串动人的故事。

大陆与海洋的起源

沿着北冰洋岸边散步，有两种东西到处都是，一是大大小小的鹅卵石延绵无穷；二是各种各样的白色漂木比比皆是。这些东西是从哪里来的呢？

石头来自深山，这是毫无疑问的，经过长途冲刷和搬运，才成了这种样子。然而，北极不长树木，怎么会有木头呢？唯一的解释就是从遥远的南方漂流过来的。在过去，爱斯基摩人就是靠这些木头来取暖做饭。现在因为有了电和煤气，所以没有人再去捡这些木头，它们只能静静地躺卧在岸边，有的是整棵的树干，有的是破碎的断枝，都已经浸泡得变成白色，这些随时都在提醒着人们，大海和陆地有着密切的联系。

然而，无论是卵石，还是漂木，它们之所以来到北极，则完全是由于水的功绩。那么，这浩瀚的大海，汪洋的水体又是从哪里来的呢？据地质学家说，地球上的水,可能是从石头里释放出来的。

原来,地球上有大量含有水的岩石,如含水的硅酸盐类岩石,是在地球冷却的过程中逐渐形成的。后来,可能是在地球形成最初的十亿年的后期,含在岩石里的水便以液态形式渐渐释放了出来。水往低处流,并在地球表面低凹的地方积聚起来,越积越多,形成今天所看到的覆盖地球表面四分之三的巨大水体。

那么,地球上怎么会有陆地和海洋之分呢?这是因为,地球在形成初期,由于重力分异作用,重的下沉而轻的上浮,所以有些硅酸盐性浅色的物质就浮上表面,形成一层外壳,最典型的就是花岗岩。但是这层外壳并不是均匀的,而是集中在某一地区,因而突出出来,这就是最初的陆地。而在另外一些地方,由于地球内部的物质仍需要不断地外溢,所以一些硅镁性深色的物质通过一些长长的裂缝从地幔中不断涌出,并向两侧推展,形成了一些洼地,这就是最初的海洋。最典型的就是玄武岩,这是构成海洋地壳的最基本的岩石。当岩石中析出来的水分渐渐充满这些洼地的时候,地球上的陆地和海洋就最后形成了。这一过程大约用了10亿年。

原来,研究地球的科学家认为,地球上的陆地和海洋都是固定不变的,从它们形成的时候起就在这个地方,也就是这个样子,这叫作"固定论"。后来,人们终于认识到,事实原来并非如此,结果导致了地球观的一场革命。有一个人在这场革命中起到了至关重要的作用,他就是魏格纳。

魏格纳与大陆漂移

科学并不神秘,而是恰恰相反,在我们司空见惯的现象中,往往就包含着极其深刻的科学道理,一些偶然的发现,常常会揭示出某种普遍的规律。例如,一个小孩,偶尔将一片凹透镜和一片凸透镜重叠在一起,结果就发明了望远镜;一个染匠,偶尔将染缸边上发霉了的东西抹在因感冒正在发烧的孩子的嘴里,治好了病,因而发明了青霉素;一个水手,因患坏血病而奄奄一息,被遗弃在荒岛上,吃了青草居然又活了过来,结果就发现了维生素;至于说牛顿因看到苹果落地而发现了万有引力定律,虽为误传,却也符合一定的科学道理。

同样的,在中世纪的地理大发现之后,当人们终于把各大陆的轮廓比较准确地绘到地图上时,便看到了一个极其有趣的事实,即大西洋两岸的陆地凹凸对应,大小一致,就像是一张报纸,被撕成两半似的,然而,也许是因为熟视无睹的缘故,虽然许多人都注意到了这一现象,却没有把它当成是一回事。

实际上,早在1620年,曾经就有人提出过,根据大陆的形状来看,南北美洲有可能和非洲及欧洲大陆曾经连接在一起。因为当时只是一种猜测,并没有实际资料作依据,所以只能是纸上谈兵,最后不了了之。到了19世纪末期,由于地质资料愈来愈丰富,有人又重新提出了这一问题。例如奥地利的地质学家休斯(Eduard Suess)因注意到南半球各大陆上的岩石非常一致,地层非常接近,而大胆地将它们拼凑到一起,构成一块单一的大陆,并称之为冈瓦纳古陆。但因资料有限,证据仍然不足,所以并没有引起足够的重视。

进入20世纪以后,地球科学的积累已经达到了从量变到质变的程度,人们的观念正面临着一场新的变革,魏格纳的观点则应运而生,再一次举起了大陆漂移这面旗帜。

魏格纳(A.L.Wegener)1880年11月1日出生在德国。长大之后成了一名气象学家,但却对地质和地球物理学有着浓厚的兴趣。1912年,在一次演讲中,他正式提出了大陆漂移的假说。他认为,既然地球的物质在重力(即引力)的作用下能够发生垂直流动,就像前面所说的那样。那么,在水平力的作用下,它同样应该能够沿水平方向移动。但是,垂直力当然比较容易找到,那就是重力,即地球的引力,这种力无处不在,无时不有,是非常现成的。然而,水平力到哪里去找呢?要使如此巨大的大陆块体沿水平方向漂移,没有一种相当巨大的能源作动力是绝对不可能的。而在魏格纳的时代,由于

053

条件所限制，这种力量是无论如何也想象不出来的。这就是大陆漂移学说难为人们所接受的最根本的问题。尽管如此，魏格纳对此却坚信不疑。

为了支持大陆漂移的观点，魏格纳收集了大量的证据。他举出了大西洋两岸多得惊人的化石、岩层和地质构造的相似性及亲缘关系，并且认为，大西洋两岸的大陆就像是一块撕成两半的报纸，当把它重新拼起来时，原来的字迹就能一一相对，清楚地连在一起。1915年，魏格纳发表了他的名著《大陆与海洋的起源》一书，在地质界引起了轩然大波，一直争论了半个世纪。20世纪50年代初期，海洋地质学家在研究洋底地形的时候发现，在所有大洋的中部都有一条连绵不断的海底山脉，长达数万千米，人们把这些海底山脉叫作大洋中脊。测定了大洋中脊大量岩石标本的绝对年龄以后发现，所有的大洋中脊都很年轻，都是在大约1.35亿年以前开始的白垩纪之后形成的。后来，人们在测定大洋中脊两侧的岩石标本的绝对年龄和磁性时发现了一个更加奇怪的现象，即从中脊往外，岩石的年代越来越老，而岩石的磁性则成明显的条带状，而且两边是对称的。研究者们后来则恍然大悟，于是提出了海底扩张的假说，海底扩张正是大陆漂移的原动力。因为海底是坚硬的，所以有人猜测，岩石圈可能分成许多块，并且在做相对运动，由此产生了板块运动的概念。海底扩张和板块运动给了大陆漂移的观点以强有力的支持，这已经是20世纪60年代初期的事了。在被讥讽和嘲笑了几十年之后，魏格纳的学说终于取得了决定性的胜利。现在，地质学家们普遍认为，在2亿年以前，地球上所有的大陆都是连在一起的，魏格纳当时把这块联合大陆称为潘加（Pangaea，希腊语，即所有的大陆）。后来由于某种原因，这块超级古大陆一分为二，北面的一块叫作劳亚古陆，南面的一块就是冈瓦纳古陆。再后来这两块古陆也相继四分五裂，前者形成了北美洲和欧亚大陆，后者则分裂成南极洲、非洲、南美洲、大洋洲、新西兰和印度次大陆。

最近几年，通过全球性陆地和海洋地质及地球物理的综合研究，澄清了许多事实，使人们对于大陆漂移和冈瓦纳古陆的解体过程逐渐有了轮廓性的认识，当然这个时间表的误差可能以百万年乃至千万年计，但对以数亿年计的地球来说,这已经相当精确了。

　　地质学家告诉我们,在3.5亿年前,地球是相当寒冷的。那时候,联合古陆南部的大部分为冰雪覆盖。到大约2.8亿年前,地球上开始转暖,温带的气候从南纬40°一直延续到南极。现在的南极大陆当时长满了茂盛的阔叶林。到2.2亿年以前,地球上出现了陆栖和水陆两栖的爬行动物。从1.9亿年前以来,地球进入了一个强烈的火山活动的高潮期。100万年以后,即地质上的三叠纪末期,联合古陆北半的劳亚古陆和南半的冈瓦纳古陆开始分离。差不多与此同时,这两块古陆本身也开始解体。又过了6 500万年,大约在1.3亿年以前的侏罗纪末期,北大西洋和印度洋大规模地张开,北美洲和欧亚大陆开始分开,非洲和澳大利亚开始分离。由于裂谷的产生,南大西洋开始形成。大约在7 500万年以前,印度板块与欧亚大陆相撞,喜马拉雅山开始隆起。到大约5 000万年以前,澳大利亚和新西兰开始分离,南极大陆开始缓慢地往南移动,逐渐到达它现在所在的位置。从大约3 500万年开始,南极周围的海洋开始变冷,海岸地区的森林减少。到2 000万年以前,南极大陆又重新为冰雪所覆盖,并且与其他大陆完全脱离,形成了现在的格局。这次所形成的冰盖一直延续到现在,也就是说,现在的南极冰盖已经有2 000万年的历史了。大约500万年以前,南半球的气候变得更加寒冷,在冬季,大洋里的浮冰往北一直延伸到南纬45°左右。奇怪的是,在这期间,地球上的气候是不对称的,北半球相当暖和,以至北极地区是一片无冰的海洋。直到250万年以前,北极地区才开始结冰,成为名副其实北冰洋。而且有迹象表明,在那之后,北冰洋里的冰似乎还曾经消融过。

　　这就是南北两极的由来及其地质演变史。

055

生问

引　子

　　世间万物，无非是天、地、生、人而已，人当然是最主要的。而南北两极最大的区别之一，就是北极有人，而南极连一个原始居民也没有。当然，北极的居民也很少，而且都在边缘地区，中间同样是冰雪一片，杳无人烟，与南极没有什么区别。因此，当你进入南极，你实际上已经离开了人间；当你来到北极，你也已经走到了人间的边缘。若按圣经的指点，离开人间只有两个去处，一个是天堂，一个是地狱。人们都在拼命地往天堂里面挤，至于地狱却没有什么人愿意去。而南北两极，既可以认为是天堂，也可以认为是地狱。其纯洁干净，恐怕比天堂还要美；而其风雪严寒，则恐怕比地狱还要残酷。正因如此，所以两极对于人类来说，往往具有双重的含义：既有巨大的诱惑，又具严峻的威慑。也就是说，既可能是天堂，也可能是地狱。

　　虽然没有亲身体验，但是完全可以想见，当你走上天堂的台阶，或跨入地狱的通道时，精神肯定是非常紧张的。这就是为什么，当你来到两极的时候，思维会显得格外的活跃与刺激，大概是因为，你正徘徊在生死之间的缘故。也许正如回光返照吧，于是，想入非非，灵魂出窍，天上地下，漫游无羁，问题也就接连而生，从天体到地球，从生物到人类，一切都与两极紧紧地连在了一起。

地球上的生命

在爱斯基摩人的眼里，世上万物皆有生命。但他们所说的生命并非形体，而是灵魂。也就是说，万物皆有灵魂。即所谓的万物有灵论。例如，海豹是有灵魂的，所以当爱斯基摩人打到一只海豹，在开膛之前首先要往它的嘴里泼点水，这样，它的灵魂就可以投胎去变成另一只海豹，人们就可以永远有海豹吃了。不仅鲸鱼和海象等如此，就连地上的石头也是有灵魂的，因此走起路来就得小心翼翼。有一位爱斯基摩老人告诉我说，小的时候跟他父亲出去打猎，看见什么都要拜一拜。例如，一块石头，一块冰块，弄不好它会绊你一跤，那就是对你的不满和报复。当然，这都是很久以前的事了。现在，由于科学技术愈来愈发达，捕捉起猎物来也就愈来愈容易，所以也就不必再像以前那样惧怕自然，信奉萨满教的人也就愈来愈少。与此同时，由于西方文化的渗透和侵入，信奉耶稣基督的人已经愈来愈多，因此对于灵魂和生命也就有了新的认识。

圣经开宗明义第一篇则是《创世纪》，记载着上帝怎样创造了世上万物：第一天创造了光，第二天创造了空气，第三天创造了花草树木，第四天创造了太阳、月亮和星星，第五天创造了飞鸟和动物，第六天创造了牲畜、昆虫、野兽和人类。并让人类来管理天地。然而，地球上的东西又是如此之多，工作量是如此之大，辛苦之状就可想而知了，连星期六也顾不上休息，直到第七天，总算大功告成，而且也累得实在受不了了，只好歇着了。这一习惯一直延续至今。因此，我们都应该感谢上帝，不仅因为他为我们创造了宇宙万物，当然也包括我们自己。而且，也许更重要的是，如果他老人家当时一直干下去，那么我们就不会有星期天了。

我有时候觉得挺奇怪，怎么世界上不同民族的神话传说有那么多相似

057

之处呢？语言不通，文字不同，甚至早先也没有翻译之说，单靠一代一代口头传下来的故事，怎么竟有东西方文化交流的痕迹呢？在中国天地开辟的故事太多了，有一则说是造物主在正月初一造了鸡、初二造狗、初三造羊、初四造猪、初五造牛、初六造马，最后初七才造出了人。所以后人就把初七定为"人日"，也算是中国人的一个节日了，唐代诗人杜甫就有"草堂人日我归来"的句子，这和耶和华创世真有点异曲同工之妙了。

万物有灵也好，上帝创世也好，虽然曾经使古代的先民们顶礼膜拜，心悦诚服，但都无法跟科学抗衡，因而正在渐渐地退出历史舞台，逐渐失去了原先的阵地。首先提出挑战的是哥白尼，他肯定地指出，地球是围绕太阳旋转的。接着是达尔文，他以大量的事实证明，地球上如此繁复的生命形式要靠上帝一个人来创造简直是不可能的。

现在，我们的讨论由天和地开始进入生命世界了，这是一个生动、活泼、有趣的世界，也是一个纷繁复杂的世界。科学发展到今天，虽然已经能够上天入地，但对生命乃至人类到底是从哪里来的，仍然众说纷纭，没有一个统一的认识，其中奥秘真可说是一个接一个。既然不是神造的，那么地球上的生命到底是从哪里来的呢？

先从三大飞跃说起

地球之所以有今天，宇宙之所以有意义，都是因为有了我们人类的缘故，如果没有人类，一切都无从谈起。

那么，人类到底是从哪里来的呢？如果不是上帝创造出来的，那么只有两种可能，或者是从天上掉下来的，即外星来客；或者是从其他生物演化来的。对于前者，虽然有众多的天外来客爱好者正在拼命鼓吹，但却拿不出确切的证据，所以只能是天方夜谭。而对于后者，即生物进化论，却有许多化石做依据，所以比较容易得到人们的理解和支持。

那么，生物又是从哪里来的呢？这又是一个谜。而且，有趣的是，所有生物的机体毫无例外的都是有机物，而在地球形成的初期，由于温度极高，是不可能有任何有机物存在的。那么，地球上的有机物又是从哪里来的呢？

因此，如果我们承认人是从生物进化而来的，生物又是从地球上演化出来的，而不是从天上掉下来的，那么我们就必须回答地球上是如何从无机物转化成有机物，从有机物演化成生命，从生物进化到人类这三大飞跃的问题。

科学家真是自讨苦吃，只要干脆承认宇宙万物都是由上帝创造出来的，或者地球上的生命包括人类都是从天上掉下来的，岂不一了百了？既简单又省事，对别人无碍，对自己有利，何乐而不为呢？但他们却不肯，而宁愿翻山越岭，吃苦受累，甚至冒着生命的危险，为了科学的发展而去寻找证据。这在常人看来，实在是难以理解的。那么，他们到底找到了些什么呢？

原来，在陆地和海洋形成之后，大约有几亿年的时间，地球上是非常干净的，大气中没有灰尘，陆地上没有沙土，河流中没有泥浆，海水中没有杂质，一切都是如此纯洁，完全是一个无机的世界，没有任何有机物存在。那么，有机物又是从哪里来的呢？

众所周知，组成物质最基本的单元就是化学元素。虽然迄今为止，人类所发现的加上人工合成的化学元素已经有一百多种，但最常见的也不过几十种而已。而世上万物虽然种类繁多，变化无穷，但万变不离其宗，从地球到人类，从太阳到微粒，都是由这些元素以不同的方式组合而成的。由此可见，有机物和无机物其实并没有本质的区别，只不过是元素成分和结合方式有所不同而已。

有关研究表明，有机物主要有两种存在形式，那就是蛋白质和核酸。而构成有机物的主要化学元素则是碳、氢、氧、氮四种元素，其次还有硫、磷、铁、铜等。而这些元素在原始的地球和大气当中是到处都有的。问题在于，大自然是以怎样的方式把它们组合起来而变为有机物的？

首先，要把这些无机的元素化合成为简单的有机物必须要有足够的能量。而在原始地球的条件下，雷鸣闪电、太阳辐射、陨石撞击和火山爆发等，

059

都可以提供足够高的温度和足够大的能量。由此可以推测,在当时的条件下,合成有机物的能源是不成问题的。

早在20世纪五六十年代,科学家们在实验室里通过模拟原始地球的自然状况,例如雷鸣闪电,已经成功地从无机物中制造出了氨基酸和其他有机酸等简单的有机物。这就有力地表明,实现从无机物到有机物的飞跃是完全可能的。

当然,除此之外,还有人猜测,地球上那些原始的有机物,除自身制造的之外,有一部分也可能是由陨石带进来的。这也是很有可能的。因为,前几年在南极发现的一些陨石上,就带有种类不同的氨基酸。

总而言之,从无机物到有机物的飞跃,大概就是这样完成的。简单有机物生成以后,则逐渐形成了复杂的有机物,即蛋白质和核酸,从而为第二个飞跃,即从有机物到生命,奠定了基础。

然而,从有机物转化到生命体,就不像从无机物转化成有机物那么简单了。因此,直到目前为止,科学家们无论利用多么先进的设备,多么复杂的实验室,都未能把这一过程模拟出来。所以,现在所能说的只是一些猜想而已。可以肯定,如果有朝一日,有人在实验室里制造出一个生命,哪怕是最简单形式的生命,得一个诺贝尔奖也是绝无问题的。

综合而论,到今天为止,关于生命的起源主要有两种假说能引起人们普遍的重视。一是原始大锅汤,认为自有机物形成以后,原始海洋中的营养成分愈来愈多,就像是一锅富有营养的汤一样。有机物在这锅汤里经过长期的演化,从简单到复杂,最后诞生了最初的生命形式。另一种则是泡沫说,这是20世纪90年代提出来的,认为在原始海洋中必然会生成无数一瞬即逝的泡沫,而这些泡沫则正是地球上的所有生命的起源。

当然,这些都还是天方夜谭,而从迄今所发现的化石来看,对于地球上的生命演进,大体可以排列出这样的时间顺序:大约是在38亿年以前,地球上出现了具有微结构的有机物,而且已经证明,这些有机物是在水面上放电时形成的;大约在35亿年以前,地球上出现了可能是最古老的生命形式;22

亿年前出现了肯定无误的蓝藻；14亿年前出现了真核生物，即具有真正的细胞核的生物；6亿年前出现了大量的生物群体；2亿年前出现了大量爬行动物，进入了恐龙时代；6 500万年以前出现了哺育动物；大约在300万年以前出现了原始的人类；大约在3万年以前，出现了现代人类。这就是我们所知道的。

生命演进的顺序

虽然我们还不知道地球上的第一个生命是怎样产生的，但有一点可以肯定，那就是，生命是在运动中形成的。首先是化学反应，如上所述，通过雷鸣闪电等能量进行了化学反应，使无机物变成了有机物，这就是各种各样的氨基酸，这是组成蛋白质的最基本的物质。然后，在不停的化学反应和机械运动当中，例如波浪的翻滚和泡沫的生灭，这些氨基酸又以不同的排列顺序和组合方式结合在一起，形成了一些大分子，这就是蛋白质。虽然自然界里的氨基酸只有20多种，但不同的排列组织却可以产生出数百亿乃至数万亿种不同的蛋白质，从而为生命的形成奠定了坚实的物质基础。

当然，光有蛋白质还不行，还要有另外一种有机物核酸，即核糖核酸和脱氧核糖核酸。当这两种物质在自然界里产生出来之后，在几亿年物理和化学的反复运动之中，在某种偶然的机会之下，具有某种特定组合的蛋白质和核酸忽然碰在了一起，终于"活化"了起来，于是便产生了最初的生命。在此后的几十亿年里，由单细胞到多细胞，由简单到复杂，由水生到陆生，从低级到高级，终于演化出了像今天这样一个丰富多彩，复杂纷纭的生命世界。

实际上，地球上所有生命这一漫长而复杂的演化历程，全部浓缩和记录在一个人的生成和发育过程之中。我们知道，一个人的生命正是从一个单细胞的受精卵开始的，这相当于最为原始的生命阶段。后来开始了细胞分裂，则相当于从单细胞向多细胞进化的过程。到生出骨骼以后，则相当于从

061

无脊椎进化到有脊椎。而在最初的几个月里,人类的胚胎与爬行动物的胚胎没有什么区别,那时就相当于两亿多年前的爬行动物时代。几个月以后,在人的雏形逐渐形成的一段时间里,则相当于从爬行动物进化到了哺育动物。而当人的身体和大脑基本长成之后,则相当于从哺乳动物进化到了人类。最后呱呱坠地,则相当于从赤身裸体的原始时代终于进入了现代文明。细想起来,这是多么有趣啊!

北极：丰富多彩的生命世界

　　虽然没有办法与温热带的生命世界相提并论，但与南极相比，北极的生物则可以说是相当丰富多彩的。例如，北极的开花植物有900多种，而南极却只有3种，且只分布在南极半岛最北端一个极狭小的地区；北极的鸟类有120多种，而南极却只有十几种；北极最大的陆地动物是雄壮的麝牛，而南极却是小小的蚊子；北极最高级的生灵是人类，而南极却连一个像样的动物也没有。由此可见，虽然同属于寒带，但南北两极的生命世界却是有天壤之别的。

　　尽管如此，北极毕竟是北极，这里寒冷而多变的气候对任何生命来说都是极端严酷的。因此，如果没有一点绝招，很难在此生存下去。在大自然严格的挑选之下，经过长期的演化与竞争，在北极这片冰雪世界里，终于形成了自己独特的生态系统。

地衣的功绩

　　南北极共有的植物大概只有苔藓和地衣。既然它们能在如此恶劣的环境中生存下去，因此，科学家们推测说，它们可能是地球上最为原始的植物。特别是地衣，是绿藻或蓝藻和一种真菌的共生体，而绿藻和蓝藻又是海洋中最早出现的生命形式。据此,科学家们进一步推论说,在生命形成的初期,陆地上并无土壤,只有裸露的岩石,有些藻类被潮汐和浪花抛撒到岸边的岩石上,但若没有水分,藻类是无法生长下去的。然而,天无绝人之路,不知什么原因,在这些潮湿的岩石上又生出了某种真菌。这种真菌能生出大量海绵状组织,易于保持水分。正好,绿藻或蓝藻则在这里安家落户,终于找到了一个理想的庇护所。当然,藻类也不白住,作为回报,它们则通过光合作用,源源不断地提供食物与真菌共享。于是,它们便从海洋搬到了陆地,开辟出了一片全新的天地。

地衣虽然生长速率极慢,但在千百万年的时间当中它有足够的时间蔓延开去。它们不仅能分泌出一些特殊的化学物质,将岩石表面分解成微小的砂粒,进而形成了土壤。而且,它们的遗体腐烂分解之后,又形成了肥料,从而为苔藓的生长奠定了基础。而苔藓一旦生成之后,其光合作用和生长速率则都快得多了。于是它们便联合起来,大量地开拓殖民地,终于使原本到处岩石裸露的陆地渐渐披上了一层新绿。与此同时,还进行着两项巨大的工程,那就是制造土壤和改造空气。一方面,地衣和苔藓以其坚韧不拔的顽强精神,与阳光和风雨一起,将坚强的岩石由大变小,由粗变细,最终变成了土壤,为植物的进化创造了条件;而另一方面,地衣、苔藓和海洋中的藻类一起,通过光合作用释放出了大量的氧气,为动物的进化奠定了基础。

原来,在地球形成的初期,原始大气中是没有氧气的,只有氨、氢、甲烷、一氧化碳、二氧化碳、硫化氢和大量的水蒸气,所以那时高空中也没有臭氧层。科学家们把这种大气叫作还原性大气。很明显,在这样的大气中,动物是没有办法生存的。所以,大自然首先把植物派遣到地球上来。正是由于海洋里的藻类和陆地上的苔藓、地衣这些能进行光合作用的生物的共同努力,产生出了大量的氧气,改造了原始空气的成分,为生命的进一步演化准备了物质基础。科学家们把这种含氧的大气叫作氧化性大气,这也正是我们今天得以生存的最基本的条件。

由此可见,看上去其貌不扬的小小的地衣,其功劳却是大大的,它不仅是陆地上所有生物的先驱,而且也是有功之臣,为后来的生命进化铺平了道路。

不仅如此,地衣还有着极其顽强的生命力,有一块在博物馆里已经展出了25年的地衣,偶然沾到了一点水分,居然又开始生长起来。因此,科学家们设想说,可以用宇宙飞船将地衣带到拥有还原性大气的其他星球,例如火星,让它在那上面安家落户,生长繁殖,待产生出足够多的氧气之后,也许就可以演化出其他的生物。或者,当那些星球上的大气成分改造得和地球上的空气组成差不多了时,人类就可以到那些星球上去旅游,甚至到那里去居住。

据考察,北极地区共有3 000多种各种各样的地衣分布在各种不同的区域。这些地球上最原始的生物之一,虽然与它们早期的祖先已经不大一样了,但却仍然一脉相承,成为维系生态平衡的基础。有一种多枝的地衣甚至可以长到15厘米那么高,常能密密麻麻,连成一片,为驯鹿越冬准备了口粮,因而有人误称之为驯鹿苔藓,实际上是错的。

说到渺小与平凡,人们总爱用小草来作比喻,其实相对于您说的地衣和苔藓来,小草简直可以称作大树了。更令一般人想象不到的是地衣和苔藓竟是地球最初生命的制造者,并且至今还充当着北极生物链中最基本的一环,看来,万物都有它存在的理由。

苔原的魔力

在地理上,人们通常把北纬60°以北,到北极圈之间的广阔领域称为亚北极。

无论是从阿拉斯加的安克雷奇,还是从加拿大的丘吉尔港,如果乘上飞机往北飞,都可以看到一种奇特的现象,那就是脚下的森林愈来愈矮,愈来愈稀,最终则完全消失。这一分界就叫作树线,大约就在北极圈附近徘徊。再往北去,脚下则变成光秃秃的一片,这就是苔原。因为南纬60°以南,直到大陆边缘，都是汪洋一片，既无亚南极森林，更无南极苔原，所以，北极苔原带就成了地球上独一无二的一大景观。因此，也有人主张以树线称为北极的界限。

苔原之所以奇特，皆因寒冷所致。冬天一片白茫茫，没有一点生气。但是一到夏天，冰雪完全消融，苔原便显出了其无穷的生机和魔力。若从飞机上看下去，你会发现，有的地方阡陌连片，布局整齐，就像是千亩良田；有的地方，圆丘高耸，犹如山岭，但却并非岩石，而是透明的冰体；有的地方，湖泊连片，河流纵横，像是人工建造的灌溉系统；还有的地方，圆环成片，一个连着一个，排列规则，像是孩子们的恶作剧。然而，所有这一切，都是自然形成的，是大自然的杰作，与人工没有任何关系。那么，这样一些奇特的现象是怎样形成的呢？那是因为，这一带的地下都是永久性的冻土带，只有每年夏天地表才能融化薄薄的一层，这样的一冻一化，久而久之，就形成了这样一些鬼斧神工的造型。而且，融化的雪水渗透不下去，所以就造成了千湖万河的流水系统。正因如此，如果要想在地面上行进是会非常困难的。然而，要知苔原真面目，必须要到地上来。

其实，苔原并不单是苔藓的天下，而是长满了各种各样千奇百怪的植物。这些植物既要对付寒冷多变的气候，又要适应相对来说非常短暂的生长期，因此就发展出了各自的绝招，否则就难以生存下去。

北极的苔藓共有500多种，在大大小小的土丘上和密密麻麻的草丛中，到处可以看到它们的踪迹。就生物进化而言，苔藓比地衣高了一等，因为它自身就可以固着在物体上进行光合作用，显出鲜艳的绿色，而不像地衣那样，必须两种生物共生，而且有各种不同的颜色。

然而，在苔原上分布最广的植物并非苔藓，而是韧草，有点像温热带的茅草，但却矮小纤细。它们大量生长在沼泽地区，并不开花结果，而是利用根茎往外扩展，盘根错节，在冻土之上形成一层薄薄的草皮，踏上去松松软软，就像是走在地毯上似的。有些地方叶子葱绿，有些地方叶子绯红，遥望一片，斑斑驳驳，编织出各种美妙的图案。

北极具有代表性的植物是石南科、杨柳科、莎科、禾本科、毛茛科、十字花科和蔷薇科，大多为多年生，主要靠根茎扩展的无性繁殖，因为生长期很短，所以来不及按部就班地完成发芽、开花、结果、成熟这样一个复杂的周期。例如，蒲公英的花蕊来不及授精便可发育为成活的种子。还有北极棉花，每一棵都顶着一个小小的绒球，白白的一片，像是散落在苔原上的无数珍珠，实际上，它们就是用这些小球来保护自己的种子免受冻害的。特别值得一提的是，苔藓地衣层在群落中起着十分特殊的作用，因为灌木和草本植物的根、茎的基部以及更新的嫩芽都隐藏在这一层中，受到很好的保护。

开花植物往往具有大型鲜艳的花朵和花序，例如勿忘草，罂粟和蝇子草的花朵都是鲜艳欲滴。特别是北极罂粟，在十几厘米高的纤细的花梗上顶着一朵朵杯形的黄花，显得格外突出。而且多数植物都是常绿植物，如小灌木和石南科的植物，还有喇叭花、岩高兰以及越橘、酸果蔓等，即使在冰雪之中也能保持葱绿，这主要是为了节约时间，只要春天一到，立即就可以进行光合作用，用不着等待新叶长出。

北极植物还有一个共同特点，就是矮小，匍匐，垫状生长，这不仅可以尽量多地吸收地面反射的热量，而且还可以有效地抵御寒风的吹袭。例如，在加拿大北部偶尔可以看到的黑鱼鳞松就是纤细矮小，紧紧地贴在地面上。而在世界其他地区，这种松树都是挺拔、直立的雄伟乔木。由此可见，北极严寒对于各类植物是一种多么残酷的制约因素。不仅迫使它们生长得极其缓慢，如北极柳树，一年中只能生长几个毫米，而且还必须忍受寒冷，例如，地衣在－20℃时仍能生长，苔藓在－15℃时还在继续生长，甚至连一些显花植物、爬地杜鹃、冰川毛茛和山酸模等植物在－5℃时也仍能生长。而像北极辣根菜的花和嫩小的果实冬天被冻结了，但到春天一化冻，仍可继续发育。

正因如此，在北极的夏天，当你漫步在苔原上时，才能享受到鲜花盛开，清香扑鼻，这都是大自然慷慨的赐予。然而，你可曾想到，为了生存下去，它们付出了多大的代价和努力？

067

在环北极地区,包括欧亚大陆北部和北美洲树线以北的广大地区,总面积共有1 295万平方千米的苔原带,相当于全球陆地面积的十分之一,其重要地位就可想而知了。而且,它的魔力不仅仅在于这形形色色植物千奇百怪的生存方式,还在于在这广阔的冻土带中还埋藏着大量的固态碳,因而对全球的温室效应的影响蕴藏着巨大的潜力。如果这些碳变成二氧化碳释放出来,则能使温室效应大大地升级,其结果将是难以预料的。

实际上,自然界中也遵循着"天生我材必有用"的规律。植物之所以来到这个星球上,是为动物的出现和进化准备口粮。因为,只有植物才能够通过光合作用,将来自太阳的能量及来自地球的水分和无机物转化成有机物和蛋白质,为生命的演化奠定了基础,因而叫作初级生产力。因此可以说,植物是非常伟大的,它们不仅通过光合作用吸收二氧化碳而放出氧气,改造了大气成分,而且还以自己的躯体直接或间接地负担着所有动物的口粮,从而维系了生物世界的进化和平衡,当然也保证了人类的需求,使他们不至于饿肚子,真可以说植物是以自己的生命和身躯奠定了生物大厦的基础。

鸟类的天堂

在生命世界的万般生灵中,鸟类也许是最自由自在,最洒脱无羁,最灵活多变,最高瞻远瞩,因而也最为令人神往,最使人羡慕不已的生物了。提起各种各样的鸟类,立刻就会激起人们无穷无尽的联想与遐思。首先是那对令人向往的翅膀,可以上下翻飞,自由翱翔,不仅其他生物无可比拟,就连高傲的人类也望尘莫及。现在我们虽然有了飞机,可以在天上飞来飞去,但那复杂和笨重,却无论如何也没有办法与鸟儿相比。而且,弄不好还会掉下来,落得个机毁人亡。其次是那致密轻巧的羽毛,色彩斑斓,光彩夺目,不仅其他生物无法与它们相媲美,就连愈来愈讲究穿着的人类也自叹弗如,因为我们的服装不仅需要经常更换,洗来洗去,而且结构繁杂,穿脱费时，花样虽然不断翻新，却总是臃肿拖沓，与鸟儿们那合身的羽毛相比，真可以说是天壤之别的。因此，无奈之下，只好拿鸟类的羽毛来装饰和充填衣物。至于鸟儿那婉转的歌喉，和谐的群体，温暖的巢穴，长途的迁徙更使人类自惭形秽，追羡不已。

不仅如此，鸟类也是地球上分布最广的生物之一，从两极寒冷的冰雪世界，到地势最高的世界屋脊；从遮天蔽日的热带丛林，到寸草不生的沙漠腹地；从浩瀚无际的大洋，到人口稠密的城市，几乎地球上的每一个角落都可以看到鸟类的踪迹。实际上，在飞机出现之前，地球上绝大多数生物，当然也包括人类，基本上都是在二度空间里生存。然而只有鸟类，自从来到这个世界上，就一直在三度空间中活动、生息。因此，有人认为，鸟类是地球上最为完美的生物，也是天地之间最为圣洁的生灵。

那么，鸟类到底是从哪里来的呢？难道是从天上掉下来的不成。当然不是，如果仔细观察一下鸟类的骨骼结构和肌肉状况就会发现，它们具有爬行动物的一切特征，特别是鸟类和爬行动物都是卵生这一有力的事实。因此，科学家们认为，鸟类实际上就是从爬行动物中进化而来的，或者说，是从爬行动物中分化出来的。难怪早在一百多年以前，为进化论的确立立下了汗马功劳的赫胥黎就把鸟类称之为"荣耀的爬行动物"。

在地质历史上，从2.3亿～0.65亿年以前的这段时间里，人们称之为中生代，也就是所谓的爬行动物时代。在这段时间里，爬行动物从出现，到繁衍，并最终达到全盛时期。而在这段时间里，也正是大陆开始逐渐解体并漂移开去的决定性时期。根据化石得知，鸟类大约是在1.35亿年以前才开始出现的。这也就是说，当爬行动物在地球上生存并演化了大约1亿年之后，鸟类才来到了这个世界上，这也进一步证明了鸟类确实是从爬行动物中分化出来的。然而，鸟类不仅具有可以飞翔的翅膀，而且还有了恒定的体温，这就比爬行动物大大先进了一步。因此，到大约6 500万年以前，地球上发生了某种大灾变，导致绝大多数爬行动物突然绝迹时，鸟类却得以生存了下来，逃过了这一劫数，是非常幸运的。否则的话，可能就会和恐龙一样，我们

069

只能从化石中去猜测它们的样子了。

至于爬行动物为什么会演化成鸟类，大约是因为有些爬行动物常常需要跳跃、奔跑、攀岩、上树，或者为了觅食，或者为了逃避强敌的袭击，久而久之，便演化出了最初的翅膀，以延长其腾空的时间和提高其奔跑的速度。起初的鸟类可能并不会飞，只能做短距离的滑翔。后来由于羽毛愈来愈丰满，骨骼变得中空，才逐渐延长了飞行的高度和距离。再加上恒定的体温和旺盛的新陈代谢，大大减少了对外界环境的依赖性，逐渐扩大了生存范围和分布空间，使其在种数上成为仅次于鱼类的脊椎动物。

地球上到底有多少种鸟类，并没有确切数字，估计大约有9 000种，分为27个目，160多个科。那么，有哪些鸟类与北极有关系呢？据统计，北极的鸟类共有120多种，其中多为候鸟，常驻的鸟类有12种，不到总数的1/10。作为对比，南极的鸟类只有43种，永久性的"居民"大概只有企鹅和贼鸥而已。而企鹅到底算不算鸟类，至今仍然大有争议。生活在北半球的所有鸟类，大约有1/6要到北极繁殖后代。据一位在北极草原观察和研究了十多年的鸟类专家说，光在阿拉斯加北极地区，就有来自世界各地的候鸟在这里安家落户。例如，绒鸭来自阿留申群岛，苔原天鹅来自美洲东海岸，黑雁来自墨西哥，塞贝尼海鸥来自智利，麦耳鸟来自东非，短尾海鸥来自澳大利亚的塔斯马尼亚，白尾鹞来自南美洲最南端的火地岛，滨鹬来自马来西亚和中国东海岸。也就是说，北极是全世界几乎所有候鸟的乐园和故土。这是因为，北极不仅有辽阔的草原，丰富的食物，而且还有安静而干净的环境，很少人类干扰，南极则没有这个条件。所以，南极的候鸟只能在附近作短距离的南北迁移，飞得最远的是信天翁，可以绕南极作长距离的迁徙，但却并不往北飞行。而南半球的许多候鸟宁肯遥遥数万里飞到北极来越冬，却不愿意到南极去送死。因此，对于鸟类王国来说，北极是其活动的中心，而南极充其量也不过是一块极少有鸟愿意光顾的属地。

北 极 燕 鸥

在南极,给人印象最深的动物自然是企鹅。而在北极,令人肃然起敬的却并非北极熊,而是北极燕鸥。企鹅虽然待人亲切、憨态可掬,但看上去却似乎有点傻乎乎的;而北极燕鸥虽然小巧玲珑,但却矫健有力,往往能给人以激情。

北极燕鸥可以说是鸟中之王,它们在北极繁殖,但却要到南极越冬,每年在两极之间往返一次,行程数万千米。人类虽然为万物之灵,已经制造出了非常现代化的飞机,但要在两极之间往返一次,也绝非一件容易的事。因此,燕鸥那种不怕艰险、追踪光明的精神和勇气特别值得人类学习。因为,它们总是在两极的夏天中度日,而两极夏天的太阳是不落的,所以,它们是地球上唯一一种永远生活在光明中的生物。不仅如此,它们还有非常顽强的生命力。1970年,有人捉到了一支腿上套环的燕鸥,结果发现,那个环是1936年套上去的。也就是说,这只北极燕鸥至少已经活了34年。由此算来,它在一生当中至少要飞行150多万千米。

北极燕鸥不仅有非凡的飞行能力,而且争强好斗、勇猛无比。虽然它们内部邻里之间经常争吵不休,大打出手,一旦遇外敌入侵,则立刻抛却前嫌,一致对敌。实际上,它们经常聚成成千上万只的大群,就是为了集体防御。貂和狐狸之类非常喜欢偷吃北极燕鸥的蛋和幼子,但在如此强大的阵营面前,也往往畏缩不前,望而却步。不仅这些小动物,就连最为强大的北极熊也怕它们三分。有人曾经看到过这样一个惊心动魄的场面:在一个小岛上,一头饥饿的北极熊正在试图悄悄地逼近一群北极燕鸥的聚居地。然而,它那高大的身躯过早地暴露了自己。这时,争吵中的燕鸥突然安静了下来,然后高高飞起,轮番攻击,频频向北极熊俯冲,用其坚硬的喙雨点般地向熊头啄去。北极熊虽然凶猛,却回击乏术,只有招架之功,并无还手之力,只好摇晃着脑袋,踮着屁股,鼠窜而去。好像是说:"我服了,我投降!"

燕鸥也是一种体态优美的鸟类，其长喙和双脚都是鲜红色的，就像是用红玉雕刻出来的。头顶是黑色的，像是戴着一顶呢绒的帽子。身体上面的羽毛是灰白色的，若从上面看下去，和大海的颜色融为一体。而身体下面的羽毛都是黑色的，海里的鱼从下面望上去，很难发现它们的踪迹。再加上尖尖的翅膀，长长的尾翼，集中体现了大自然的巧妙雕琢和完美构思。可以说，北极燕鸥真是北极的神物！

黄　金　鸻

在北极，如果仅从飞行距离的长短而论，要选一个亚军的话，则是黄金鸻了。分布在阿拉斯加大部分和加拿大北极地区的黄金鸻，秋天一到，先是飞到加拿大东南部的拉布拉多海岸，在那里经过短暂的休养和饱餐，待身体储存起足够的脂肪之后，则纵越大西洋，直飞南美洲的苏里南，中途不停歇，一口气飞行4 500多千米，最后来到阿根廷的潘帕斯草原过冬。而在阿拉斯加西部的黄金鸻则可一口气飞行48小时，行程4 000多千米，直达夏威夷，然后再从那里飞行3 000多千米，到达南太平洋的马克萨斯群岛甚至更南的地区。而且，在这样长距离的飞行中，它们可以精确地选择出最短路线，毫不偏离地一直到达目的地，可见它们的导航系统是非常精密的，至于它们如何做到这一点，却仍然是一个谜。

与北极燕鸥一样，黄金鸻同样也是一种非常勇敢的鸟类，对于胆敢进入它们领地的狐狸甚至猎人，总是给予坚决的反击，即使牺牲生命也在所不惜。因此，有些小鸟专门把自己的巢筑在黄金鸻的领地附近，以便得到庇护。有时候，当天敌袭来，为了保护幼鸟，黄金鸻会伸出一个翅膀，装成折断了的样子，以此来吸引敌人的注意，而天敌往往信以为真，拼命追赶，结果上了当，被引得远远的，从而保护了自己的领地。由此可见，黄金鸻也是一种非常聪明的鸟类。

黄金鸻因为背部杂有金黄色斑点而得名。这种鸟体态较大，喜欢干燥的环境,常结成小群在江河海滨觅食蠕虫、甲壳类、螺类及昆虫等。繁殖于阿拉斯加西海岸及西伯利亚东北部,冬天,有的则迁至我国南部、印度东部、印度尼西亚、夏威夷群岛甚至澳大利亚。它们可以用每小时大约90千米的速度,连续飞行50多个小时,体重却仅仅减轻60克,可见其体能消耗极小,因而才会有如此惊人的耐久力。至于它怎样做到这一点,至今仍然是个谜。

黄金鸻的巢位于沼泽附近沙土的低凹处,极其简陋,其中仅有少量地衣等杂草。每窝产卵4枚,颜色由乳白至黄褐色,杂有斑点。有趣的是,雌雄鸟均参加孵卵工作,白天由雄鸟负责,而晚上则由雌鸟值班。如此轮流,直至26天后小鸟才破壳而出。此后,雌雄双双照料幼鸟,直至幼鸟羽毛渐丰能开始独立生活。秋后,黄金鸻便聚集一堂,在天空中高高地飞翔,队伍呈"V"字形,开始了南迁的旅程。

绒　　鸭

鸭类通常被认为是一种低能动物,除了会游泳之外,其生存技能似乎平平。然而,也许是环境所迫的缘故吧,北极的绒鸭看上去智商似乎还是蛮高的。

绒鸭体大膘肥,看上去绒乎乎的,这是北极的环境使然。春季,雄绒鸭身披黑白分明的羽衣,雌绒鸭身体的大部分则呈褐色。在所有的绒鸭当中,欧绒鸭是最大的,主要栖息于海上,环北极分布。

每年晚夏季节,北极地区的岛屿四周被水环绕着,北极狐等很难涉足其中。此时,欧绒鸭便开始在岛屿上筑巢繁殖,巢通常建于浮木或一丛海草下面,用以避风。雌绒鸭每窝产蛋1～10枚(平均5个)。令人惊奇的是:欧绒鸭的巢穴十分靠近一种海鸥的巢,而这种海鸥却不好相处,是绒鸭卵和幼雏的捕猎者,既然如此,为何欧绒鸭仍然喜欢与自己的天敌为邻居呢?究其原因,原来欧绒鸭正是借助这种海鸥的力量,将其更强大的敌人如贼鸥、北极狐等赶走,在海鸥保护自身巢区的同时,也使欧绒鸭免遭侵害。欧绒鸭这种牺牲局部利益以换取更大好处的做法,确实是很聪明的。

欧绒鸭的孵化期为21～28天，这期间，雌绒鸭极少离开巢区，一心一意扑在繁殖后代上。小绒鸭一旦破壳而出，它们就可随雌绒鸭一起来到海边，一边嬉戏，一边不停地潜入水中捞取食物。在通常情况下，几个家庭的小绒鸭要联合起来，过着集体生活，就像是幼儿园似的。这时，绒鸭的母亲们，甚至小绒鸭的七大姑八大姨均前来照料，小绒鸭们过着幸福、快乐的生活。到了9月份，它们便能展翅飞翔了，于是，开始西行，迁入白令海和阿拉斯加海湾越冬。

一年四季，欧绒鸭均以无脊椎动物如软体动物、蠕虫、甲壳动物等为食。它从海底获取大部分食物，所以喜欢在大陆边缘的浅水区游来游去。

贼　　鸥

鸟类中同样也有食草和食肉之分，因而也有强弱与善恶之别，例如贼鸥的行径在人类看来就很有点气不过。

贼鸥属于贼鸥科，有1属6个种，其中4个种栖息于北半球，2个种栖息于南半球。贼鸥在两极营巢，在极地间作横穿赤道的远距离南北迁徙。这一点与北极燕鸥有点相似。

贼鸥个体不大，重1.5千克左右，但却善于打家劫舍，干些偷鸡摸狗的勾当。在筑巢期，它便以偷食其他鸟类的卵和幼雏为生；在繁殖期，则明目张胆地抢夺其他海鸟捕获的食物。在海洋上空，当海鸥、海雀等其他鸟类带着历尽千辛万苦才捕获的食物从大海返回哺育嗷嗷待哺的幼雏时，贼鸥就迎面赶上，用锐利的喙袭击受害者的背部和头部，迫使它们吐出吞进肚子里的食物，然后美美地饱餐一顿。更加可气的是，贼鸥竟胆大包天，抢到人的头上来了。当考察队员在野餐时，贼鸥便成群结队地围绕在旁边，一不小心，手里的肉便会被它们叼走。鉴于这种家伙有如此恶劣之行径，人们便给它起了一个恰如其分的名字——贼鸥。

贼鸥营巢于地面上，而且其位置常靠近海鸥或其他鸟类的巢，目的是为了偷起来方便，以便得到足够的食物。巢内有少量草，每次产卵2～3个，偶尔可达4个，幼鸟为晚成鸟。

雪　雁

雪雁是为数很少的食草鸟类，正如人类中寥寥无几的素食者，终生不肯杀生，过着与世无争的生活，却要时时提防强敌，以免惨遭袭击。

雪雁身披洁白的羽毛，黑色的翼尖点缀其中，相映成趣，越发显示出瑰丽多姿。

雪雁性喜结群，从数只至数千只不等。在繁殖季节，雪雁兵分几路，在格陵兰岛的西北部、加拿大和阿拉斯加的北部以及西伯利亚的东北部都留下了它们的踪迹。

每年的5月下旬，雪雁便飞抵阿拉斯加的北极海岸平原，马不停蹄地开始筑巢繁殖。巢区通常选择在苔原带地势较高处，里面敷以杂草，6月初产下一窝卵，每窝4～6枚，孵化期22～23天。一旦小雪雁破壳而出，母雁便携其子女们举家迁移至河流、小溪边。因为刚孵出的小雪雁尚无飞行能力，必须找一个隐蔽场所来逃避天敌的捕杀。在此期间，许多雪雁家庭会自动联合成一个群体，数量可达150～250只。小雪雁在母亲的辛勤抚养下茁壮成长，经过短短的35～45天，即可展翅高飞了。

而那些非繁殖雪雁则会远离繁殖群体及其所在小河、小溪边，另寻一块更加安全的区域，在此换毛，进行迁徙前的准备工作。虽然，鸟类的换羽大多是逐渐更替的，使换羽过程不致影响飞翔能力，但雪雁的飞羽则为一次性全部脱落，因而完全丧失了飞翔能力。所以雪雁必须隐藏于湖泊草丛之中，以防敌害的捕食。

8月末，繁殖雪雁和它的子女们以及非繁殖雪雁聚集一堂，最多可达1万只，稍加停顿，就开始了飞往越冬区的征程。

雪雁坚硬的喙很适于挖掘地下植物的根，因此，它主要以植物为食。在北极，它主要摄食薹属植物、杂草和木贼属植物。在越冬区，则主要摄食谷物以及庄稼的嫩枝。

瓣蹼鹬

在所有的候鸟当中，最后一个到达北极却又最先离开北极的便是瓣蹼鹬了。这种迟到早退的鸟类脚上有蹼，羽毛形成厚厚的几层，在所有涉鸟当中，它是最适应水中生活的。它们生性好动，尤其善舞，在湖泊池塘之中，经常可以看到瓣蹼鹬翩翩起舞，犹如水上芭蕾，兴致所至，甚至可连续旋转247圈，舞态生风，光华夺目，如游天的仙姬，非复人间所能及，令人叹为观止。

瓣蹼鹬常在浅水中搅动泥沙或水，以其中的蚊子幼虫、软体动物和甲壳动物等小型生物为食。

与大多数鸟类不同的是，雌鸟长得比雄鸟要大。在繁殖季节，雌鸟身披绚丽多彩的夏装，羽毛五颜六色，赤褐色、棕褐色和白色掺杂其间，而且会主动向雄鸟发动爱情攻势，这时，它一边唱，一边向同性发出警告，以防它选择好的郎君被别人抢走，雄鸟往往经不起雌鸟的甜言蜜语，乖乖地成了俘虏。然后夫妻双方一起来到池塘河边，选择风水宝地，一口气建上几个小窝巢，而所谓的窝巢，不过是地下的一个凹坑，并放有少许野草和苔藓罢了。最后雌鸟选择一个满意的巢，便迫不及待地产下3～4个卵，然后扬长而去，另寻新欢。这可苦煞了新婚丈夫，它一方面要负责孵卵，另一方面，等雏鸟出生后，还要哺育后代，既当爹又当妈，过着艰难的生活。而雌鸟则采取闪电战术，梅开二度，重新为第二任丈夫生下一窝卵，交由它照管，自己不尽任何母亲的义务。然后，便精心休养，准备不久的南下了。

信 天 翁

在所有的鸟类当中，能以其威严的仪表而受到人类崇敬者，恐怕只有信天翁了。但严格说来,信天翁并不生活在北极,最北只到达亚北极地区。

信天翁为漂泊性海鸟,除繁殖期外,几乎终日翱翔或栖息于海上,体长超过1米,翅膀展开时有3.6米,是所有海鸟中展翅最宽的。它可以利用海上强劲的风力,顺风向下滑落,或随风力而增加速度,当接近海面时,又能乘势迎风而起,向上冲去。这样上上下下回旋飞翔,可以连续数小时不需要挥动它的长翅,可称得上是世界上最大效率的"滑翔机"。因此它们喜欢狂风巨浪的天气,凭借气流和涡流的动力在空中滑翔,而一旦风平浪静,它们便怅然若失,顿感飞行的艰难。因此有经验的水手都知道,哪里看见成群结队的信天翁,哪里便不会有好天气。

很久以前,信天翁备受航海者的尊崇,他们认为死难水手的灵魂便寄托在这种鸟身上,并认为信天翁是"神鸟"。

早在19世纪,那时还没有无线电通讯,信天翁则常年在海面上翱翔,于是水手们便用它来传递信息,信天翁被称为"海上信使"。这里还有许多真实的故事。100多年前,"格林斯塔尔"号捕鲸船在海上捕鲸,收获颇丰,货船内装满了大桶大桶的鲸脂,但如何让人知道他们目前的情况呢?船员们便用鲸肉作诱饵,捕到一只信天翁,船长在一张纸条上写下了船的位置(南纬43°,西径148°)、当时的时间(1847年12月8日),并说船只已开始离开作业区,准备返回。写完后,他将纸条放进一个小袋子里,系在信天翁的颈部,然后将其放飞。12天后,即1847年12月20日,这只鸟在智利被人捉到,当时它已飞行了5 837千米。在当时,恐怕这也是世界上最快的通信速度了。

信天翁的鼻孔呈管状,位于嘴巴的两侧。嘴巴又尖又长,并且尖端有钩,便于在海洋中抓吃食物,乌贼、浮游动物、小鱼都在它的捕获之列。

信天翁科有2属13种。3个种在太平洋北部营巢,9个种在南半球温带区营巢,1个种在加拉帕戈斯群岛营巢。大部分信天翁过着一夫一妻的生活,夫妻双方互敬互爱,家庭生活幸福和睦。营巢时,双方一起选择好一个地方,然后齐心协力造一个安乐窝。雌信天翁等巢筑好后,便在巢内产1枚白色的卵，卵重400克左右，夫妻双方共同承担孵化任务。经70～80天，一个新的生命——小信天翁便出世了。小信天翁属于晚成鸟，仍需父母哺育42天左右，尽管如此，小信天翁仍缺乏独立生活的能力，但父母不得不忍痛将它丢弃。小信天翁这时只能靠体内积存的脂肪维持生命，逐渐长大，一年后，它们便毅然离家出走，飞向一望无际的大海，在海上锻炼成长。经过八九年的漂泊生活后，它便返回故乡，开始成家立业繁衍后代。

当然，北极的鸟类是很多的，以上所介绍的，只不过是这个鸟类王国中的少数代表而已。当你站在北极草原或北冰洋之滨，看着翻飞的燕鸥、忙碌的滨鹬、鸣叫的黄金鸻和成群的大雁、野鸭时，你会觉得，正是它们，才给这片遥远的土地带来了生机与活力，如果没有它们，你会感到更加孤寂。

科学家的伟大在于他能看到一般人看不到的东西，解开万千自然之谜，告诉人们世界为什么是这样而不是那样，并且指导人们如何看待和利用科学发现和发明的成果造福人类，推动社会的进步。当然，有时候科学家也身不由己，为了政治的需要而制造出毁灭生灵的东西。这时我不由得想起了一个人，一个美国人，一个美国总统，他的名字叫托马斯·杰弗逊。

这是一位多才多艺的美国第三任总统。他除了是一位参与签署美国独立宣言的政治家外，还是一位语言学家（精通希腊语、拉丁语、法语、德语、意大利语和西班牙语）、发明家、建筑师和博物学家。他除了以总统一职服务于他的人民之外，还以自然学者的身份成为美国科学的先驱者和倡导者。正如他自己所言："政治是我的责任，科学是我的嗜好。"他曾细心地记录气象的变化达数十年之久，他细心地观察记述了他的家乡——弗吉尼亚州的树木情况并把其中的动物加以分类，他还是研究化石并对美洲化石做科学报告的第一个美国人。这样一位总统科学家或科学家总统应该说是美国的福音，就在他当选美国总统之前的1787年，他发表了著名的《弗吉尼亚笔记》，那里记载了他所知的130多种鸟，后来他的鸟名表被逐渐丰富起来了。100多年过去了，其中有两三种鸟从杰弗逊的鸟名表上永远地消失了，这其中恐怕就有悲惨的旅鸽。

旅鸽生活在美国北部密歇根湖周围，由它的名字可知这是一种南来北往不断迁徙的鸟类。100多年前这种鸟是以上百亿只来计数的，它们常常成百万、成千万只一起起飞，伸展的鸟翼连成了片，遮住了太阳和云彩，那景象就像一条滔滔的大河在天上奔流；一旦落下来，会一层叠一层把小树都压弯了，猎人一枪可以打死十多只。这种鸽肉一定非常好吃，当地人成百成千只地把它们捉来运到大城市里，成为贪婪人的桌上佳肴。因为它们真是太多了，俄亥俄州和马萨诸塞州的白痴参议员们想当然地以为这种野鸽永远不会灭绝，于是制定法律保护屠杀者。刽子手撒下大网，并在网中预先放上一两只被缝上眼睛的旅鸽来引诱鸽群，铁路、电报局一路绿灯，报告鸽群的踪迹，运送被打死的旅鸽。这种滥捕滥杀活动持续了30年，到20世纪末，人们才惊奇地发现，旅鸽在全美国只剩一只了，那就是关在动物园鸟笼中的一只雌鸽，1914年9月1日，这唯一的一只雌鸽也死去了，人们把它制成了标本，陈列在华盛顿国立博物馆里。曾经以成百上千亿来计数的庞大家族就这样在人类的兽性下彻底毁灭了。那只孤零零的名叫马撒的雌鸽标本假如会说话，它会说什么呢？向后来者讲述旅鸽家族的悲惨命运？或者警告同类的飞禽们，人是最可怕的动物？或者发出悲愤的质问，为什么要把我们斩尽杀绝?! 当然，它什么也没说，它只是默默地站在那里，注视着忙忙碌碌的人群，以它自身的遭遇昭示着世上的后来人。

现在，北极仍然堪称鸟类的天堂，为什么？除了适宜的气候、丰富的食物、相对纯净的环境外，更重要的是人开始变得聪明起来了，他们从旅鸽的身世也许会悟出点什么，假如飞禽走兽都变成了博物馆里的标本，人将何以自处！但愿人类对于北极的开发和利用不再是以牺牲其他生灵作为代价！

陆地动物世界

　　若从表面来看，各类动物之间，似乎是各活各的，互不相干，真可以说是风马牛不相及。但是，如果仔细观察一下，你就会发现，它们不仅在食物分配上密切配合，互相关联，而且在活动空间上也是各有分工，互相配合，构成了某种协调的"社会"。不仅如此，甚至连大小和数量上也有明显的规律性，似乎是在遵循某种指定行事。例如，若从食物上来说，可分为食草动物和食肉动物。而从形体上来看，无论是食草动物还是食肉动物，又都存在着从小到大的明显系列。而且，在数量上又总是大的数量少而小的数量多，食肉动物数量少而食草动物数量多，甚至它们之间的比例也可以找出一定的规律性。因此，称之为"动物世界"是并不过分的。

　　在介绍了飞禽之后，让我们来看看北极陆地上的动物。若从食物链和生态平衡的观点来看，小动物是大动物的生存基础，食草动物是食肉动物的生存基础。因此，为了叙说的方便，我们不妨先从食草动物谈起，并从小到大地加以介绍。

食草动物系列

旅　鼠

　　如果昆虫不算动物，那么北极最小的食草动物就是旅鼠了。而在所有的北极动物当中，小小的旅鼠也许是最为神秘莫测、令人费解的了。在其诸多的奥秘当中，最令人莫明其妙的则是所谓的"死亡大迁移"。

据记载，早在1868年，人们已注意到了一种奇怪的现象：这年春天，晴空万里，阳光灿烂，一艘满载旅客的航船行使在碧波荡漾的海面上，突然，人们发现在远离挪威海岸线的水中，有一大片东西在蠕动。原来是一大批旅鼠在海中游泳，一群接着一群从海岸边一直向海中游来，游在前面的，当体力用尽后，便溺死在海中，紧随其后的旅鼠仍奋不顾身，继续前进，直到溺死为止。事后，海面上漂浮着数以万计溺死的旅鼠的尸体。

时至今日，这种现象屡有发生。1985年的春天，成群结队的旅鼠浩浩荡荡地挺进挪威山区，所到之处，草木被洗劫一空，庄稼被吃得一塌糊涂，牲畜被咬伤。旅鼠成灾，给当地造成了极大的损失，为此，人们忧心忡忡。然而，到了4月份，这群旅鼠大军突然以日行50千米的速度直奔挪威西北海岸，遇到河流，走在前面的会义无反顾地跳入水中，为后来者架起一座"鼠桥"；遇到悬崖峭壁，许多旅鼠会自动抱成一团，形成一个大肉球，勇敢地向下滚去，伤的伤，死的死，而活着的又会继续向前行，沿途留下了不可胜数的旅鼠尸体。就这样，它们逢山过山，遇水涉水，勇往直前，前仆后继，沿着一条笔直的路线奋勇前进，一直奔到大海，仍然毫无畏惧，纷纷跳下，奋力往前游去，直到全军覆没。像这样的死亡大迁移，已经进行过不知多少次了。

如果撇开那神秘的面纱和传奇的色彩，旅鼠只不过是一种极普通而可爱的小动物，常年居住北极，体型椭圆，四肢短小，比普通老鼠要小一些，最大可长到15厘米，尾巴短粗，耳朵很小，两眼闪着胆怯的光芒，但当被逼得走投无路时，它也会勃然大怒，奋力反击。爱斯基摩人称其为来自天空的动物，而斯堪的纳维亚的农民则直接称之为"天鼠"。这是因为，在特定的年头，它们的数量会大增，就像是天兵天将，突然而至似的。

旅鼠的数量为何如此之大？这还得从它的繁殖说起。

旅鼠虽为哺乳动物，但其繁殖能力是很强的。在北极的3月份，当北极狐为求偶而发出的粗哑尖叫声打破了宁静的苔原带时，旅鼠早已产下了第一窝仔,并在雪下忙于抚养其新生的子女。赶上好年头,一只母旅鼠一年可生产6～7窝,新生的小旅鼠出生后30天便可交配(最高的纪录是出生后14天便可交配),经过20天的妊娠期,即可生一窝小旅鼠,每窝可生11只。据此速度,一只母鼠一年可生产成千上万只后代。确实令人惊叹不已!

与高度繁殖力相适应,旅鼠为了补充繁殖时所消耗的能量,它的食量惊人,一顿可吃相当于自身重量两倍的食物,而且食性很广,草根、草茎和苔藓之类几乎所有的北极植物均在其食谱之列,它一年可吃45千克的东西,因此,人们戏称旅鼠为"肥胖忙碌的收割机"。

旅鼠的天敌颇多,像猫头鹰、贼鸥、雪鹦、北极狐、北极熊等均以旅鼠为食。一对雪鹦和它们的子女一天就可吃掉100只旅鼠。甚至草食性的驯鹿,也会对旅鼠大开杀戒,用蹄将其踩死,然后吃掉,也算得上改善一下口味了。

最使人们感兴趣的还是旅鼠及其天敌具有周期性的数量波动。每隔3～4年,旅鼠数量会剧增,而且通常仅持续一年的时间便开始下降。调查结果证明,有些年份在北极狐的胃中可发现整窝旅鼠,说明北极狐是从雪下将旅鼠挖出来的。旅鼠数量的增加,给北极狐的繁殖提供了绝好的条件,这时的苔原地区的狐狸洞100%都有北极狐居住,每窝平均产仔8只;当旅鼠数量降低后,北极狐食物来源严重不足,不得不以营养价值低的食物为食,雌狐体质下降,不怀孕,即使怀孕,生出的幼狐体弱多病,不久便会死掉。这样,连续1～2年的时间,北极狐的数量便会急剧降低。雪鹦主食旅鼠,情况也是如此,当旅鼠数量增加时,雪鹦的数量也会随之增加,而当旅鼠数量降低后,大量的雪鹦由于饥饿被迫南迁。因此,在北美,每隔3～4年都可见到这种雪鹦的大量迁入,而在两次迁入之间,很少见到雪鹦。

在平常年份,旅鼠只进行少量繁殖,使其数量稍有增加,甚至保持不变。只有到了丰年,当气候适宜和食物充足时,才会齐心合力地大量繁殖,使其数量急剧增加,一旦达到一定密度,例如一公顷有几百只后,奇怪的现象便发生了:这时候,几乎所有旅鼠都变得焦躁不安起来,它们东跑西颠,吵吵嚷嚷,永无休止,停止进食,似乎是大难临头、世界末日就要来临似的。这时它们便一反常态,不再是胆小怕事,见人就跑,而是恰恰相反,在任何天敌面前都毫无惧色,无所顾忌,有时甚至会主动进攻,真有点天不怕地不怕的样子。更加不可思议的是,来年它们的毛色也发生了明显的变化,由隐蔽的黑灰色变成目标明显的橘红色,以便吸引天敌的注意,来更多地吞食和消耗它们。与此同时,还显示出一种强烈的迁徙意识,纷纷聚在一起,渐渐形成大群;先是到处乱窜,像是出发前的忙乱,接着不知由谁一声令下,则会沿着一定方向进发,星夜兼程,狂奔而去,而大海总是它们最终的归宿。有趣的是,当它们进行这种死亡大迁移时,总会留下少数同类看家,并担当起传宗接代的神圣任务,使其不至于绝种。这一切看上去似乎都是经过深思熟虑、周密安排好了似的。

至于旅鼠为什么会集体自杀,科学家们虽然进行了大量的观察和研究,却仍然是众说纷纭,莫衷一是,提不出一个令人信服的解释来。有人认为,旅鼠的集体自杀,可能与它们的高度繁殖能力有关。旅鼠喜独居,好争吵,当其种群数量升高时,它们会变得异常兴奋和不安,这时,它们便会在雪下洞穴中吱吱乱叫,东奔西跑,打架闹事。因此有人认为,由于其繁殖力过强,旅鼠得不到充足的食物和生存空间,只好奔走他乡。值得一提的是,旅鼠的分布极广,除北欧以外,在美洲西北部、俄罗斯南部草原,一直至蒙古一带均有其分布,但只有北美挪威的旅鼠有周期性的集体跳海自杀行为。因此,有的生物学家进一步解释说,在数万年前,挪威海和北海比现在要窄得多,那时,旅鼠完全可以游到大海彼岸,长此以往,世代相传,形成了一种遗传本能。然而,由于地壳的运动,目前的挪威海和北海已今非昔比,比过去要宽得多,但旅鼠的遗传本能仍然在起作用,因此,旅鼠照样迁移,最后被溺死海中,演出了一幕幕旅鼠集体自杀的悲剧。

但是,这一学说存在着严重的不足。因为旅鼠是啮齿类动物,它几乎以北极所有的动物为食,而且即使达到每公顷250只的密度也是地广鼠稀,所以旅鼠的迁移并非因为得不到足够的食物和生存空间。更加有说服力的是,旅鼠在迁移过程中即使遇到食物丰富、地域宽广的地区也决不停留。况且,旅鼠也迁入巴伦支海和沿北冰洋而北上,若按上述观点,许多年前巴伦支海北部理应有陆地,否则,旅鼠有为何北迁呢?对此,原苏联的科学家提出了新的解释,在1万年以前,地球正处在寒冷的冰期,北冰洋的洋面上结成了厚厚的一层冰,风和飞鸟分别把大量的沙土和植物的种子带到冰面,因此,每逢夏季,这里仍是草木青青,旅鼠完全可能在此生存。只是后来由于气候的变化,才导致原来的冰块消失,而如今向北跳入巴伦支海的旅鼠,正是为了寻找昔日的居住地。这一解释虽然有道理,但缺乏充足的证据,因此仍不尽人意。

另外一种学说则认为,由于种群数量的增加,导致旅鼠活动过度(如紧张不安、东奔西跑)和社群压力增加,结果旅鼠的肾上腺增大,神经高度紧张,显得焦躁不安起来,而且运动的欲望十分强烈,于是便开始分散和迁移,有些企图横渡江河湖泊和大海,尽管旅鼠善于游泳,但终因体力不支而被溺死;有些则跑到食物稀少的地区,忍饥挨饿,旺盛的性欲随之下降,于是种群数量开始大规模降低。不过,此学说也有一定的缺陷,因为高密度的后果往往不会马上在当代就出现,而是在下一代才受影响。

总之,关于旅鼠集体自杀的问题,有外部环境条件的影响,也有旅鼠自身的生理上、行为上,甚至遗传上的因素,面对如此复杂的问题,还有许多研究工作要做,只有这样,才能逐步揭开旅鼠集体自杀之谜。

·另外,研究旅鼠生命周期的科学家还发现,在其数量急剧增加的时期,旅鼠体内的化学过程和内分泌系统同时也发生变化。有人认为,这些变化可能正是生物体内控制其种群数量的开关,当其数量达到一定程度时,就会促使该种群大量的集体死亡。但旅鼠到底是集体自杀,还是在迁移过程中误入歧途,坠入大海而溺死,至今仍然看法不一,这一直是生物界中一大难解之谜。

北 极 兔

在北极,比旅鼠稍大一点的食草动物则是野兔,但其数量比旅鼠则少得多了。在美国内地旅行,常可看到成群的野兔在田间奔跑。但在北极草原上漫步,即使开着汽车飞奔,看到野兔的次数也是非常有限的,甚至还没有看到狐狸的次数多。这是因为,北极野兔的繁殖能力并不强,由于气候和食物所限,它们每年只能生产一窝,每窝也只有2～5只,但其成活率比较高,所以其数量也比较稳定,不像旅鼠那样大起大落,集体去自杀,当然也就没有旅鼠那样高的知名度。

实际上,北极野兔并不仅仅分布于北极,在美洲北部和北欧也有很多,只不过名称不一,有的地方叫山兔或蓝兔;也有的地方,例如北美洲,则叫雪鞋兔,因为在北美洲这种兔子不仅蹄子很大,而且下面还长有长毛,这样有助于减少压强,即使在雪地上奔跑也不大容易陷进去。这种兔子有一个共同的特点,或叫生存绝招,即能随着季节不同而改变自己的颜色,春、夏、秋为灰褐色,一到冬季则变为洁白色,这样便于伪装,使天敌难以发现。蓬松的绒毛在其身体周围捕捉到一些空气,就像中空的墙壁一样,形成一层绝缘层,有效地防止了热量的散失,这对度过北极的严寒是至关重要的,此外,北极兔还有一种绝招,即幼仔一产下来就能看东西,这也是为生存所必需的。而家兔的幼仔产下后总是眼睛紧闭,要到12天后才能睁眼看东西。北极兔的形体比家兔要大,身体肥胖,耳朵和后肢都比较小。当然,"兔子尾巴长不了"则是所有兔子的共同特征。

北极兔肉味鲜美,毛皮珍贵,因此便成了人们猎取的对象。

驯　鹿

在世界其他地方的食草动物系列中,比兔子再大一点的种群是羊科动物。但在北极,由于气候严寒和植物稀少,只有适应性最强的动物才能生存,所以这里并无羊科动物,兔子之上则是驯鹿了。

驯鹿的个头比兔子大得多,雌鹿体重可达150千克,雄鹿较小,为90千克左右。雌雄都生有一对树枝状的犄角,幅度可达1.8米,是由真皮骨化后,穿出皮肤而成，每年更换一次，旧角刚刚脱落，新的就开始生长。驯鹿的绒毛十分浓密，长毛中空，充满了空气，不仅保暖，游泳时也增加了浮力。贴身的绒毛厚密而柔软，就像是穿了一层皮袄似的。但它的中文名字却有点名不副实，因为驯鹿虽然温顺善良，却并非人工驯养出来的。北美的驯鹿纯粹是野生的，分布于北欧，而主要由拉普人管理的驯鹿则属于大范围圈养了。

从进化的角度看，地球上所有的鹿类可能都是来自于同一个祖先，而现存的北极驯鹿则更接近于其原始祖先的自然状态。就历史而言，鹿类和人类的关系是非常密切的，大约在200多万年以前，地质上称之为更新世的初期，分布在欧亚大陆上的驯鹿曾经是原始人类的主要食物来源，维持了大约几千年。

驯鹿最惊人的举动，就是每年一次长达数百千米的大迁移，也是逢山过山，遇水涉水，勇往直前，前仆后继。但与旅鼠不同的是，驯鹿的迁移不是集体去自杀，而是一种充满理性的长途旅行。春天一到，它们便离开赖以越冬的亚北极森林和草原，沿着几百年不变的既定路线往北进发。它们总是由雌鹿打头，雄鹿紧随其后，浩浩荡荡，长驱直入，日夜兼程，边走边吃，沿途脱掉厚厚的冬装，而生长出新的薄薄的长毛。脱掉的绒毛掉在地上，正好成了天然的路标。就这样年复一年，不知已经走了多少个世纪。平时它们总是匀速前进，秩序井然，只有当狼群和猎人追来的时候，才会一阵猛跑，展开一场生命的角逐。因此，有人把驯鹿的迁移叫作"胜利大逃亡"。

幼小驯鹿生长速度之快是很多动物所无法比拟的，更使人类望尘莫及。母鹿在冬季受孕，春季的迁移途中产仔，幼鹿出世后两三天即可跟随母鹿赶路，一星期后就能和父母一样跑得飞快，时速可达48千米。这也是生存所需要，或者说是逼出来的，因为驯鹿无论走到哪里，都摆脱不了饥饿的狼群和贪恋的猎人的捕杀和追赶，如果不能飞快地奔跑，则只有死路一条。

对世世代代生活在北极的爱斯基摩人来说，驯鹿是他们极其重要的物质来源，肉是上好的食物，跟牛肉味道差不多，皮是缝制衣服、制作帐篷和皮船的重要材料，骨头则可做成刀子、挂钩、标枪尖和雪橇架等，还可以雕刻成工艺品。因此，对爱斯基摩人来说，驯鹿是其生存所必需的，真是不可一日无此君。

麝　牛

麝牛又称麝香牛，其确实散发有一种麝香的气味，特别是在发情期更是如此，但并不是所有的人都喜欢那种气味。所以称其麝牛更为适合。

麝牛在分类上是一种介于牛和羊之间的动物，也许将其归于羊科或羚羊科更为适合，从其外表来看，更像我国西藏的牦牛，而且也确实有一股牛脾气。麝牛高约一米半，长约两米到两米半，体重可达400多千克，雌牛略轻，大约只有雄牛的3/4。其重量主要集中于长有肉峰的前半身，前重后轻，显得格外矫健有力，是北极最大的食草动物，分布于加拿大、格陵兰和阿拉斯加北部的冰原上，以苔藓、地衣和植物的根、茎及树皮等为食，行动迟缓，劲头十足，俨然是苔原上的主宰。麝牛头上长着一对坚硬无比的角，是防卫及决斗的有力武器；身披下垂的皮毛，可一直拖到地上，长毛的下面生有一层厚厚的优质绒毛，爱斯基摩人称之为"奎卫特"；耳朵小小的，披有浓密的毛；其鼻子是全身唯一裸露的地方；四肢短小粗壮，一旦受惊，则会狂奔不以，以至地动山摇，风驰电掣，十分壮观。麝牛的身体结构能有效地降低热量散失，承受时速90千米的风速和－40℃的低温。在此种恶劣条件下，照样可以生活自如。但在隆冬季节，温暖的气流有时会光顾北极，并带来一场大雨，可怜的麝牛往往被淋成"落汤鸡"，经寒风一吹，身上的雨水便结成厚厚的冰甲，结果麝牛一下子变成了一个大冰坨子，动弹不得，灾难随之即来，有的麝牛因此而被活活冻死。

在平常情况下，麝牛显得格外温顺，走起路来慢条斯理，好像在考虑着重大问题。停下来吃一点食物，接着平躺在地上细嚼慢咽，不一会便打起瞌睡来。等稍微清醒时，接着再向前走一段距离，然后故技重演，吃食物、反刍、打瞌睡。其实，麝牛这样做是有其道理的，一方面可以减少能量的消耗，另一方面又降低了食物的需求,可谓一举两得。夏季,麝牛主要以新鲜的野草为食,从融化了的小溪、池塘、河流中饮水。冬季,由于小溪、池塘、河流都封冻了,麝牛仅吃少量雪,决不多吃,因消耗热量才能将雪融化成水,吃少量雪不仅可以满足身体需要,而且可以降低热量的流失。据报道,由于麝牛保持能量的效率极高,所以它所需的食物仅是同样大小的牛的1/6。

麝牛喜群居,夏时集群较小,觅食矮小柳树的叶子,冬时结成大群,数量从数十只至百余只。通常情况下幼麝牛和雌麝牛位于队伍中间,身强力壮的雄牛则在四周担任警戒和保护的重任,并且,雄麝牛又组成各自独特的小组,每组又有自己的"组长",但所有的麝牛均由一头老麝牛领导,这位领袖又往往是怀了孕的雌麝牛。每当队伍前进时,总是由一头精明强干的雄麝牛在前面开路,后面则跟着一群浩浩荡荡的麝牛大军。

经过夏天的休养生息之后,雌雄麝牛积累了大量的能量。雌性主要是为了繁殖;雄性也在入秋期间的发情期进行生殖权利的竞争。每当此时,雄牛脸上的麝腺分泌出来强烈的分泌物,并经腿部沾到地上的植物上,以此来划出自己的领地,雌麝牛则被圈在其中,被严格看管和保护,任何别的雄麝牛不得侵占,否则双方就会展开一场惊心动魄的争夺战。挑战者往往先在雌麝牛前停步,然后长声吼叫,而群里的雄麝牛便走出来迎接挑战。双方怒目而视,逐渐逼近对方,当相隔一定距离后,先低下头来,挥动着犄角,直向对方奋力冲去,叉角扭拼,发出磕碰的咯嗒声。双方都用前腿支撑住身体,后腿使劲摆动,企图将对方击败。经过激战,被迫认输的一方,只好灰溜溜地逃跑,得胜者追击几步,然后停步朝着逃跑者吼叫数声,也无心恋战,便赶回雌麝牛群中,因为潜在的危险依然存在。在它们的争斗中,雌麝牛对此并不在意,它们仍继续不断地照常采食。

麝牛每隔两年才繁殖一次,每胎仅产一仔。

麝牛性情温顺,从不惹是生非,即使强敌来临(主要是北极狼群),它们也本着"人不犯我,我不犯人"的原则,总是严阵以待,从不主动攻击。这时,它们便会采取集体防御战略,自动围成一圆阵,把弱小者放在中间,用其庞大的躯体，组成一道有效的防护"墙"，对来犯者怒目而视，竖起那坚硬如钢叉的犄角，好像要以自己的威势来迫使对方屈服，一旦敌人袭来，决不退缩。

据出土的化石分析，麝牛曾经是一种在北半球分布极广的动物。远在200多万年以前，曾发生过巨大的更新世冰川运动，冰川所到之处，气候巨变，冰雪满地，曾一直推到中纬地区，而喜欢在冰雪中生活的麝牛亦随之来到此地。比如，在美国中部的肯塔基州就曾发现麝牛的遗骨；在法国，不仅在石器时代的洞穴中发现有其化石，而且岩洞的壁画和雕刻中也有其形象。不过，石器时代结束时，麝牛便因被大量捕杀而在欧美大陆消失了。西藏的牦牛有可能是由人工驯养而幸存下来的古代麝牛的一个分支。目前，北极地区有为数不多的几个麝牛群，总数约7 000多头，已濒于灭绝的边缘。尽管格陵兰岛、加拿大等国家和地区禁止捕猎麝牛，但仍有不少麝牛遭到疯狂的捕杀。为了使这种动物能够繁衍下去，许多国家不仅加强了必要的保护拯救措施，而且已在阿拉斯加、哈得孙湾东北部、格陵兰岛西部，甚至挪威北部等地，开始人工饲养麝牛了。

食肉动物系列

哪里有食草动物，哪里就会有食肉动物，正如哪里有昆虫，哪里就会有鸟类一样。也像食草动物的种类偏少一样，北极的食肉动物也是很有限的，从小到大，几乎可以和食草动物一一对应。

鼬 鼠

有一种形体很小的黄鼠狼广泛分布于亚北极地区的丛林中，有时也穿越丛林的边缘而进入北极苔原，但严格说来，它们算不上是北极居民。真正生活在北极草原上的最小的食肉动物是鼬鼠，或称之为貂，它们才是真正的北极居民。在北极生态系统中，或者说在食草动物和食肉动物的系列中，旅鼠和鼬鼠是相互对应的，鼬鼠生下来似乎就是专门对付旅鼠的。它们的个体很小，连尾巴在内长度只有40厘米，雄性较大，体重也不过400克左右。腿短灵活，身小柔软，只要脑袋能钻过去，身体就会通行无阻。所以，它们几乎可以和旅鼠一样，来往穿梭于迷宫一般的地下通道之中，在草丛、雪堆和地表之下与旅鼠展开了深入持久的地道战和游击战。每年春天，在大批候鸟来到北极之前，旅鼠下的第一窝幼仔便为鼬鼠提供了必不可少的口粮，也为鼬鼠繁殖后代奠定了有力的基础。

狼　獾

狼獾主要生活在北极边缘及亚北极地区的丛林之中，我国的东北有时也能看到它们的足迹。大概是因为它们既有狼一样的残忍，又有獾一样的体形，因此而得名。实际上，狼獾属于鼬鼠家族，而且是该家族中最大的动物，身长可达1米，重达25千克，以棕色为主，远远望去，很像一头小小的棕熊。

狼獾是一种喜欢独来独往的动物，只有到发情期才肯聚在一起。它们活动的范围很大，母獾的领地可达50～300平方千米，公獾更大，甚至可达1 000平方千米以上，往往覆盖了好几个母獾的领地。母獾对自己的领地防守得很严，特别是在发情期及喂养幼仔的时候更是如此，对于任何胆敢来犯的母獾都会给以坚决的回击。但对于前来求婚的公獾又另当别论，因为这正是它求之不得的。狼獾的妊娠期很长，约120天左右，然后产下一窝幼仔，一般为1～3只，有时多达4只，两年后成熟，开始繁殖。

狼獾食性很杂，鸟蛋、小鸟、旅鼠，甚至秋天的浆果都吃，但其主要食物是驯鹿，特别是在冬天，当驯鹿群从北极草原回到边缘丛林的时候，它们就会大开杀戒，跟在猎物后面穷追不舍。由于它的腿短，脚大，所以在厚厚的积雪上奔跑起来比腿长而蹄小的驯鹿容易得多。据计算，它们踩在雪上的压强只有驯鹿的1/10，所以得心应手，很容易捕到猎物。一旦捕到驯鹿，便会很快将它肢解，一部分当场吃掉，其余则分几个地方埋藏起来，以备在漫长的冬季找不到食物时再扒出来享用。有时当寻找食物特别困难时，它们也会饥不择食，靠狗熊和狼群的剩菜残羹甚至腐尸充饥，因而得一别名，即贪吃的家伙。实际上它们只不过是为了生存而必须填饱肚皮而已。

爱斯基摩人视狼獾的皮毛为宝物，因为这种皮毛即使在气温非常低的情况下，遇到嘴里哈出来的蒸汽也不会结冰，仍能保持柔软干燥。这对在户外活动的人是非常重要的，因为如果脸周围的皮毛结起冰来，就会很容易把脸部冻伤。

北 极 狐 狸

当你在北极草原上行走，或驱车飞驰，常可看到白色的狐狸在草丛中潜行，它们机警地观望着，总是与你保持一定的距离。

狐狸是北极草原上真正的主人，它们不仅世世代代居住在这里，而且除了人类以外，几乎没有什么天敌。因此，在外界的毛皮商人到达北极之前，狐狸们真是生活得自由自在，无忧无虑。它们虽然无力向驯鹿那样的大型食草动物进攻，但捕捉小鸟，捡食鸟蛋，追捕兔子，或者在海边上捞取软体动物充饥都能干得得心应手。到了秋天，它们也能换换口味，到草丛中寻找一点浆果吃，以补充身体所需的维生素。但是，狐狸最主要的食物供应还是来自旅鼠。当遇到旅鼠时，北极狐会极其准确地跳起来，然后猛扑过去，将旅鼠按在地上，吞食下去。有意思的是，当北极狐闻到在窝里的旅鼠气味和听到旅鼠的尖叫声时它会迅速地挖掘位于雪下面的旅鼠窝，等到扒得差不多时，北极狐会突然高高跳起，借着跃起的力量，用腿将雪做的窝压塌，然后将一窝旅鼠一网打尽，逐个吃掉它们。北极狐的数量可随旅鼠数量的波动而波动，不过，通常情况下，旅鼠大量死亡的低峰年，正是北极狐数量高峰年，为了生计，北极狐开始远走他乡；而这时候，狐群会莫名其妙地流行一种疾

091

病——"疯舞病"。这种病系由病毒侵入神经系统所致,得此病的北极狐会变得异常激动和兴奋,往往控制不住自己,到处乱闯乱撞,甚至胆敢进攻过路的狗和狼,得病者大都在第一年冬季就死掉了,当地猎民往往从狐尸上取其毛皮。

在北极,直到北纬85°都可以发现流浪的北极狐,向南分布的界限是和森林植物分布的界限相吻合。按其毛色可将北极狐分成两类:一类是变色狐,在夏天,具有比较稀少的银灰色脊背毛,面部、脊背的两侧和过渡到腹部的毛则为灰白色;在肩部有黑色和灰色的花纹向下延伸至脚部,形成不明显的十字图形。而一到冬天,全身的毛均呈白色,和周围的环境浑然一体。另一类则是天然北极狐,一年四季全身均呈蓝灰色,这是与其生活环境相适应的结果,因为,天然北极狐的主要活动场所在北冰洋的沿岸,蓝灰色的皮毛正好和蓝色的海水相应,起到了保护色的作用。不过,变色北极狐和蓝灰色北极狐并无严格的种族上的界限,有时它们会在一起混居,若两者交配,生出的后代可能全是白色或是蓝灰色或兼而有之。

根据以往的说法,狐狸被认为是不合群的动物,近来的观察结果表明,狐狸有其一定的社群性。3月份是北极狐的发情期。当发情开始时,雌北极狐头向上扬起,坐着鸣叫,这是在呼唤雄北极狐。雄性在发情时,也是鸣叫,比雌性叫得更频繁和更性急,最后用独特的声调结尾,有些类似猫打架的叫声,也有些像松鸡的声音。一旦两情相悦,再经过短暂的怀孕期(51~52天),一窝小狐狸便诞生了,每窝一般8~10个,最高纪录是16个,刚出生的幼狐尚未睁开眼睛,这时母狐会专心致志给它们喂奶。16~18天,幼狐便开始睁眼看世界了。经过两个月的哺乳期后母狐便开始从野外捕来旅鼠、田鼠等喂养小狐狸,每当母狐叼着猎物回来,轻柔地呼唤一声,小狐狸们便争先恐后地冲出洞穴,欢迎母狐,同时分享猎物。约10个月的时间,小狐狸们便达到性成熟,随后开始成家立业,过着一种新生活。

在一群狐狸中,雌狐狸之间是有严格的等级的,它们当中的一个能支配控制其他狐狸。此外,同一群中的成员分享同一块领地,如果这些领地非要和临近的群体相接,也很少重叠,说明狐狸具有一定的领域观念。

北极狐身披既长又柔且厚厚的绒毛,即使气温降到－45℃,它们仍然可以生活得很舒服,因此,它们能在北极严酷的环境中世代生存下去。尽管人们对狐狸自身并无好感,却深知狐狸皮毛的价值和妙用,达官显宦、腰缠万贯的人们会以身着狐皮大衣而荣耀万分、风光无限。狐皮品质也有好坏之分,向北越远,狐皮的皮毛越好,毛绒越柔和,价值越高,因此,北极狐自然成了人们猎捕的目标。

与我们的动物观不同的是,爱斯基摩人既不认为狐狸有多么狡猾,也不觉得它们有多么美丽,他们认为,狐狸也只不过是狐狸而已。但是实际上,北极狐狸确实是非常漂亮的,它们奔跑起来简直像一团滚动着的洁白的雪,而那轻盈的步伐使人很容易想到狐步舞。

狼

在北极的食肉动物系列中,狼虽然比狐狸大不了多少,而且彼此是亲戚,但它们捕食的目标却大不相同。狼虽然对送到嘴边的旅鼠和田鼠之类的小动物也不肯放过,总是拣而食之,当点心吃,但它们主要追逐的是驯鹿和麝牛之类的大目标。这是由它们的生活方式决定的,因为狼群总是集体捕猎,分而享之,如果忙了半天才抓到了一只兔子,还不够塞牙缝的,怎么能满足饥肠辘辘的群体需要呢? 这也是天意,使小的食肉动物捕食小的食草动物,大的食肉动物捕食大的食草动物,各取所需,互不争食,只有这样,生态平衡才能有效地维持下去。

在我们的语言当中,恐怕再没有任何一种动物能像狼那样名誉扫地的了,什么"狼子野心""声名狼藉",在人们心目中,狼简直就是残暴和邪恶的化身。与此形成鲜明对照的是,人们对于外观上和狼几乎完全一样的狗却大加赞扬,然而实际上,狗却正是狼的后裔。

其实,只要对狼有足够的了解,便会发现,过去对于狼的恐惧和罪名是

093

太夸大其词了。比如,在爱斯基摩人的心目中,北极狼就是一种温和善良的动物。德国的退伍中士维尔纳·佛罗依德,在德国与法国、卢森堡交界处的森林保护区,同狼和谐地共处20余年,每当他走进森林,只需学声狼叫,数十只狼就会从树林中钻出,争相舔拭他的面颊;若他再长嚎一声,狼群顿时会一起发出震耳欲聋的吼叫,以显示其威力和团结。他成了这里狼群的真正首领,能让数十只野狼呼之即来、挥之即去,并且在这20多年里,他摸清了印度、加拿大、欧洲、北极等四大狼群的生活习性。

狼的分布极广,欧、亚及北美等洲的大部分地区均有它们的踪影。狼的尾长而蓬松,常垂于后腿间;耳直立而尖,其形象似乎比家犬还要略胜一筹。

野狼通常是5～10只组成一群,在这一小群体中,有一只领头的雄狼,其他的雄狼常被依次分成等级,雌狼亦是如此。狼群中总是有一只优势的狼,其他的不管雌的雄的均为亚优势及更低级的外围狼,除此之外,便是幼狼。优势雄狼是该群的中心及守备生活领域的主要力量,优势雌狼对所有的雌性是有权威的,它可以控制群体中所有的雌狼。优势雌狼和优势雄狼构成群体的中心,其余的狼,不管是雌的还是雄的,均保持在核心之外,优势雄狼实际上是典型的独裁者,一旦捕到猎物,它必须先吃,然后再按社群等级依次排列。而且它可以享有所有的雌狼;不过,优势雌狼不知是醋意大发还是为种群的未来着想,它会阻止优势雄狼与别的雌狼交配。这样,交配与繁殖后代一般在优势雌雄狼两个最强的个体之间进行,这或许是狼群的"优生优育"吧!

当然,这样会减少交配机会,限制幼狼的数目,因此,常看到一群狼中仅有一窝幼子。可是,一旦遇到特殊情况,比如狼受到强烈捕杀,大片栖息地被开拓,这时狼的社群等级性就受到了抑制甚至破坏,首先是结群性被打破。这样,独身的雌雄狼便会有充分的自主权,几乎每一只狼均会找到配偶,繁殖率大大增加,每一雌狼每年均可产下一窝幼子,这对保持和恢复狼的种群数量是十分必要的。

狼是典型的肉食性动物,优势雄狼在担当组织和指挥捕猎时,总是选择一头弱小或年老的驯鹿或麝牛作为猎取的目标。开始它们会从不同的方向包抄，然后慢慢接近，一旦时机成熟，便突然发起进攻；若猎物企图逃跑，它们便会穷追不舍，而且为了保存体力，往往分成几个梯队，轮流作战，直到捕获成功。

狼对自己的后代表现出无微不至的关怀。当幼狼降生后，最初的13天，尚未睁开眼睛的小狼便会紧紧地挤在一起（每窝5～7只，个别情况下可达10～13只），安静地躺在窝中。母狼在这个时期，几乎是寸步不离，偶尔外出，时间也很短，然后赶紧返回洞穴，细心照料小狼。一个月后，母狼便开始训练它的孩子们，它将预先咀嚼过的，甚至经吞食后吐出的食物喂养小狼，让它们习惯以肉为食。小狼的哺乳期为35～45天，但是长到半个月的小狼已具有尖锐的牙齿，这时母狼又会给小狼不同的食物，先是尸体，然后是半死不活的，目的是让小狼逐渐学会捕食本领，此后开始带着它们到一定的地方饮水。有趣的是，在此期间，狼群中某些成员也参与了喂养小狼的活动。

随着小狼的逐渐长大，它们逐渐担任起捕猎和防卫等任务，若遇到其他狼群的攻击，它们便会以死抗争，绝不屈服。等长到约2岁时，小狼便开始达到性成熟，雌狼一般要到3或4岁才开始第一次交配，而雄狼这时长得雄壮有力，开始觊觎优势雄狼的地位，一有机会便会提出强有力的挑战，成功者则会取而代之，成为新的统治者。

北 极 熊

北极熊是北极地区最大的食肉动物，因此也当然就是北极的主宰者。但是，如果从生态平衡的角度来考虑，人们也许会提出这样的问题：既然狼群的捕获目标是驯鹿和麝牛等北极最大的食草动物，那么还要北极熊干什么？岂不与一一对应的原则不符？是的，如果仅从陆地上来看，北极熊的存在的确有点多余，这种庞然大物也在草原上逛来逛去，不仅会对本来就为数不多的驯鹿和麝牛等的生存造成巨大威胁，而且也会与狼群争食，使狼群陷入饥饿境地。然而,深思熟虑的造物主自有其天衣无缝的巧妙安排,它让北极熊生活的中心地区是在冰盖上,因为那里有大量海象和海豹之类在繁衍生息,除了为数极少的嗜杀鲸之外,基本上没有什么天敌,它们那硕大肥胖的躯体又必须要有一种强大而喜食的动物去消耗,北极熊正好找到了用武之地。于是,北极熊便在这个茫茫无边的冰雪世界确定了自己无可争议的统治地位,成了这个白色王国的主宰,不必再跑到陆地上去与可怜的狼群争食。尽管如此,北极熊仍然是一种陆生的动物。

北极熊是当今陆地上最大的猛兽之一,分布于北冰洋和其他岛屿以及亚洲、美洲大陆与其相邻的海岸。其诞生地大部分是在群岛的东部、格陵兰岛的东北和西部、加拿大北极群岛的东部岛屿、法兰士约瑟夫地群岛,特别是弗兰格尔岛。北极地区的群岛,一年四季都有北极熊出没。不过在严冬则很少见到它的踪影,因它具有一特殊习性——冬眠,可以在相当长一段时间内不摄食,呼吸频率极低,但与一般生物冬眠所不同的是,它并非抱头大睡,而是似醒非醒,一遇到紧急情况,便立即惊起,所以它的冬眠被称为局部冬眠或冬睡。最近的研究还表明,北极熊不仅可以不吃不喝地进行冬眠,而且还可以夏眠。加拿大的动物专家曾在秋天于哈得孙湾抓到几头北极熊,结果发现熊掌上均长满长长的毛,说明它们已很长一段时间没有活动了,而是在夏眠中度过了这段时光。一般说来,北极熊每年春季2、3月份才出来活动,3、4、5这几个月为其活动盛期。为了觅食,辗转于北极的冰盖上,过着水陆两栖的生活。

北极熊全身披着厚厚的白毛,甚至耳朵和脚掌亦是如此,仅鼻头一点黑。而且其毛的结构极其复杂,里面中空,起着极好的保温隔热作用。因此,北极熊在浮冰上可以轻松自如地行走,完全不必担心北极的严寒。北极熊的体形呈流线型,善游泳,熊掌宽大犹如双桨,因此在北冰洋那冰冷的海水里,它可以用两条前腿奋力前划,后腿并在一起,掌握着前进的方向,起着舵的作用,一口气可以畅游四五十千米,也算得上游泳健将了。其熊掌宛如铁钩,熊牙锋利无比,它的前掌一扑,可以使人的头颅粉碎,身首分家,可谓力大无穷。它奔跑起来，风驰电掣，瞬时速度可达200千米，但并不能持续太久，只能进行短距离冲刺。

北极熊主食海豹，其中主要是环海豹，因这种海豹在北极分布极广，甚至北极点都是其活动的场所。每当春天和初夏，成群结队的海豹便躺在冰上晒太阳，北极熊则会仔细地观察猎物，然后巧妙地利用地形，亦步亦趋地向海豹靠近，当行至有效捕程之内，则犹如离弦之箭，猛冲过去，尽管海豹小心谨慎，但等发现为时已晚，巨大的熊掌以迅雷不及掩耳之势拍将下来，顿时脑浆涂地。有时，特别是冬天，北极熊又会以惊人的耐力连续几小时在冰盖的呼吸孔旁等候海豹，全神贯注，一动不动，犹如雪堆一般，并会用熊掌将鼻子遮住，以免自己的气味和呼吸声将海豹吓跑。当千呼万唤的海豹稍一露头，"恭候"多时的北极熊便会以极快的速度，朝着海豹的头部猛击一掌，可怜的海豹尚未弄清发生了何事，便脑花四溅，一命呜呼。这时北极熊立即将海豹死死地抓住，以防海豹下沉，然后用力将其从水中拖出，由于冰孔太小，往往把海豹的肋骨和骨盆挤碎，力气之大，由此可见一斑。对于那些躺在浮冰上的海豹，北极熊也有一套对付的方法。它会发挥自己游泳的专长，悄无声息地从水中秘密接近海豹，特别有意思的是，有时它还会推动一块浮冰作掩护。捕到海豹后，便会美餐一顿，然后扬长而去。北极熊的聪明之处还在于，在游泳途中若遇到海豹，它会无动于衷，犹如视而不见。因它深知，在水中，它绝不是海豹对手。当捕食甚丰时，北极熊便会挑肥拣瘦，专吃海豹的脂肪，其余的部分都慷慨地留给它的追随者——北极狐、白鸥等。当找不到猎物时，它也会吃搁浅的鲸的腐肉、海草、苔藓、干果，甚至居民点的垃圾。

北极熊的嗅觉器官异常敏感，他可以闻到3.2千米以外烧海豹脂肪发出的气味。1992年春天，爱斯基摩人捕到了许多鲸，其内脏被丢弃在巴罗周围的垃圾坑里，然后加以土埋。秋天海上结冰后，北极熊闻着气味便来到这里的村子。而且数量颇多，人们的安全受到严重威胁，于是人们便用各种各样的办法，如用直升机轰鸣声、鞭炮声，以图将其赶走，但结果收效甚微。对于

097

那些胆大包天，对人身生命构成严重威胁的几只北极熊，不得不将其枪杀。有时，北极熊会偷偷进入北极科学站的营地，跑到帐篷、厨房或仓库中翻箱倒柜，企图品尝一下人类的食品；有时，北极熊又极其温柔可爱，对科学站上人们的活动产生了浓厚的兴趣，常跟在人们的后面或躺在远处的冰上，观看人们工作的景象。

对于爱斯基摩人来说，北极熊是他们最可怕的敌人，在枪支没有传入之前，如遇到北极熊的袭击，十有八九要葬身熊口。一般说来，具有进攻性的北极熊常常显得焦躁不安，并从鼻孔里断断续续喷出粗气，这时，人们就要小心，设法赶走北极熊，最简单的方法是尽量大喊一声，并不断向其投掷冰块、石块，附以敲打铁器的声音。切忌见熊便跑，这是最愚蠢的举动，正中北极熊的下怀，它会以极快的速度追赶上来，来一个"恶熊"捕食，接着一记熊掌，人的头颅便会开花。所以在北极熊出没的地方进行考察和工作时，最好随身携带枪支，以免发生意外。而对于慢慢腾腾，动作随便，头部前伸，东闻西嗅，一副悠然自得样子的北极熊，便不必大惊小怪，因为此时，它并无恶意。当然，同喜怒无常的野兽打交道，还是小心为妙！

北极的春季（三四月份）是北极熊的交配期，一般两周左右，有时可达一个月之久。性成熟的雌北极熊（4龄以上）和雄北极熊（5龄以上）或许由于有缘千里来相会，或许心灵感应所至，相会之后，双方便一起漫步于晶莹剔透的冰盖上，有时，身材娇小的母熊走在前面，体格粗壮的公熊则紧随其后，相距不到两三步，有时，情之所至，双方又贴得相当近。当然，有时会出现母熊对公熊不甚满意的情形，这时公熊往往会采取暴力行动，于是双方便厮打起来，但是体质柔弱的母熊岂是体大粗壮的公熊的对手，最后母熊不仅遍体鳞伤，而且还要委曲求全，违心地当上新娘。从某种意义上讲，雄北极熊所作所为虽有点粗暴，但对其整个种族的繁衍是极其有利的。因为交配期一过，双方便各奔东西，各自过着独身生活，而且为生活所迫，整天东奔西跑，很难有机会再相遇，而交配期稍纵即逝，若不趁此良机交配后代，恐怕又要推迟一年，而明年的此时能否有此机会，还很难预料。因此，为了保证世世代代延续下去，不致灭绝，雄北极熊抓住每一个繁殖的机会实在是明智之举。

隆冬季节（12月份至翌年的1月份），母熊便在自己建造的洞穴中分娩了，一般为双胞胎，偶尔是单胎或3胎。刚生下来的熊仔光秃秃的，双眼紧闭，双耳听不见声音，体重只有几百克重，相当于母熊体重的1/4左右。出生之后，生长的便相当快，经过3～4个月的哺乳，即可长到9～13.5千克，而在此之前，母熊则与熊仔朝夕相处，形影不离，驻守洞穴中，并完全依靠体内储存的营养维持自己的生命，而且还要哺乳熊仔。北极熊乳汁的脂肪含量高达30％以上，这是任何食肉动物所无法比拟的，因此熊仔才能发育良好，3～4个月后，母熊便携仔离开洞口，让其外出见世面，长见识；晚上领着它们回洞中过夜。

熊仔跟随母熊约2年左右的时间，其间要学习捕食和如何在北极严酷的环境中求得生存。年满两岁后，就开始自食其力，而且一旦长成，它们很少找同类做伴，整天风里来，雪里去，辗转于浮冰和陆地之间，由于其特殊的摄食方式和食量相当大（北极熊的胃可容纳50～70千克的食物），因此它总是独来独往，漂泊不定，俨然一位孤独的流浪者。

长到4～5岁，北极熊便达到性成熟，并开始婚配生育，另立新家。其生殖年龄可以持续到20～25岁。目前，尚无法断定野生北极熊到底能活多久，估计也是20～30年，但是曾有一只捕获的北极熊在动物园里活了40年；不过，也只有在动物园里，北极熊才吃喝不愁，而且管理人员精心照料饲养，身体极少得病，即使有病，也会被治疗，这样才得以高寿。若在北极，那些年老的北极熊往往视力听力欠佳，牙齿磨得平平的，很难捕到食物，饥寒交加，再加疾病缠身，很快便会死去。

北极熊体重一般几百千克，最大可达上千千克，面对如此庞然大物，再加上它凶猛异常，实在令许多动物望而生畏。

北极地区的土著人，对北极熊十分尊敬和崇拜，但他们仍然捕杀北极熊。据说，在古代，爱斯基摩人曾有这样一个风俗习惯：人老之后，或者病残者,均会被送到北极熊经常出没的荒野,在那里正襟危坐,等待着北极熊来吃。因为他们懂得,只有北极熊生存下去,他们的子孙后代才会有北极熊可捕获。这一习俗的真伪我们不必细究,但北极地区的土著人捕到北极熊后要举行隆重的仪式却是事实。比如阿拉斯加的爱斯基摩人在肢解北极熊时,先取心脏,然后切成碎块,抛向身后,以超度北极熊的亡灵。

在北极地区,爱斯基摩人仅用弓箭和长矛等捕获北极熊,并且其人口很少,所捕获的北极熊数量也不多,因此对北极熊的生存并不构成威胁。由于利欲熏心,外地的捕熊船便应运而生,并定期开进北极海域,大肆捕掠,致使北极熊的数量急剧减少。据统计,1920—1930年,仅斯瓦尔巴德群岛便有4 000多头北极熊被捕杀;1924年,仅挪威就杀死714头,1945—1963年又有6 000头北极熊遭到捕杀。从18世纪起,仅欧洲北部的北极地区就有15万头北极熊遭此厄运,可谓触目惊心!统计资料表明,目前北极地区的北极熊已不超过2万只;而且随着北极石油资源的开发,先进的破冰船、飞机、潜艇等已进入北极,北极熊的生存受到了严重的威胁。

为此,北极地区的国家在1973—1975年签署了保护北极熊的国际公约。公约规定:严格控制买卖、贩运自然熊皮及其制品。鉴于此,挪威政府将北极熊活动的岛上的两块区域划为国家动物园。原苏联于1976年将弗兰格尔岛划为国家自然保护区。同时,社会各界也密切注视着北极熊的问题,为的是让北极地区的象征——北极熊,这一世界上稀有的濒于灭绝的动物能在北极继续生存下去。

说到北极熊,还有个很有意思的插曲。1978年夏天,美国圣地亚哥动物园的工作人员惊奇地发现,他们饲养的几头北极熊的毛色正在由白变绿,于是舆论哗然,以为出现了什么奇迹。后来,经过仔细检验才知道,由于北极熊的毛是中空的,海藻便钻了进去安家落户,大量繁殖,致使熊毛由雪白变成翠绿,像化了妆似的,几头可爱的北极熊一下子变成了时装模特儿。

海洋动物大观

谈到北极,首先想到的恐怕就是冰天雪地的北冰洋。那么,在如此寒冷的大洋里,会不会有生物存在呢?

1991年7月,正是北极的夏季,当我第一次来到北纬71°以北的北冰洋之滨时,顿时为眼前的景象所慑服:在那深蓝色的大洋之中,漂浮着无数洁白的冰山。但沿海滨来回徘徊了不知有多少次,除了见到几个伞状的水母在缓缓地蠕动着半透明的身躯之外,在那清澈见底的海水之中却找不到一条哪怕是最小的鱼。于是我想,这大洋也许是一片死的海洋,因为它实在是太冷了。谁知,当我把这一想法告诉了一位生物学家时,却几乎遭到他的抗议。"不!不!"他坚决地摇着脑袋,"正好相反,南大洋和北冰洋都是地球上最富产的海洋,其中的生物之多,是其他任何大洋都无法比拟的。举例来说吧,每头鲸每天要吃2～3吨食物,而北冰洋里到底有多少鲸真是难以统计,若没有丰富的食物,它们到这里来干什么呢?还有,这里的海豹每年大约要吃掉350万吨的鱼,海象每天大约要吃掉1万吨各类软体动物。如此等等,你能说北冰洋里没有什么生物?"然而,在长达一个半月的时间里,除了偶然看到有几个圆圆的海豹脑袋露出水面东张西望地窥探之外,再也看不到任何活的东西,因此我对北冰洋里到底有些什么生物仍是充满疑惑。

1993年4月,当我再次来到北冰洋时,却又见到另外一种景象,在那冰天雪地的洋面上确实有大群的鲸鱼从裂开的冰缝中缓缓游过。而在捕鲸现场,当一个爱斯基摩人将冰层凿出一个窟窿时,竟有许多红红的磷虾随着海水喷射而出。这时我才觉得,那位生物学家的话也许是对的。

1995年4月24日至5月6日,中国首次远征北极点科学考察队的七名冰上队员在北冰洋中心地区连续奋战13天,除了看到几个北极熊的脚印之外,在那茫茫的天地之间,除了考察队员和爱斯基摩犬之外,上无飞鸟,下无昆虫,看不到任何活物。北极的海洋生物都藏在什么地方呢?

北 极 鱼 类

虽然在北冰洋之滨清澈见底的浅水里很难看到任何鱼类,但是实际上,北极地区的鱼类资源还是非常丰富的。巴伦支海、挪威海、格陵兰海和白令海峡附近海域均为世界著名的渔场,近年来的捕获量约占全世界捕获总量的10%,主要经济鱼类有北极鳕鱼、马舌鲽鱼、北极鲑鱼和毛鳞鱼等。由于北冰洋大部分地区常年为冰雪覆盖,并有几条大江倾注入内,致使其盐度甚低,从而为淡水鱼类提供了一个良好的生存环境,所以北极地区淡水鱼的种类也极为丰富,其中著名的淡水鱼有:大马哈鱼、北极红点鲑、白鲑、湖红点鲑、茴鱼和刺鱼等。这里只能简单地介绍几种典型的经济鱼类。

北 极 鳕 鱼

北极鳕鱼分布于整个北极区,是典型的冷水性鱼类,当温度超过5℃时,即不见它们的踪影。它是一种中小型鱼类,最大体长可达36厘米,是北极地区重要的经济鱼类之一。

夏季,北极鳕鱼主要生活在喀拉海区巴伦支海的结冰区边缘。北极鳕幼鱼以小型浮游植物和浮游动物为食。随着生长,它所摄食的浮游生物个体逐渐由小变大,并部分地捕食小型鱼类。

到每年的9月,北极鳕鱼开始向西方和南方迁移,在冬季零下温度时进行产卵,为浮性卵,产卵量为9 000～18 000粒。由于水温低,所以孵化期长达4～5个月。

北极鳕鱼的成长速度在寒冷的北极可谓神速,3龄时,平均体长17厘米,4龄则可达19.5厘米,5龄为21厘米,6龄为22厘米。北极鳕鱼的最高年龄可达7岁。北极鳕鱼的性成熟年龄一般为4岁,并且其中大部分个体一生中只产卵一次,产卵期间则停止摄食。产卵之后有的北极鳕鱼游入河口或河的下游,再游入外海。

冬季,北极鳕鱼的肝脏占体重的10%,其中含有50%有价值的脂肪,所以北极鳕鱼成了海豹、鲸和食鱼的鸟类重要的摄食对象。许多陆地动物,例如北极熊、北极狐等则在秋季于海岸上寻找在洄游途中被暴风雪吹到岸上的北极鳕鱼,以弥补食物的不足。

红 点 鲑

红点鲑分布于欧洲和美洲沿岸的环极地区以及北极的岛屿,是深入北极区最远的淡水鱼。

溯河红点鲑长达70厘米,重达4千克。在新地岛,红点鲑在河的上游的湖沼中过冬。6月份开始游入海中,海中的红点鲑成鱼以各种小鱼为食。红点鲑的幼鱼主要栖息于咸、淡水湖及河的下游,以摇蚊科的幼虫、水跳虫及桡足类为食,随着生长,较大时则主要以飞虫为食。

到7月份,在海中觅食的红点鲑积累了足够的脂肪,便开始返回河中产卵,产卵量约为3 500粒,并在一生中可数次产卵。新地岛的红点鲑每隔一年产卵一次。红点鲑出生后第6～7年性成熟,而进入卡拉河产卵的红点鲑则在3～4龄就已开始成熟产卵。

在北极水域中,红点鲑成了当地渔业的重要捕获对象,特别是在秋季洄游时,人们采用各种鱼栅布设陷网进行围捕。

103

大 马 哈 鱼

大马哈鱼是溯河性鱼类,分布于太平洋北部和北冰洋中,主要有六种:大马哈鱼、驼背大马哈鱼、红大马哈鱼、大鳞大马哈鱼、孟苏大马哈鱼、银大马哈鱼。在这些种类中,除孟苏大马哈鱼只产于亚洲海岸外,其余几种在美洲海岸和亚洲海岸均有分布,然而从渔获量来看,无论亚洲沿岸还是美洲沿岸,驼背大马哈鱼均占据首位,所以我们主要介绍一下驼背大马哈鱼。

驼背大马哈鱼广泛分布于太平洋北部,但在美洲海岸也分布很广,从北冰洋的科尔维利河直到加利福尼亚的圣洛林士河。

驼背大马哈鱼在其分布区内又形成数个地方群体,例如黑龙江中的驼背大马哈鱼一部分是来自太平洋的沿岸,堪察加河流中的大部分则是从白令海经过北千岛群岛而来的,所以其大小不一,黑龙江驼背大马哈鱼的平均长度为44厘米,堪察加半岛的为49厘米,并且雄性比雌性要长得大些。驼背大马哈鱼在海中主要摄食鱼类和甲壳类,食欲特别旺盛,生长也很快,2～4龄便可达性成熟。

到达性成熟后,驼背大马哈鱼便开始洄游到河中产卵。在堪察加的河流中,8月上旬为洄游盛期;黑龙江的洄游高峰在7月中旬。在洄游过程中,它们逐渐完成精卵的发育,来到产卵场时,精卵已经成熟,并披上了"婚礼装",特别是雄鱼,两颌显著扩大,背部明显隆起(驼背大马哈鱼的名字便由此而来),体色改变。每年7月底,黑龙江驼背大马哈鱼便开始产卵,8月份达到盛期;在堪察加,产卵期要比黑龙江的驼背大马哈鱼稍迟。产卵时,先在砾石底质的河床上建起一坑状的巢,然后将卵产于其中,产完后,便用沙石将卵埋藏起来。尽管如此,驼背大马哈鱼的鱼卵还是大量地被凶猛鱼类如红点鲑所吞食,而且产卵巢常常会被后到的鱼在产卵时又挖掘起来以及封冻等不利影响,这最后能孵化成鱼仔的已经微乎其微。驼背大马哈鱼的产卵量极少,在勘察加,其平均产卵量仅1万粒左右,孵化期高达110～130天。幼鱼一般在同年的12月份孵出,一直等到第二年的春天,都在产卵巢中生活。幼鱼离开产卵巢后,便开始向海中洄游,并在那里长肥长大。

北极鳍脚类

生活在北极地区的鳍脚类动物包括海豹、海象、海狮和海狗等。这类动物的共同特点是：除产仔、哺乳和换毛等在陆地或冰块上进行外，其余时间均在水中度过，似乎有点像是两栖动物。虽然海豹在南北两极都有，但海象却只生活在北极。而南极有象形海豹和豹形海豹，北极却没有这两种动物。

海　象

海象，顾名思义，即海中的大象，它身体庞大，皮厚而多皱，有稀疏的刚毛，眼小，视力欠佳，体长3～4米，重达1 300千克左右，长着两枚长长的牙。与陆地上肥头大耳、长长的鼻子、四肢粗壮的大象不同的是，它的四肢因适应水中生活已退化成鳍状，不能像大象那样步行于陆上，仅靠后鳍脚朝前弯曲以及獠牙刺入冰中的共同作用，才能在冰上匍匐前进，所以海象的学名若用中文直译便是"用牙一起步行者"，而且鼻子短短的，缺乏耳朵，看起来十分丑陋。

海象主要生活在北极海域，也可称得上北极特产动物，但它可作短期旅行。所以在太平洋，从白令海峡到楚科奇海、东西伯利亚海、拉普帖夫海；在大西洋，从格陵兰岛到巴芬岛，从冰岛和斯瓦尔巴德群岛至巴伦支海都有其踪影。它们每年5—7月份北上，深秋南下。

海象喜群居，性情懒惰，将自己有限的生命（据记载，海象寿命为45年）大部分投入到睡懒觉上，因此常常可看到成百上千头海象悠然自得地在冰上或海峡酣睡，而此时，正是其捕食者所觊觎的。但长期生存斗争的经验，使海象时时刻刻也不放松警惕。这时，便有一名海象担任起警卫员的工作。一旦发现敌情，警卫员便会吼声大作，唤醒沉睡的伙伴；或用长长的牙撞醒身边的同胞，并依次传递下去。若海象群大，防范措施便更加周到细致，它们会在水中暗里安排第二个警卫员。

海象形似笨重，但却十分灵巧，从其觅食上就不难看出这一点。当它潜入海底觅食时，巨大的牙被运用得得心应手，不断地翻掘沙泥，同时敏感的嘴唇和触须也随之探测、辨别，碰到食物，便用牙将其喜食的乌蛤、油螺等的壳咬破,然后将其肉体吃掉。在食物缺乏区,海象往往饥不择食,会主动攻击其他海兽。当然它深知,海兽个个身怀绝技,均为游泳健将,若仅想以其獠牙将敌人杀死,是不大可能的,因此,它使用鳍肢将小型海兽(如海豹)紧紧抱住,靠其巨大的身躯将其压在水下,这样猎物往往会窒息而死,成为海象的盘中餐。

海象虽为庞然大物,但却并非北极鲸和北极熊的对手。北极熊可用力大无穷的熊掌将其脑壳击碎,然后美美吃上一顿。当海象在水中遇到虎鲸时,双方便展开了一场你死我活的激战,这时海象便采取集体防御的策略,奋起进行自卫。道高一尺,魔高一丈。狡猾的虎鲸则采取分而歼之的方针。一部分虎鲸先在前面将海象截住,另外一部分则从后面包抄,然后由一前锋虎鲸冲入群中,将其搅得七零八散,溃不成军。这时,所有的虎鲸则乘胜追击,整个海水顿时翻腾起来。为了速战速决,尽快得到食物,虎鲸专找那些老弱病残和小海象作为猎取对象,特别是当海象背上还背着小海象时,虎鲸则潜入水下,然后寻机向上冲击,使小海象从母亲背上落到水中,便可轻而易举地将小海象猎而食之。

海象的繁殖率极低,每2～3年才产一头小海象。孕期12个月左右,哺乳期为1年。刚出生的小海象体长仅1.2米左右,重约50千克,身披棕色的绒毛,以抵御严寒。在哺乳期间,母海象便用前肢抱着自己心爱的宝宝,有时就让小海象骑在背上,以确保其安全健康地生长。即使断奶后,由于幼兽的牙尚未发育完全,不能独自获得足够的食物和抵抗来犯之敌,所以它还要和母海象一起待上3～4年的时间。当牙长到10厘米之后,才开始走上自己谋生的道路。

海　豹

在全球海洋中,海豹的种类很多,共有18种(不包括亚种)。其中以南极的数量最多,其次是北冰洋、北大西洋、北太平洋等地。但北极地区的海豹种类(7种)却比南极(4种)要多一些。

世界上所有海豹身体均呈纺锤形,适于游泳,头部圆圆的,貌似家犬,难怪古书称之为"状若鹿形头似狗",全身披毛,前肢短于后肢。

在自然条件下,海豹有时在海里游泳,有时又成群结队地来到岸上休息。海豹的游泳本领很强,速度可达每小时27千米,同时又善于潜水,一般可深潜100米左右,南极海域中的威德尔海豹则能潜到600多米深,并持续43分钟。当在水中吃饱、嬉戏完后,数十头至数百头大小不一的海豹,便陆续来到岸上,相互拥挤在一起,采取集体防御策略,每只海豹均密切注意着周围的动向,岸上一旦发现情况异样,整群海豹便会一哄而散,纷纷潜入海中。

海豹为典型的"一夫多妻"繁殖类型。在发情期,雄海豹便开始追逐雌海豹,一只雌海豹后面往往跟着数只雄海豹,但雌海豹只能从雄海豹中挑选一只。因此,雄海豹之间不可避免地要发生一场残酷的争斗。有些雄海豹的毛皮便因此而被撕破,鲜血直流。战斗结束,胜利者便和母海豹一起下水,在水中交配。雄海豹拥有妻室的多少在很大程度上是依据该海豹的体质状况而定,年轻体壮的雄海豹往往有较多的妻室。

海豹的繁殖特点是:产仔、哺乳、育儿必须到陆上或冰上来。怀孕期满的海豹爬到冰上,产下一小海豹,每天及时喂奶,然后精心照料小海豹。由于此时小海豹体弱,活动力差,母海豹便仔细观察周围的情况。当它发现危险时,先将小海豹迅速推到水中,自己也随之潜水而逃;有的海豹则十分聪明,常在其栖息的浮冰上打一个洞,以便可随时逃命;有时遇上较紧急的情况,来不及将小海豹推下水,母海豹就急中生智,突然将身体向空中一跃,用自身的重量将冰砸破,趁机一起逃走,然后,在远处探出头来仔细观望,若发现一切平安无事,便迅速来到小海豹身边;若见小海豹被擒,常依依不舍地注视着小海豹的去向。其实,母海豹这样做,也是迫不得已,因为在长期的生存斗争中,若不这样做,母子只能同归于尽,这对种族的繁衍十分不利。

海豹的经济价值极高,肉质味道鲜美,且具丰富的营养,是当地土著居

107

民最喜爱的食物；皮质坚韧，可以用来制作衣服、鞋、帽等来抵御严寒；脂肪可用来炼工业用油；雄海豹的睾丸、阴茎、精索是极其贵重的药材，俗称"海狗肾"，与其他药物一起配制而成的中药，具健脑补肾、生精补血和壮阳的特殊功效；肠是制作琴弦的上等材料；肝富含维生素，是价值极高的滋补品；牙齿可制作精美的工艺品。

正因为如此，海豹遭到了严重的捕杀。1920年以前，在格陵兰岛岸边，仅爱斯基摩人每年就可打死7.5万～12万只海豹；1920—1924年，每年打死7万～9万只；在以后的年代，由于捕杀，海豹数量减少，但每年仍然捕杀5万～6万只，特别是美国、英国、挪威、加拿大等国每年派装备精良的捕海豹船在海上大肆掠捕，许多海豹，特别是格陵兰海豹和冠海豹的数量减少得特别多。

迄今为止，捕猎对海豹的生存构成了最严重的威胁。但另外一种情况虽然不如捕猎明显，却同样是灾难性的，那就是海洋污染。例如1988年春，欧洲的北海沿岸曾发生一起在半年的时间内有近1.8万头海豹死亡的恶性事件。究其原因，乃是由于海洋污染导致了海豹机能抵抗力大大减弱，引发了一场流行病的盛行，结果夺去了许多海豹的生命。而且，污染物如多氯联二苯等有害物质能阻碍海豹子宫内的卵子和精子结合，使其出生率降低。因此，为了海豹的生存和发展，同时也为了我们人类自身，必须禁止大肆猎捕海豹，同时也要保护好生态环境。

海　狗

海狗食性极广，主要有头足类的软体动物、东方鳕鱼、阿拉斯加鳕鱼、鳟鱼、八目鱼、狼鱼以及各种海鞘等。特别有意思的是，在海狗胃中常常发现石块，重量可达200～400克。类似的情况在海豹和海狮中也能观察到。那么，海狗、海豹、海狮为什么要吞吃石块呢？目前很难确定这些石块在生物学上的意义，对此，人们众说纷纭，莫衷一是。有的人认为，它们吞吃石头的目的是为了调节身体平衡,石头可起到降低其脂肪浮性的作用。不过许多生物学家均持反对态度,他们认为,这些石头犹如鸟嗉囊里的沙粒用以磨碎谷物一样,是用来磨碎食物的,起帮助消化的作用;另外则有人认为,石头是用来打磨胃里的寄生虫,当寄生虫被磨致死后,还会被从胃中反上来吐掉。但是,在幼小的尚以母乳为食的海狗的胃中也发现相当多的石子,这就令以上学说难以自圆其说。到目前为止,人们还没有找到一个令人信服的答案。

海狗的繁殖是十分别致的,每年5月份,雄性海狗个个长得又肥又壮,率先来到繁殖场所抢占地盘。3~4个星期后,要生产的雌海狗才姗姗而来,进入雄海狗所占领的地方,走近的雌海狗立即被恭候多时的雄海狗据为妻室。每只雄海狗所拥有的雌海狗数目很不一致,有的雄海狗孤零零的,仅和一只雌海狗在一起;有的雄海狗则可以和50只以上,甚至100只雌海狗在一起。怀胎的雌海狗在到达后的1~5天内,便在陆地上生下它的独生仔。刚生下幼仔后,雌海狗就又开始发情,并和雄海狗进行交配。雌海狗在受精阶段结束后,便在秋季离开此地,动身前往越冬场所。值得一提的是,受精后的雌海狗,其胚胎有时在子宫的右角发育,有时在左角,这也是为什么母海狗能够在生产后马上重新交配的原因所在。

到了8月份,各家庭逐渐散尽,雄海狗也恋恋不舍地下水了。不过,它们已经变得十分瘦弱,因为自5月份以来,它们还没吃过一点东西呢。在整个夏天,所有那些年轻的尚不能参加生殖角逐的雄海狗,都聚居于远离繁殖地海岸的其他地区,因为,老、壮海狗决不容许它们越雷池半步。

鲸 类 家 族

由于生存环境绝然不同,海洋里的生物序列与陆地上是大不一样的。例如,海洋里并无严格的食草动物和食肉动物之分,俗话说,大鱼吃小鱼,小鱼吃虾,虾吃沙,这无疑是对的,但有一点并不确切,即虾并不是靠吃沙维持生命的,它实际上吃的是藻类。而这里藻类有的是动物,有的是植物,或者介于两者之间,所以虾似乎也应该归于吃肉动物之列,至于其他以虾为食的鱼类就更是食肉动物了。在茫茫大洋中,真正以海草为食的生物是很少的。另外,还有一个有趣的现象,即海洋里最大的动物——鲸,却是以最小的动物磷虾为食的,一一对应的原则也不适应了。当然,海里也有明显的分工,例如嗜杀鲸就是以其他鲸类及海象、海豹等大型动物为食的,以保证这些大型动物也有可以制约它们的天敌,其作用与陆地上的狼、豺、虎、豹差不多,看上去似乎都是大自然有意安排的。

众所周知,陆地上最大的动物是大象,而海洋里最大的动物则是鲸鱼。也许是因为海洋的面积比陆地大得多,所以鲸也比大象大许多倍,或许这可以称之为尺度效应。因此,鲸类也是现在地球上最大的动物。

地球上属于鲸目的动物有90多种,实在是一个庞大的家族。但是所谓鲸鱼,事实上它并非真正的鱼,而是一种鱼形的脊椎动物,隶属于哺乳纲、鲸目。5 000多万年以前,现代鲸的祖先离开了陆地,进入了广袤无垠的大海,然后经过漫长的岁月,才逐渐演化成现在的样子而遍布于世界的海洋中。然而,长期以来,一直找不到有力的证据来证实这一点。直到最近,美国杜克大学的古生物学家汉斯•休威森博士才真正找到了证据,证实古鲸是可以听到水体外面声音的。我们知道,现代的鲸是通过下颚接收声音,依靠脂肪层把声音传到下耳。汉斯•休威森博士在研究大约5 000万年前的一种古鲸化石时发现了砧骨。(现代鲸鱼的听觉所涉及的三块主要听骨即锤骨、砧骨和镫骨它们均具备,但已大大改变了,而古鲸不能像今天的鲸听到水里的声音,形似陆地动物而非水生动物)

现代的鲸,体呈高度的流线型,便于游泳,同时可减少水的阻力,因此不管风平浪静,还是狂风怒号,波浪滔滔,它们仍然神态自如,犹如闲庭信步。身体上无毛,光滑的皮肤形成滑溜的表面,同样可以减少前进时水的阻力;前肢变为鳍足,后肢退化,尾部水平排列(水平尾鳍),这是这类海生脊椎动物的独特之点。有的种类还有背鳍(实为隆起的皮肤),为一平衡器官,可以防止身体的左右摆动。

鲸类另外一个特点在于其外鼻孔位于头顶背部，形成喷水孔。在碧波荡漾的海洋上经常可以看到高高的、羽花状的水柱和飞沫，犹如缕缕喷泉，十分壮观。正因为如此，捕鲸者往往一看到鲸喷出的水柱，马上就对鲸围追、堵截、捕而杀之。鲸的肺部有很大的伸缩性和容量，一次可吸入大量的空气，所以鲸类可以在水下待很长的时间，有些则可潜入很深的海域。

鲸的妊娠期一般为 10～12 个月，每胎一仔，少有双胞胎。在雌鲸生殖孔两侧有乳头一对，母鲸借一特殊的肌肉将乳汁压成有力的水柱喷入幼鲸口中。幼子一出生，母鲸便把它们推到水面上，以便能呼吸第一口空气。此后，幼鲸则围绕在母鲸的身旁，和母鲸一起活动。鲸类的哺育期一般为 6 个月，有的更长。

当你站在北冰洋的冰盖上，看着那些庞然大物在裂开的冰缝中自由自在地游来游去，时而翘起巨大的尾巴，时而喷出冲天的水柱，感慨之余，你会觉得，它们与那浩瀚的大海实在是一种完美的统一。

鲸是一种温血动物，其体温总是保持在 37℃左右，跟人的体温差不多。但是，海水却是凉的，特别是在北极，水温常在零摄氏度以下。而且，水吸收热量的速度要比空气快得多，所以鲸类都有一层海绵状厚厚的皮层和皮层以下一层厚厚的脂肪作为绝缘层，以保证体内热量尽量少地散失。除此之外，由于水的阻力比空气大得多，所以鲸运动起来则需要更多的能量和体力。当然，有其弊也必有其利，因为海里食物丰富而竞争者少，所以比较容易吃饱肚皮。而且，也许更重要的是，海水虽然阻力很大，但浮力也很大，像鲸这样的庞然大物，长达数十米，重达 100 多吨，在陆地上是无论如何也生存不下去的，不用说觅食，就是活动起来也极为困难，寸步难行。因此，鲸类的祖先回到水里，实在是聪明之举。

鲸在游动时主要靠尾巴和尾叶的摆动而获得前进的动力，而其前鳍则主要是用于控制前进的方向和把握潜水的深度。鲸最伟大之处不仅在于它们是地球上最大的动物，而且还在于它们是一种全球性到处游荡的动物。

111

而在这种全球性的洄游当中,两极地区是必然要去的,因为这里食物丰富,磷虾多,可以饱餐一阵,以储备足够的能量,然后再回到温带海洋,度几个月的假期。当然,也有一些鲸不大喜欢作长距离的旅行,只是在局部海域休养生息,如白鲸、角鲸和格陵兰鲸则常年生活在北极地区。

若从进食方式上来看,鲸又分为须鲸和齿鲸。须鲸上颚上生有一排整齐排列着的鲸须,像个篦子,起过滤作用,当它们大口一张,水卷着鱼虾流进嘴里,然后一闭,水被排出,鱼虾却被滗下,被几吨重的大舌头卷进胃里。齿鲸则生有锋利的牙齿,用来撕咬和吞食。

蓝　鲸

蓝鲸是鲸类中最大的一种,也是地球上首屈一指的巨兽,堪称"兽中之王"。蓝鲸的最大体长为33米,体重190吨。从一条长27.2米,重122吨的蓝鲸身上,可以获得鲸肉55吨,鲸油25吨,鲸骨22.5吨,舌头3吨,肠1.6吨,肝950千克,肺1 500千克,肾500千克,胃400千克,其他10吨。单是鲸肉一项,就抵得上800头肥猪。若用载重5吨的卡车拉,需20多辆。

身大力不亏,蓝鲸的力量也是绝无仅有的。一头大鲸的功率可达1 700马力,可与一辆火车头的力量相媲美。它能将功率为800吨马力的船在倒开的情况下,以每小时4～7海里的速度拉上几个小时。它们以大海为家,不畏两极之严寒,不惧赤道之酷暑,往返穿梭于各大洋之间。

面对如此庞然大物、力大无穷的大鲸,人们不禁要问,它何以为食?按其相貌判断,它一定是一个贪婪成性、凶猛异常的巨兽,张开血盆大口,吞舟食兽,忙得不亦乐乎。然而,若以貌取鲸,可就大错特错了。蓝鲸嘴里根本无牙齿,仅上颚生有两排板状须,靠摄食浮游甲壳动物和小鱼为生。进食时,无须拖着庞大的躯体东游西窜地追捕,只需张开大嘴,守株待兔,便会有大量小虾、小鱼顺水而入,这时蓝鲸便将嘴一闭,把海水从须缝中排出,滤下小鱼、小虾,然后吞而食之。不过,蓝鲸的食量大得惊人,一天会吃掉4～5吨磷虾或浮游生物。值得庆幸的是,南大洋和北冰洋的磷虾或其他生物数量特别多,被人称之为"未来的蛋白质仓库"。有人估计,仅南大洋的南极磷虾储藏量便达50亿吨(另一种估计为10亿吨),所以蓝鲸根本不用为食物而疲于奔命,只需夏天跑到南大洋或北冰洋,饱食一段时间后,到了冬季,则返回温暖海域,在那里谈情说爱,生儿育女。

蓝鲸经交配、受孕、怀胎后,母鲸则于晚秋季节产下自己的仔兽。仔兽一出生就有7米多长,7吨多重,然后经母鲸的乳汁哺育,便以每天增长4厘米、增重100千克的速度快速成长起来。等到哺乳期结束,仔兽的体长已达16米,体重23吨。小蓝鲸到8～10岁便达到性成熟,然后开始生儿育女。

由于鲸浑身皆宝,而蓝鲸又号称兽中之"王",所以自然而然便成了捕猎对象,每捕到100吨左右的蓝鲸,便值10万美元,获利甚丰。经过几十年的大肆捕杀,蓝鲸已近绝迹。

北极露脊鲸

刚到北极时,听爱斯基摩人谈论最多的是要保护他们的文化。有一天,我问他们的文化部长,所谓的爱斯基摩人文化的核心是什么,得到的回答是:那就是捕鲸。当时我不解其意,后来才逐渐了解到,爱斯基摩人的历史是跟捕鲸分不开的,或者说,他们就是靠北极水域中的鲸才得以生存下来的。由此可见,鲸对爱斯基摩人来说具有何等重要的意义。而他们所说的捕鲸,主要是指弓头鲸,即北极露脊鲸。

北极露脊鲸的身体呈纺锤形,头大,可占体长1/4以上;鲸须长而细,弹性强,颈部不明显。成体平均长15～18米,老鲸可达21米。每当露脊鲸浮到海面上时,脊背几乎有一半露在水面上,而且脊背宽宽的。它的名字便由此而来。此外,露脊鲸还有一个独特的标志——喷出的水柱是双股的,而其他鲸类都呈单股。

露脊鲸共分四种:北方露脊鲸、南方露脊鲸、水露脊鲸和北极露脊鲸,其中北极露脊鲸是最大的种类，产于北冰洋和白令海、鄂霍次克海中，但在冬季也可能分布得更南一些。

北极露脊鲸有时单独摄食，有时又成群结队地集体摄食。每当摄食时，它们一边在海上慢慢悠悠地游着，一边从容地将头伸出水面，并且将口张得大大的。它的下颚能以不同角度下垂，有时与上颚之间形成60度的角。每群露脊鲸的数目由2～10多头组成，摄食时，会自动地形成一梯队，这梯队很像大雁飞翔时的队形，每一头鲸都跟在前面一头的后面，并从侧面偏出半个至三个体长的距离。有时，当梯队中的一些北极露脊鲸离队而去时，另外一些便会自动加入这个梯队中，使其队形基本保持不变，如此阵形，可持续若干天，这时，大量的水流和鱼虾便会进入大大张开的嘴里。结队摄食可使北极露脊鲸捕食到其他方法不能捕食到的食物。

白　鲸

对爱斯基摩人来说，白鲸也是非常重要的，不仅因为其肉好吃，而且它们的油用来点灯不仅明亮，还能释放出大量热量，使简陋的冰屋保持温暖。除此之外，白鲸的皮也很有用，存有一种香味，可以制成各种装饰品。

世界上绝大多数白鲸生活在欧洲、美国阿拉斯加和加拿大以北的海域中，喜群居，全身呈粉白色，看上去洁白无瑕。但个体比较小，远没有弓头鲸那般大。

1935年，当法国探险家雅克·卡提尔发现圣劳伦斯河时，他的船队竟受到白鲸的迎候。这些白鲸在水中载歌载舞，歌声悠扬动听，响彻百里以外，其美妙悦耳的声音令船上队员们惊叹不已，他们便亲切地送给白鲸一个美丽的称呼"海洋中的金丝雀"。其实，所有的鲸鱼均可发声，尽管鲸类没有声带，但它们又确确实实是以声学方式边走边唱的。而其发声的作用是什么？无人知晓。科学家们推测，这些声音对繁殖和群体通讯是重要的，它可以使松散的鲸群中的个体保持互相联系，而且还能发出危险信号。这些声音分为可识别的主题旋律和短句，并有规律地加以重复，它们复杂的声音可一次持续半个小时以上，而白鲸的声音更加悦耳动听。

然而，不幸的是，自从17世纪以来，由于捕鲸的高额利润，捕鲸者对白鲸进行了疯狂地捕杀，致使白鲸数量锐减。更加可悲的是，白鲸的生态环境也遭到毁灭性破坏，一批批白鲸相继死亡。科学家们经过尸体解剖找到了引起死亡的因素：由于受到一系列有毒物质的侵害，使其免疫系统遭到严重的破坏，这些白鲸患过胃溃疡、肝炎、肺脓肿等疾病；更有甚者，有的白鲸患了膀胱癌，这在鲸类动物中真是闻所未闻的。更重要的是，白鲸体内已发现一些污染物，如聚氯联苯、DDT及某些剧毒农药，有的白鲸大脑组织中含有大量已发生代谢变化的可致癌PAH（多环芳烃）苯嵌二萘，这东西已经转变成为基因的一部分，导致白鲸基因遭到不可逆转的破坏。

角　鲸

角鲸比较容易捕捉，因为它们喜欢较长时间地停留在表层水面上嬉戏。但角鲸的肉不是很好吃，不大适合爱斯基摩人的口味。所以爱斯基摩人对于角鲸本来不大在意。后来因为西方人把角鲸误认为是传说中的独角兽，以为其角可以包治百病，因而其价比金还贵，结果导致对角鲸的大肆捕杀。

角鲸的"角"实为一巨齿。从其胚胎发育来看，角鲸的牙齿共有16枚，只不过到出生时大部分牙齿退化消失了，仅上颚的两枚保留了下来，而且雌鲸的齿终生隐于上颚而不外现，仅雄鲸左侧的一枚，突出上唇向前伸出，其长度可达2～3米，颇似中世纪重装骑士的长矛；右侧的一枚也藏而不露。但在极个别的情况下，其两枚长齿也有同时向前伸出的，那便成了双角鲸了。

那么，为什么仅雄角鲸具有齿？它的用途又是什么？对此，生物学家们百思不得其解，只能做出各种推测。有人认为，角鲸可用其挖掘海底泥沙，帮助寻找食物。还有的则认为，角鲸生活在北极寒冷的水域中，可用牙像海豹那样破冰，以便进行呼吸。但这些解释很难自圆其说。为什么雌鲸无长齿仍可照样取食、呼吸呢？因此，有的生物学家则认为，雄性长齿只不过是第二特性而已，这就同我们人类一样，男性长着粗壮而浓密的胡须。同时，此齿既可作防御又可作攻击性武器来用，特别是在生殖期间，雄鲸为了争夺生殖权利，会用齿进行一场惊心动魄的角斗，其齿越长，体格越壮，优越性就越大，容易把竞争对手降服，达到称王称霸的目的，从而独自享受着成群后宫佳丽的"爱情"。但这些都是推测而已，角鲸的齿到底有什么作用，目前生物学家们仍然莫衷一是。

角鲸喜群居，通常是5～20只为一群，性情温顺，以鱼类为食。角鲸体长4～5米，重900～1 600千克，腹面几乎呈白色，背面黑色，并点缀着稀疏的蓝灰和黑色斑点。在生殖方式上属一雄多雌，每年当冰雪融化之时，成群结队的角鲸便开始觅食，在海中嬉戏交尾。但角鲸的繁殖率极低，每三年才产一仔，孕期15个月左右，哺乳期长达20个月。刚出生的仔鲸体长约1.6米，重仅80千克，待哺乳期满时，才自谋生路。

抹 香 鲸

抹香鲸是齿鲸中最大的一种，头极大，前端钝，所以又称为巨头鲸，主要栖息于南北纬70°之间的海域中。

抹香鲸一般体长为10～20米，平均体长雌鲸10.6米，雄鲸14.5米，差异较大。近年来，一般只能捕到10米以下的个体。抹香鲸体长9.6米的个体，体重为5.5吨；体长19.2米的个体，重达25吨。

抹香鲸喜群居，往往有少数雄鲸和大群雌鲸、仔鲸结成数十头以上，甚至二三百头的大群，每年因生殖和觅食进行南北洄游，其游泳速度很快，每小时可达十几海里，而且抹香鲸有极好的潜水能力，深可达2 200米，并能在水下待两个小时之久。而长须鲸在水下300～500米处最长待到一小时；海豚可潜到100～300米处，也可待4～5分钟；加州海狮可潜到250米；一个不靠任何装置的潜水员只能潜到70～80米的深度,在水下最多逗留1分钟。因此,抹香鲸是当之无愧的潜水冠军。

有时候,抹香鲸的大肠末端或直肠始端由于受到刺激,引起病变而产生一种灰色或微黑的分泌物,叫作龙涎香,内含25%龙涎素,是珍贵香料的原料,也是名贵的中药,有化痰、散结、利气、活血之功效,但不常有,偶尔得到重50～100千克的一块,便会价值连城。抹香鲸因此而得名。

这是真实的故事,第二次世界大战期间,一艘美国军舰在夜间行驶时,忽然舰身强烈震动起来,不少官兵以为触礁或是碰上了水雷,于是纷纷行动,准备跳水逃命。经过检查,才发现军舰撞上了一头正在酣睡的抹香鲸。

抹香鲸最喜欢食大王乌贼,而这种乌贼身体巨大,目前已发现的最大个体有18米长。据报道,大洋深处也有30～40米长的乌贼。抹香鲸要吞食如此巨大的庞然大物恐怕不会轻而易举,需要经过艰苦搏斗,但至多一两个小时,乌贼便葬身抹香鲸之腹了。除此之外,抹香鲸也食鱿鱼和各种小型鱼类,胃容量可达300千克以上,吞食量相当惊人。

虎　鲸

虎鲸即嗜杀鲸,是大洋中最凶猛的动物。

1862年,一个名叫埃斯里特的人,从一个虎鲸的胃中发现了13头海豚和14只海豹。因此,虎鲸理所当然地成了刽子手。虎鲸的英文、荷兰文名称,意即杀鲸之意。虎鲸属于齿鲸类,巨大的躯体上有黑白分明的斑纹,眼后方有两块卵形白斑,体侧有一向背后方向突出的白色区,以上特征很容易将虎鲸与别的鲸区分开来。

虎鲸体长10米,重7.8吨,雌的比雄的要稍小些。它以苍茫碧海为家,各个海区几乎无所不在,但以南极、日本近海和挪威至北极三个海区的虎鲸数量为最多。虎鲸的上下颌长着20多枚10～13米长的锐牙利齿,朝内后方弯曲,上下相互交错着,嘴一张,尖齿毕露,阴森恐怖。其牙齿的排列方式和形状不仅利于撕裂、切碎猎物，而且使被擒猎物犹如囊中之物，难逃"虎口"。虎鲸体形呈优美的流线型，行动敏捷，游泳本领高强，而且花样繁多。一会仰泳，一会翻滚，一会又将身体直立于水面，游起来随心所欲，常将其背鳍突出水面，犹如古代武器的戟倒竖于海上，因此虎鲸又名"逆戟鲸"。

虎鲸残暴贪食，小须鲸、海豚、海豹、大型座头鲸、灰鲸、白鲸，甚至兽中之"王"——蓝鲸也决不轻易放过。它们最常用的捕食方式是群起而攻之。当捕鱼时，它们便由若干虎鲸组成一个包围圈，将鱼团团围住，然后轮番冲入鱼群，美美地饱餐一顿之后，便扬长而去。对于鱼、乌贼等此类小动物可不费吹灰之力便将其吞噬，而对于大型哺乳类，双方便会展开一场殊死搏斗。当它们袭击大型动物时，往往一齐出击。例如，有人曾目击7头虎鲸袭击一头小须鲸的悲壮场面：三头身强力壮的雄虎鲸对小须鲸展开了猛烈的攻击，一头咬住尾，另一头则咬头部，剩下的一头则从全方卫进攻，只用了45分钟，便将小须鲸活活咬死，其余四头便一拥而上，瞬间便将小须鲸扫荡殆尽。虎鲸有时一动不动地浮在海面上，肚皮向上，俨然一具僵尸。每当成群的海豚或海狮在海面上游泳觅食时，往往不明真相，不知不觉便靠近虎鲸，这时，虎鲸会迅速一翻身，以迅雷不及掩耳之势将其捕获而食之。

在生殖方式上，虎鲸属于一雄多雌，往往由一头身体彪悍的成年雄鲸和几头雌鲸组成一生殖群体。雄鲸拥有雌鲸的多少取决于其竞争能力，身长体壮、力量强大的雄鲸占有雌鲸就多。经交配、受孕和一年的妊娠期，一头体长2.4米的小虎鲸就降生了。小虎鲸以母鲸的乳汁为食，生长很快，整天尾随母鲸身旁，一年后便可独立觅食了。当体长到6米多时，雄鲸便可达到性成熟，这时它便开始求偶成婚。但由于众多的后宫佳丽均为父辈所有，岂能让其染指，所以它往往被逐出家门，过着单身生活。一旦时机成熟，它便会参与争夺生殖权的斗争，向鲸群的统治者提出挑战。

虎鲸从不向人类进攻，而且聪明伶俐，乐于跟人相处，稍加训练，便可做各种表演，可见其具有很好的记忆能力。然而，除了友好的一面之外，虎鲸似乎还有很强的报复心理。一位爱斯基摩老人告诉我一个真实的故事：在阿拉斯加最北端的巴罗西小镇，有两个爱斯基摩人曾向一对嗜杀鲸开枪，没有打中，却遭到它们的报复，在此后的几年中，只要他们一出海，那对嗜杀鲸就会赶来向它们进攻，有好几次差点送命，吓得他们一直到老，再也不敢下海捕猎了。

海　豚

恐怕很少有人会把小巧的海豚与巨大的鲸类联系在一起，然而实际上，它们却属于同一个家族，那水平伸展的尾鳍则是最好的证明。

海豚实际上是小型齿鲸类，为什么不叫它"海鲸"而叫它海豚呢？李时珍在《本草纲目》中提到"海豚江豚皆因形命名"。《魏武四时食之》称之为鱼，"鱼黑色，大如百斤猪，黄肥不可食。数枚相随，一浮一沉，一名敷"。"豚"意即猪，是以海豚形似猪，才称之为海豚。

据记载，全世界共有30多种海豚，北极地区主要有白喙海豚和大西洋侧白海豚。海豚之所以聪明伶俐，是因为它有一个发达的大脑。海豚的大脑不仅大，而且沟回很多，沟回越多，智力便越发达。一头成体海豚的脑均重为1.6千克，人的脑均重约为1.5千克，而猩猩的脑均重尚不足0.25千克。从绝对重量看，海豚为第一位，但从脑重与体重之比看，人脑占体重的2.1%，海豚1.17%，猩猩只占0.7%，人第一。此外，科学家们经过深入研究，发现海豚的睡眠和陆地哺乳动物存在显著的差异。海豚大脑两半球是交替睡眠的，当右侧大脑半球处于抑制状态时，左侧大脑半球则处在兴奋状态，过了一段时间后，右侧的大脑半球进入兴奋状态，而左侧的大脑半球又处于抑制状态。因此，海豚即使在睡眠也始终能保持足够的活动能力和必要的姿态。如遇到强烈的外界刺激，两半球将会迅速觉醒，以便应付紧急情况。

海豚主食鱼类，它们也会合作觅食，方法是围着一群鱼，一部分组成包围圈，另一部分则在里面往返穿梭取食，食饱后再交换位置。

关于海豚的传说很多，有些也确有其事。例如，希腊历史学家罗图斯图在《亚里翁传奇》一书中记载了这样一个不可思议的故事：亚里翁是生活在公元前6世纪列斯堡岛的著名抒情诗人和音乐家，有一次在意大利巡回演出后，便携大量钱财乘船准备返回科林敦，途中，水手见钱眼红，企图谋财害命。当时，亚里翁请求让他再唱一支歌，水手们答应了。谁知，他那动听的歌声竟引来了无数的海洋巨兽！在他被扔进大海之后，其中的一只便将他一直驮到岸边。

公元1世纪的普鲁塔奇也曾记载了这样一个故事：希腊著名航海家奥德修斯之子小时候差点被淹死，也是这种巨兽将其救起。为此奥德修斯就在自己的盾牌和族徽上刻上了它的肖像，用以作为其家族的标志。

那么，这种神秘的动物是什么呢？它就是大名鼎鼎的海豚。其实，即使到了近代，海豚救人的事件还屡有发生，像1949年出版的《自然史》杂志，便刊登了美国佛罗里达一位律师夫人被海水淹得昏迷过去，正当生死攸关之际，附近的一头海豚将她推上了沙滩。

还有，1964年，日本渔船"南阳丸"号在野岛崎海岸不幸沉没，10名船员中有6人当即丧生，其余4位则在海中拼命地游，一个个累得筋疲力尽。正当他们求生无望时，有两只海豚赶来，每只海豚身驮两位船员，一直游了32海里，然后猛劲一甩，便将他们送到了岸上。

海豚不仅能救人于危难之际，而且是个天才的表演家，它能表演许多精彩的节目，如钻铁环，玩篮球，与人"握手"和"唱歌"等等，更重要的是，海豚都有自己的"信号"叫声，这"信号"能让同伴知道它是谁和它所在的位置，便于彼此相互联络。

当海豚遭到危难之时，它们便会相互扶持。当雌海豚在水中分娩时，其他雌海豚会聚集在一起，以防范鲨鱼和虎鲸的入侵。分娩后，当海豚母亲去寻找食物时，其他海豚则细心照顾新生的小海豚，并且围成一个圈子，让小海豚在内安全地尽兴玩耍。

鉴于这些发现，许多科学家认为海豚是地球上智商最高的动物之一，并称为海中智多星。至于海豚为什么救人，却仍然是个谜。

北极昆虫世界

昆虫的绝技

生命演化至今日,就其大小和生存特征而言,可以分为三大支,即动物、植物和微生物。微生物虽然微不足道,只有在显微镜下才能看清它们的样子,但却是最先来到这个星球上的生灵,因此也就是所有生命的始祖。同样的,植物虽然沉默无语,而且终生只能待在原地,但却是最基本的生产者,是其他生命赖以生存的基础。由此可以猜想,就陆地生物而言,肯定应该是先有植物而后有动物的。而生物进化的顺序又总是由小到大,由简单到复杂。因此可以断定:在陆地上最早出现的植物应该是小草,然后才有大树;最早出现的动物应该是昆虫,然后才有其他更大型的动物。这也就是说,昆虫虽小,但却小看不得,因为它们不仅是动物世界的先驱,而且也是生态平衡中的重要一环。而且,正因他们微小,所以不仅天敌很多,抵御灾害侵袭的能力也极其有限,如果没有几下子,是很难在这个世界上混下去的。特别是生活在北极的昆虫就更是如此。

世界范围内各种各样的昆虫就有200多万种,但它们主要生活在热带和温带。而在北极地区,由于环境严酷,气候恶劣,昆虫的种类要少得多,总共也不过几千种,主要有苍蝇、蚊子、螨、蠓、蜘蛛和蜈蚣等。其中,苍蝇和蚊子数量最多,约占昆虫总数的60%～70%,而在温带地区,这两种东西的数量却只占昆虫总量的10%～20%。奇怪的是,在北极可以看到广泛分布于热带的蝴蝶和蛾子。而有一些在温带繁衍得很广的昆虫世家,如蜻蜓、蚂蚱、蟋蟀等,在北极却无影无踪。还有,在世界其他地区,蚂蚱几乎是无处不在,但在北极却很少看到它们的踪迹。也许因为蚂蚱是一种辛勤劳作不肯休息的生灵,过不惯在北极漫长而寒冷的冬天只能待在家里无所事事的清闲生活吧。

大的动物和鸟类可以靠身上的长绒和羽毛抵御严寒,但昆虫却永远只能赤身裸体。那么,它们怎样才能度过北极严酷的冬季呢?实际上,绝大多数昆虫在一年当中大约有九个月的时间身体都处在冷冻状态,它们存在于土壤或沼泽里,与周围的物质冻在一起。我们知道,冰是一种晶体。但是,如果昆虫的身体结晶的话,就有可能扭断它的脉管从而破坏其机体。为了防止这一点,北极的昆虫们演化出了一种绝技,就是它们能够自动地将其细胞中的水分减少到最低限度,从而有效地避免结晶。真是"猪往前拱,鸡往后刨,各有各的道"。

有其弊必有其利,虽然寒冷的气候对这些小小的昆虫来说确实是一种严峻的考验,但它们也从中得到了不小的益处。在这漫长的冬季当中,它们既不用担心天敌的侵扰,也不必自己去找东西吃,只管大胆地睡大觉,这是温带和热带里的昆虫们永远也享受不到的,就连人类也望尘莫及。如果有一天,科学技术取得重大突破,能将人类的身体冰冻起来,完好无损地保存几个月,就不仅能为许多病人减少病痛,而且也能为那些饱暖终日,无所事事,到处寻求刺激的人们提供一种更好的消磨时光的手段,自己既无痛苦,也无碍于别人。

人类自以为聪明,其实许多本领都是从生物那里学来的。例如美国有条法律,即钓鱼者不能钓杀一定重量以下的小鱼。这并非善心,而是为了保护鱼群的繁殖。实际上,这种措施生物界早就用上了。例如,北极的牛蝇是一种可怕的寄生昆虫,它将卵产在驯鹿的绒毛里,孵化出来之后即钻进驯鹿的体内,顺着血管周游全身,长大之后又回到驯鹿的脊梁骨附近,穴洞而居,且开一个天窗以便呼吸新鲜空气,直到长成之后钻出体外,进行新的一轮繁衍生殖。按理说，小驯鹿细嫩鲜美，又无防御能力，是最好的美食佳肴，但牛蝇却从不攻击它们。因为，如果牛蝇在小驯鹿身上产卵繁殖虽然要容易得多，但却有可能导致驯鹿群的锐减甚至灭种，到那时，牛蝇本身也就难以生存下去了。小小的牛蝇竟早在人类数十万年之前就懂得如此深远的道理，且能身体力行，付诸实施，难道还不值得人类去深思？不仅如此，牛蝇在每群驯鹿中产卵的数量也有一定的限制，它们使受卵的驯鹿的头数保持在一定的比例，也尽量避免在同一头驯鹿身上产卵过多。因为，若在同一头驯鹿的身上产卵过多，就有可能导致其死亡，或者由于体弱而被天敌吃掉，它们的后代也就会随之同归于尽了。至于它们怎样悟出这些深刻的道理的，那只有去问万能的上帝了。

生活在北极的昆虫还面临着另外一种特殊的困难，就是这里地广人稀，连动物也很稀少，它们怎样才能找到自己进攻的对象呢？据生物学家研究表明，蚊子身上有一种非常先进的红外探测器，能在相当远的距离准确无误地遥感到人和动物身上发射出来的红外线，从而顺藤摸瓜，群起而攻之。而人类所用的红外探测器是最近几十年才发展起来的，不仅庞大笨重，所显示出的图像还模模糊糊。与小小的蚊子相比，人类落后了不知多少个世纪。至于那些蛾子和蝴蝶们是怎样相距遥遥就能谈情说爱，然后飞到一起寻欢作乐的，就更使生物学家们百思不得其解了。

在北极野外工作，就陆地上而言，最可怕的东西是黑蝇（Black fly），它们有非常灵敏的嗅觉，老远就能闻到人的气味，立刻成群结队地飞来，嗡嗡叫着，轰炸机似的，使人心惊肉跳。因为，即使你穿再厚的衣服也没有用，它们那钢针一般的嘴连脚上的老皮也能叮透，然后深深地扎进你的肉里，吸食你的血液。与此同时，还吐出一种毒液，叮咬之后，凸起一个大包，肿胀疼痛，甚至溃烂，那滋味可不是好受的。通常，人们总是不把昆虫放在眼里，认为它们无足轻重，甚至有害无益，真是大错而特错了。就拿北极来说吧，如果没有这些昆虫，鸟类就会断绝了口粮，整个生态系统还怎么能够维系下去呢？

生物进化与大陆漂移

纵观了两极的动物之后,人们自然会提出这样的问题:北极为什么没有企鹅?南极为什么没有北极熊?既然南北两极的自然环境如此相似,如果我们人为地将企鹅引进北极,把北极熊带到南极,岂不就两全其美,情景将会怎样呢?要回答这些问题,首先还得从生物进化与大陆漂移的关系说起。

1809年2月12日,在相距遥远的美国和英国,同时诞生了两个伟大的生命。前者后来成了解放黑奴的美国总统,那就是林肯。后者后来则成了进化论的奠基者,那就是达尔文。

一个伟大的科学家并不一定从小就是非常优秀的,甚至恰恰相反,他们小的时候往往会显得有点糊涂,例如牛顿、爱因斯坦、爱迪生和达尔文等都是如此,这可能是由于他们独特的思维方式决定的。达尔文幼年时期学习成绩平平,所以常常受到父亲的严厉训斥。但他从小就爱好自然,喜欢收集鹅卵石,捕捉昆虫,观察植物,搜集鸟蛋等,父亲对此却并不限制。而这种童稚时期的兴趣和爱好却正是他后来成就伟大事业的基础。

1831年,达尔文从剑桥大学毕业以后,正好参加了一次环球科学探险航行。这次航行不仅决定了达尔文的一生,而且也把人类从上帝创世说的宗教迷雾中解救了出来。

1831年12月27日,皇家"猎犬"号从英国起航,开始了它为期五年的环球航行。值得一提的是,达尔文进化论的萌发和孕育却是从地质学开始的。

当时由于晕船,他则躺在床上阅读《地质学原理》一书。这本书的作者认为,地球上的陆地、平原和山岳,是风、雨、地震、火山爆发和其他自然力的作用造成的,与"诺亚洪水"并无关系。而且,这些自然力仍然在改变着地球的外形。这些观点虽然被当时的学术权威们认为异端邪说,但对思维敏锐的达尔文倒是一种启迪。后来,在一个悬崖的石灰石岩层里,他发现了许多贝壳化石,令他惊讶的是,这些贝壳竟然和悬崖下面海滩上所捡到的贝壳一模一样。正是在《地质学原理》的指导下,达尔文弄清了一个重要的事实,即这个贝壳岩层曾经是海底的一部分,后来在某种力量的作用下,海岸不断升高,才变成了今天的样子。而通过对许多孤立现象进行仔细的观察,再将新资料集中起来加以分析,就可以从古代的历史一直看到今天的世界。震惊一世的新思想就是这样出现的。

在南美洲阿根廷的大草原上,达尔文发现了许多动物化石,包括了一颗马的龋齿,这说明马曾和南美大陆上的古代动物一起生活。也就是说,南美洲曾经有过本地马,后来却消失了,直到哥伦布发现新大陆之后,殖民者才又将现代马带进了这片土地。

更使达尔文感到吃惊和困惑的是古代动物和现代动物之间的关系。在阿根廷大草原上所发掘出来的一些动物化石和北美洲已知的动物化石十分相似。但在距今不远的近代历史中,这两个大陆却有自己独特的动物。例如,南美洲有猴子、貉马、貘、食蚁兽和犰狳,而北美洲则有它自己的啮齿类动物和带角的反刍动物,包括羊、牛、山羊及羚羊等。一大片陆地分成两个各有明显特征的动物区,而且大致可以确定出其分裂的年代和方式,这自然引起达尔文的深思。他推测,南北美洲可能是因为墨西哥台地升高和西印度群岛下沉而分裂的。后来只有少数流浪动物才能往返于两个大陆之间。而且,他还注意到,南北美洲两个大陆的古代动物比美洲的现代动物更加接近于亚洲和欧洲的动物。当时他认为,这可能是由于北美洲的象、柱牙象、马和带角的反刍动物,都是从西伯利亚经过白令海峡的一个跨海通道迁徙过来的,逐渐往南移居,到达南美大陆,并在那里繁衍生息,后来不知为什么却都灭绝了。十分可惜的是,由于条件的限制,达尔文对这个问题并没有深究,否则的话,他当时很可能就会想到大陆漂移,那样的话,他将成为人类科学史上两项巨奖的得主。

实际上,达尔文本来是一个虔诚的天主教徒,对上帝创世说坚信不疑。然而,当他到达太平洋中一个孤零零的小岛时,他的信念开始动摇了。

1835年9月,"猎犬"号向西驶入太平洋,抵达加拉巴哥岛。在那里,大自然向达尔文展示了一个更加奇特的世界。

如果这个距南美洲大陆将近1 000千米的小岛上的生物与其他地区的生物根本不同,那就可以证明,这些生物都是由上帝为这个小岛专门创造的。然而,令达尔文大惑不解的是,这个小岛上的大多数生物,从鸟类到爬行动物,都与美洲大陆上相应的物种完全相似。于是,他对上帝的信念发生了怀疑。如果加拉巴哥群岛上的生物都是由上帝创造的,那么它们为什么会带有美洲大陆上的动物特征呢?那时他刚刚27岁,但在头脑中却萌发了将要永远地改变人类思想观念的一项伟大理论的种子。当然,作为一种崭新观念的创立者,仅仅占有材料还是不够的,还必须要用敏锐的头脑去思考。而且,光能思考也还是不够的,还必须要有敢于说出真理并坚持真理的勇气。达尔文正是因为具备了这些条件,所以才有可能向着一项伟大事业的光辉顶点走去,但却用了20年的工夫。

进化论的观点是:各种各样不同形式的生命实际上都有着亲缘关系,因为它们都是从同一个祖先长期进化而来的;而另一方面,各种形式的生命又是千差万别,因为它们在水中、地上、空中各种不同的生存环境中逐渐改变了来自原来祖先的形象,以便适应新的环境。

1859年11月24日,《物种起源》一书正式出版,第1版1 250册第一天就卖完了。并且立刻掀起了一场轩然大波。围攻和漫骂接踵而来,但与此同时却也涌现出来一批斗士,站在最前面的则是赫胥黎。1860年6月,当牛津的主教大人要打倒达尔文,并挑衅性地讥讽说"赫胥黎自称人类起源于猿,难道他的祖父或祖母是猿"时,赫胥黎站起来回答说:"说我祖先是猿,我并不觉得可耻,但见到一个有地位的人侈谈自己一无所知的科学问题,我倒觉得很可耻。"这场有名的辩论不仅永远地载入了史册,而且一直持续到现在。今天,公开怀疑进化论的人已经不多了,但不懂科学而大谈科学的人却仍然比比皆是。

1871年2月24日,《人类起源》一书出版,立刻引起了不同的反应,有的惊奇和赞赏,有的怨恨和愤怒。因为,这两本巨著不仅破坏了旧有的思想观念,而且也推翻了旧有的社会秩序。具有讽刺意味的是,在达尔文刚刚开始自己的研究时,只有异教徒才会对上帝创世说提出怀疑。而在进化论诞生之后,事情则正好颠倒了过来,只有那些顽固不化的正教徒才会否认生物进化的基本事实。

当然,话又说回来,达尔文的进化论也确实使自命不凡的人类的自尊心受到了一次沉重的打击。因为,在这之前,人类是高于一切的,尽管人们并不知道自己是从哪里来的。然而,达尔文的进化论却把人类与生物紧紧地连在了一起,仅就这一点,恐怕永远也无法得到某些人的谅解和宽恕。

科学总是循序渐进的,只有积累到一定程度,才会有新的飞跃和突破。现在,利用大陆漂移的观点,再来看一下达尔文当年的疑团,一切都变得迎刃而解,一清二楚。各个大陆远古时代的生物之所以有其相似性,那是因为,在2亿多年以前,地球上所有的大陆都还是连在一起的。而后来的生物之所以有着明显的差异,则是因为各个大陆四分五裂,气候和环境都大不相同的缘故。就拿我们人类来说吧,因为很晚才来到这个星球上,只有几百万年的历史,那时候各个大陆的格局基本上就是现在这种样子。当时,只有非洲才有灵长类最高级的动物——猿类,而且也只有那里的气候和环境才适合于猿类向人类过渡,所以人类首先是在非洲诞生出来,然后才往其他大陆逐渐迁移的。

同样的道理,所以南极演化出了企鹅,北极则进化出了北极熊。这都是自然条件的产物。那么,如果我们把企鹅带到北极去放养,将北极熊带到南极去繁殖,情况将会是怎么样的呢?其结果将会是灾难性的。因为除了

127

贼鸥之外,南极并没有任何大型食肉动物,所以天真的企鹅没有任何防范能力。因此,它们如果来到北极,必然成为北极熊的美餐。而如果把北极熊放到南极,后果将更加可怕,企鹅将很快就不复存在了。不仅如此,南极的平衡也将遭到严重破坏,许多生物都会从地球上消失。

人类社会与生物世界

如果我们把地球上出现了生命那一刻一直到现在这段时间比作一天的话，那么人类是在这一天的最后一分钟才来到这个世界上的。由此可见，在生命的长河当中，人类只是一个后来者。然而，这一飞跃却非同小可，因为它赋予了宇宙万物存在的意义。

在过去很长一段时间里，人类不知道自己是从哪里来的，误认为是由上帝造出来的，所以便自视清高，高高在上，以为人生下来就是要主宰一切的，从不把其他生物看在眼里。后来，是伟大的达尔文指点了迷津，他告诉人们说，人类并没有什么了不起，只不过是从生物中进化而来的。

然而，话虽这么说，但许多人心里其实并不服气，万能的人类怎么能跟其他生物相提并论呢？于是继续凌驾于地球之上，横行于万物之中，并把自己称之为高等生物。但是，这样横行了一阵之后，终于发现此路不通，直到这时，才开始了认真的反思：人类与其他生物之间到底有哪些本质上的区别与联系？

人类社会的构成看上去似乎复杂纷纭，神秘莫测，但要仔细想一想，其实也不外乎以下几个因素：

一是领域观念。这一点在一张世界地图上看得特别清楚，那些错综复杂、弯弯曲曲的分界线把地球的表面分成许多不同的块体，即所谓的国家，那便是人类领域观念的最集中的表现。虽然并非鸡犬之声相闻，老死不相往来,但未经对方许可,也不能越雷池一步。但是这一点也不是人类所独有,生物世界早就如此。例如,动物之中不用说那些大型动物都有自己的地盘,就连许多昆虫,例如蜘蛛,那一片网子便是它的领域。当然,人类毕竟高级一点,那国界常常是重兵把守,但动物就要简单得多,例如狼或者狗,只不过是撒一泡尿作标志。

二是等级制度。虽然人们在高呼自由、平等、博爱,但自从来到这个世界上,却从来也没有平等过,将来恐怕也很难做到这一点。动物也是如此,除了昆虫之外,稍微大一点的动物则都实行着相当严格的等级制度。例如,狼群、鲸鱼、海象、海豹等都是如此。甚至有些昆虫,例如蜜蜂和蚂蚁等,同样是一个等级森严的王国,待遇有别,各司其职,组织结构是相当严密的。

三是权力更迭。每个国家,如果粗略而论,都有国王、大臣和平民三个等级,国王总是权力最大,大臣次之,平民权力很小,或者基本上没有什么权力。虽然名堂有所不同,但其实质都是一样的。实际上,这一点也并非人类所独创,动物世界历来如此。例如,如果说蜜蜂王国是一个典型的母系氏族的话,那么鲸鱼、狼和麝牛等则是绝对由雄性掌权的国度。然而,若从历史长河来看,任何政权都不可能是永远不变的,因而则有连绵不断的战争和起义。而在动物世界中同样也是如此。种群中的掌权者总要面临着新一代的挑战,一旦被打败,权力则发生了更迭。当然,所不同的是,动物中的权力更迭完全取决于实力,但人类中的权力竞争则往往要复杂得多。例如,动物中的统治者一旦被推翻,则会自动降为平民。但人类中的掌权者即使被赶下了台,也绝不会善罢甘休,而是会耍弄手段,伺机反扑,试图将政权夺回来。

四是繁衍生息,这也是人类社会最基本的生存特征,国无论大小,如果断子绝孙,自然也就不复存在了。而这一点与动物世界更是一脉相承的。自从人类降生以来,婚姻关系也是一再翻新,从群婚,到一妻多夫,一夫多妻,直到一夫一妻制,所有这些,在动物世界中都可以找出相应的例子。

由此可见,人类社会虽然看上去构造严密,冠冕堂皇,但若仔细分析起来,其基本招数都是从生物世界中脱化而来的,并没有特别的独到之处。

当然,人类毕竟是最高等的生物,这确也是事实,那么,到底高在什么地方呢? 归纳起来,主要有如下几个方面:

一是文化积累。这是人与其他生物最重要的区别之一,其他生物,特别是动物的生存技巧主要是靠先天遗传,后天学习的东西是很少的。而人类则恰恰相反,主要的知识都是靠语言和文字一代代地传递下去,愈积愈多,所以也就愈来愈聪明。先天遗传的东西也有,例如一生下来就会哭、会吃,但这种本能的东西是很少的。

二是改造环境。其他生物,特别是动物,主要靠适应环境而生存,当环境改变时,它们或者迁移他乡,或者生理上发生变化,否则就会被淘汰。但人类却可以改造环境,例如穿衣服以制造一种局部气候,盖房子以营造一种舒适的环境,因而生活得愈来愈舒服。

三是精神生活。这是其他生物所没有的。因为对其他生物来说,生存是其最高的目标,只要能活下去,则就别无他求了。但对人类来说,生存却是最低限度,谁也不会满足于仅仅能够活下去。只要有可能,总要讲究一点享受。正因如此,所以人类永远也不会满足,而这也正是人类社会不断前进和发展的动力。

但是,即使人类中一些相当高级的思维活动,在动物世界中也能找到类似的痕迹。例如,国不能有二君,这似乎是人类高级思维的产物。但是实际上,动物界一向都是如此。无论是狼群或鲸鱼,甚至连看上去智商很低的海象,也都是由一个优势个体实行着独裁统治。蜜蜂更是如此,为了防止意外,每窝蜜蜂在孵化时都有好几只蜂王。但是,第一只爬出来的蜂王所做的第一件事就是寻找那些尚未爬出来的蜂王并把它们统统咬死。印度有一种叶猴干得更加彻底,当年轻力壮的猴子把老猴王打败以后,便会把老猴王留下的幼子中的雄性猴全部咬死,以防后患。这与人类中为争夺王位父子兄弟之间互相残杀如出一辙。

不仅如此,其实人类的许多器官都远没有其他生物那么先进,如狗的嗅

131

觉,猫的夜视,甚至连一些昆虫的感应器官也比人类先进得多。如蝙蝠的超声波探测,鸟类的方向辨识,都是人类所无法比拟的。

以前曾经流传着一句至理名言,就是说,人类的行为靠智力,动物的行为靠本能。现在,随着人们的良心发现,对于这一信念似乎已经发生了动摇。实际上,以前之所以那样专横,则是因为人类对于其他生物还缺乏真正了解的缘故。例如,蜜蜂的"8"字舞原来是在告诉同伴可以采到花蜜的地方;蚂蚁储存的食物一旦潮湿发霉,它们则知道搬出去晒晒;鸟类对自己迁移的路线准确无误;狗熊经过一段训练不仅能骑摩托车,还可以带上一个同伴。如此精确而复杂的过程,如果只靠本能,而没有一点思维能力是绝无可能完成的。况且,狗熊的祖先从来没有骑过摩托车,这种本能从哪里来呢?

因此,应该坦白地说,人类和其他生物,特别是动物之间,并不存在无法逾越的鸿沟,至少并不如人们原先想象的那样,似乎有天壤之别。当然,这也是完全可以理解的,因为人类社会本来就是从动物世界中进化而来的。认识到了这一点,人类就会谦虚得多。

三大浪潮进北极

SANDA LANGCHAO JIN BEIJI

时间追溯到两三万年以前，地球上正经历着最后的一个冰期。那时候，巨厚的冰川覆盖着大地，往南一直延伸到北纬40°以南。由于大量的水都结成了冰，所以那时的海平面比现在要低得多。因此，白令海峡并不存在，欧亚大陆和北美大陆之间有一块宽宽的陆桥相连。后来，从一万多年以前开始，不知道是什么原因，地球的气候再一次转暖，冰川开始消融，冰缘逐渐往北退移。这时，我们的祖先，生活在中亚地区的游牧民族，则追随着水草丰美的冰缘地带的退缩而一步步地往北迁移，最终进入了北极地区，并在那里定居下来，分布开去，繁衍生息，成为西伯利亚北极地区各个原始民族。与此同时，另外一些人则从陆桥上进入了美洲。往南的一支分布到整个南北美洲，这就是后来的印第安人。往北的一支则沿着北冰洋沿岸扩散开去，变成游猎民族，这就是后来的爱斯基摩人。根据基因研究的结果表明，从血统关系上来看，印第安人的基因接近于西藏人，而爱斯基摩人的基因则接近于蒙古人。由此可见，远古时代，在人类初始的地理大发现中，是我们的祖先首先扩展到了欧亚和南北美洲的广大地区。特别是在人类向北极进军的过程中，我们的祖先更是一马当先，成为开发北极之先驱。当然，在那期间，他们还只是分布在北极周边的陆地上，至于北极中心地区到底是个什么样子，只能望洋兴叹，是一个不可实现的梦想。

日月往复，时令交替，人类进入文明之后，重新又想到了北极。大约从

15世纪开始,再一次掀起往北极进军的浪潮。而在这第二次浪潮当中,西方人占据了绝对的主导,成为了解和探索北极的主力。而那时的中国却逐渐陷入了闭关自守,内忧外患,战乱迭起,无暇他顾的境地。然而,尽管如此,人类向北极进军的这第二次浪潮同样与中国有着密切的关系。因为当时西方人向北极进军的唯一目的就是想寻找一条通过北冰洋而到达中国和东方的近路,这就是所谓的"西北航线"和"东北航线"。为此,西方国家付出了高昂的代价,但好梦难圆,一直持续到19世纪。

第一次浪潮：开拓与生存

在人类进化的过程当中，气候的变迁始终是一个极其重要的决定性因素。大约从3.5万年以前开始，地球上的气候又重新寒冷起来，开始了一个新的冰川期。到1.8万年以前，这个冰川期达到了鼎盛时期。那时候，地球上几乎1/3的陆地都为巨厚的冰川所覆盖。由于大量的海水都结成了冰，所以那时的海平面比现在要低120多米，白令海峡并不存在，而为1 600多千米宽的陆桥所代替，从而为欧亚大陆和美洲大陆之间动植物的交流创造了有利的条件。这就是为什么这两块现在早已并不相连的大陆其动植物的种类却极为相似的原因。

到1.5万多年以前，地球的气候又逐渐变暖，原来往南一直延伸到北纬30°的陆地冰川开始往北退缩。当时生活在中亚地区的我们的祖先则追随着冰川边缘地带往北迁移。这一方面是为了避开人口的压力。因此，气候温和的地区人口较多，而可以猎捕的动物和可以用来放牧的草场又总是有限的。另一方面，也许更加重要的是，冰川边缘地带融化的水很多，所以河流纵横，水草肥美，招引了大量动物，为狩猎和放牧创造了有利的条件。因此，生活在中亚地区的游猎民族则成了人类向北极进军的第一代先驱。并从亚洲越过白令海峡的陆桥进入了美洲，先是往南迁移，占领了南北美洲，一直到达火地岛，这就是后来的印第安人。后来进入美洲的亚洲民族因为南方的土地已经为印第安人所占领，所以只好沿北冰洋边缘分布开来，这就是后来的爱斯基摩人。

近水楼台先得月。实际上，人类进入欧亚大陆北极地区的时间比美洲大陆还要更早一些，这就是后来的西伯利亚和北欧地区的诸民族，从东到西主要有楚克奇人、雅库特人、伊温克人、涅涅茨人和拉普人。在环北极的所有民族当中，只有北欧的拉普人是从中欧地区迁移过来的，因而具有白人的血统。其他所有民族均为黄种人，都是亚洲先民的后裔。

关于人类往北迁移的原因，曾经有两种决然不同的解释。有人认为，早期进入北方寒冷地区的部落很可能是由于受到南方更强大的民族的驱赶，也就是说，他们的北进完全是被动的；另一种意见则认为，人类之所以向北极进军，并不是受外族的驱赶，而主要是为了追寻更加丰富的猎物，即是主动的。但从现在所占有的资料来看，虽然爱斯基摩人与居住在南方的印第安人历来不和，曾有过小规模的摩擦，但都是定居下来之后的事。而生活在欧亚大陆北极地区的诸民族虽然与南方民族时有接触，但也并没有发现任何互相冲突的记录。由此可以断定，人类历史上第一次浪潮的往北极进军主要是为了生存的需要所进行的原始开拓的结果。而在这第一次浪潮当中，我们亚洲人的祖先扮演了主力军的角色，是人类向北极进军的先驱者。但是，由于环境的不同以及历史背景上的差异，他们则逐渐形成了各自不同的生存方式和民族文化。

欧亚大陆北极地区，早期人类最好的证据是在挪威北海岸发现的。最后一个冰川期大约是在8 000年以前结束，有一些狩猎者就在斯堪的纳维亚半岛北部生存下来。在大约5 000年以前，他们就学会了用石头、草皮和木头建起了永久性的房子，组成了很大的村落，过着安定的生活。每座房子可以容纳两个或更多个家庭，从散落在地上的大量海豹、海豚和鲸鱼的骨骼来看，他们当时很可能学会了设法将海豹、海豚和小的鲸鱼群先驱赶到沿岸的浅水里，然后再加以捕获的技术。这就有力地表明，他们当时已经用上了船只。而这种造船技术很可能是从南方以农耕为主的部落那里学来的。关于这一点，还有一个有利的证据，即至少在5 000年以前，这些原始居民就已经从南方引进了陶器,后来还引进了金属。

另外,他们还从南方农耕区的部落那里学会了如何驯养驯鹿,这一点是非常重要的,因为这不仅为人类提供了更加稳定的经济基础,而且也改变了人类与动物之间那种单纯的生存竞争关系。因为,驯养的动物不仅随时可以杀来吃,而且还能用来驮东西,从而为人类提供了比自己的力量还要大的能量来源,大大促进了人类社会的发展。

再往东,在亚洲东北角的白令海峡沿岸,同样发现了大量史前人类活动的遗迹。有关的研究表明,至少从3 000年以前,生活在北极浅海沿岸的民族就已经从早已进入铜器和铁器时代的具有相当文明的南方诸民族那里学会和吸取了各种生产技术和先进思想。到2 000多年以前,他们就已经有了皮舟、房子和永久性的大村落,用陶器做成的灯来照明。到1 500年以前,他们就用上了弓箭,这种在亚洲其他地方的战争中发展起来的有力武器,大大增强了他们的生存实力。由此可以看出,生活在欧亚北极地区的原始居民从来也没有断绝与南方诸民族的联系。

形成鲜明对照的是,生活在美洲北极地区的古爱斯基摩人因为与生活在南方的印第安人矛盾很深,受到印第安人的围堵,所以有几千年与外界几乎失去了联系,在这漫长而艰苦的岁月当中,发展出了自己独特的生存方式,无论其文化还是语言,都是自成体系,既不同于亚洲近亲,与印第安人也毫无共同之处。19世纪,当西方人开始与爱斯基摩人接触时,他们既没有文字,也没有金属,基本上相当于新石器时期。

总而言之,在第一次浪潮中进驻北极的原始居民是人类中的勇敢者,他们不仅将人类生存的空间大大地往北推进了一步,而且也把人类对抗寒冷的极限提高到了一个新的高度。因为没有文字记载,所以他们做出了多大的牺牲,付出了多大的努力,后人是没有法子知道的。但是,他们在进军北极中所建立的不朽功勋,他们在人类历史上所留下的丰功伟绩永远也不会被忘记。

第二次浪潮：探险与扩张

人类社会的向前发展不仅在时间上并非均匀的，总的趋势是越来越快，可以说是加速运动，而且在空间上也是参差不齐，不可同日而语。当北极地区的原始居民与严寒抗争，与饥饿搏斗，在死亡线上艰苦挣扎，与游猎的对象共存亡时，南方的民族却突飞猛进，创造了灿烂的文化，取得了长足的进步。而这时的北极，对于人类的文明则有了全新的含义。

早期的探索与馈赠

在人类历史上，真正有文字记载的第一个向北极进军者是一个叫毕则亚斯的希腊人。大约在2 000多年以前，他用了六年的时间，完成了一次往北探索的航行，于公元前325年回到了希腊。虽然曾有过详细的航海日志，但由于年代久远，所保存下来的只有片语只字。例如他说，他到达最北的地方"太阳落下后不久很快又会升起"，海面上被一种奇怪的东西所覆盖，"既不能通行，也无法通航"等等。根据这些情况来推断，他当时很可能航行到了冰岛附近或者挪威北部。但是，他这次航行既不是为了去探险，更不是为了去考察，而是具有明确的商业目的，就是为了到遥远的北方去寻找锡和琥珀的，这两种东西当时在欧洲的市场上非常昂贵，因而有利可图。虽然没有成功,只是空手而回,但这却是人类第一次想到了北极的财富,因而把攫取的目光转向了北极。

然而,在此后的1 000多年里,虽然罗马帝国曾一度非常强大,中国和印度也早已步入了文明时期,但由于忙于征战和内乱,没有人再去想北极的事。

但是,北极却不甘冷落,悄悄地向人类走来,以她那无尽的财富和诱人的魅力吸引着人类的好奇心,呼唤着人类的关注。公元前285—公元前246年,当时的埃及国王托勒密二世就曾经驯养过一头北极熊。后来,罗马人也曾经把北极熊赶到水里,让它们与海豹一决雌雄。到了公元858年,当时的日本国王也曾收到过两头北极熊作为贡礼。但所有这些北极熊是怎么运来的却不得而知。后来,北极的琥珀、象牙(其实是猛犸和海象的牙及角鲸的角等)也源源不断地进入温带地区。例如,猛犸的牙齿源源不断地运进中国达2 000年之久,但我们的祖先却不知猛犸为何物,而是以为那是一种巨大的老鼠。总之,虽然北极地区的文明程度与其他地区的差异愈来愈大,但北极的宝物却早已源远流长地进入到文明世界的殿堂里。重金之下,必有勇夫,于是引来了更多的探索者。

从冰岛到绿色的土地

从大约6世纪开始,一些想脱离尘世的爱尔兰僧侣则不断地驾船远航,希望能找到一块世外桃源。他们成功了,终于到达了冰岛。到9世纪,有一批爱尔兰僧侣已经在冰岛长住下来,过上了悠闲自得的生活,可以坐在午夜的太阳下面抓虱子。后来,挪威人也来到了这里,建起了定居点。于是,在很长一段时间里,冰岛便成了挪威的殖民地。

如果说,冰岛的发现纯属偶然的话,那么,格陵兰的发现就更具戏剧色彩。10世纪,一个叫艾力克的挪威人因为杀了人而逃到了冰岛。但江山易改,本性难移,到冰岛后他又连杀两人,只好举家西逃,便来到了格陵兰,定居下来，并起了一个很好听的名字Greenland，即绿色的土地。于是，一批批新的移民慕名而来，到14世纪时达到鼎盛时期，居民点有280多个，教堂17座，人口达2 000之多。后来，不知为什么，这些格陵兰最早的居民连同他们的房屋村舍都消失得无影无踪了。

马可·波罗与哥伦布

人们都知道马可·波罗在东西方文化交流中所发挥的历史性作用，但却很少有人想到，他的中国之行在人类向北极进军的过程中也有着至关重要的影响。

1271年，只有17岁的马可·波罗跟随其叔叔历经极其艰苦地长途跋涉，终于来到了东方文明古国的元大都，一共在中国生活了24年之久。回到意大利后，由他口述，别人代笔，写出了《马可·波罗行记》这部千古不朽的世界名著。据他说，那时候亚洲北极地区的商品绝大部分都是运往中国的。正因如此，所以那时的中国人对于北极已经有了一些概念，例如冬天见不到太阳，狗熊是白色的，人们出门都乘坐狗拉雪橇等。从而让人们了解到，很早以前中国就已经与北极建立起了密切的贸易关系。

然而，更加重要的是，正因为马可·波罗在他的游记里把中国描写得"黄金遍地，美女如云，绫罗绸缎应有尽有"，简直就像是天堂一样，因而引起了西方人对中国乃至东方的巨大好奇，当然也就勾起了他们掠夺的欲望。那么，这与北极又有什么关系呢？

马可·波罗死后一个半世纪，希腊人公开提出，地球并不像人们想象的那样是一个平底圆盘，而是一个球体。人们立刻想到，如果真是如此，那么从欧洲一直往西航行，就有可能到达中国和东方。为了验证这一点，航海家们都跃跃欲试。最后有幸踏上征途的也是一个意大利人，那就是哥伦布。1492年8月30日，在西班牙国王的支持之下，哥伦布扬帆西行。10月12日，

141

他到达了现在巴哈马群岛中的一个小岛,这就是所谓的发现了新大陆。其实,早在许多年以前,我们亚洲人的祖先早就登上了这块大陆。

虽然由于美洲大陆的阻挡,哥伦布未能实现他到达东方的愿望,但是他的航行,却激起了人们探索新天地的强烈愿望。当然,最具吸引力的就是遥远的中国和东方。谁能找到一条通往中国之路,谁就会拥有那里的巨大财富!

东北航线与西北航线

对于早期的欧洲人来说,美洲大陆简直是一无是处,因为那上面除了难以对付的印第安人以外,几乎没有什么值得掠取。而且它是如此之大,横亘在大洋之上,成了环球航行的巨大障碍,要想绕过它真比登天还难,只好往南和往北去寻找出路。1519—1522年,麦哲伦的船队绕过南美洲南端进入太平洋,完成了人类历史上第一次环球航行,证明了地球是圆的。而在此后很长一段时间里,往南航行的海上霸权则完全控制在葡萄牙和西班牙的手里。因此,作为后起之秀的英国人,只好往北去寻找通往东方之路,因而设想,无论是绕过北美大陆北端,还是绕过欧亚大陆的北部,都有可能到达中国和东方,而且从距离上来说,要比往南航行近得多,这就是所谓的"东北航线"和"西北航线"。然而,人们没有想到的是,要走通这两条航线竟是如此之困难,以至于花费了几百年的时间,付出了无数血的代价。仍然无济于事。

在对东北航线的探索中,最值得一提的是荷兰人巴伦支,他曾三次进入北冰洋,最北到达北纬79° 49′的地方,并且发现了斯瓦尔巴德群岛。最后,于1597年6月20日,死在一块浮冰上,那时他刚刚37岁。他那时航行过的水域后来则称为巴伦支海。

而在对西北航线的探索中,最为惨烈的则是富兰克林,129名船员全部遇难，无一生还，不仅在北极考察历史上，就是在人类探险史上也是绝无仅有的最大悲剧。而且，这已经是19世纪中叶，从1845—1847年的事。

北极探险的三大殊荣

历史有时候看起来很不公平，有些东西往往是无数人为之奋斗终生而不可得，但最后却轻而易举地落到了某个人的手里，看上去是那么容易，似乎是唾手可得，很有点不合乎逻辑。

1878年7月18日，得到瑞典国王和俄罗斯富商的支持，瑞典男爵诺登许尔德率领四艘船只和来自瑞典、俄国、丹麦、意大利以及挪威的海陆军官、科学家、医生和工程技术人员共30人组成的一支国际探险队伍，从北欧出发，浩浩荡荡向东北航线冲击。除了小有挫折之外，真可以说是一路顺利，到第二年7月20日上午11时，仅仅用了一年零两天的时间，便胜利地到达了白令海峡。与过去几个世纪艰苦卓绝、英勇牺牲的奋斗相比，真可以说是"踏破铁鞋无觅处，得来全不费工夫"。因此他们获得了征服北极的第一项殊荣。

历史的车轮终于驶入了20世纪，不仅在人类历史上这是一个极其重要的转折点，而且在北极探险史上，也进入了一个非常重要的转折时期。1903年6月16日午夜，下着毛毛细雨，为了避开债权人的威逼和阻挡，挪威人阿蒙森和他精心挑选的六个伙伴悄悄地离开了奥斯陆码头，向茫茫的大海驶去。两个月后他们登上了富兰克林探险队当年越冬的小岛，触景生情，他们不知道等待自己的将会是怎样的结局。值得庆幸的是，他们首先观测到了指南针垂直于地面的地方，即磁北极点。后来到了威廉王岛，度过了第一个冬天，而富兰克林正是在这里全军覆没的。但他们的运气可好得多了，不仅可以打到驯鹿，免遭挨饿，而且还交了许多爱斯基摩朋友，学到了很多东西。1905年8月26日，他们终于驶入了广阔的海面，并且遇到了来自旧金山的

143

一艘捕鲸船。人们几个世纪以来为之奋斗的目标终于实现了,西北航线就这样通过了第一艘船只!

　　这样,到达北极点则成了征服北极的最后一项殊荣,人们为此展开了激烈的竞争。美国人皮尔里为此奋斗了20年,接连失败了两次。1909年2月的最后一天,皮尔里率领由24个人,19个雪橇和133条狗组成的庞大队伍,从设在加拿大最北面的陆上基地出发,向北极点发起了最后一次冲锋。经过一个多月的艰难跋涉,于4月6日终于到达了最后的目标,北极点就在他们的脚下!就这样,过去300多年来人们孜孜以求的目标,他们只用了30天便把它变成了现实。

第三次浪潮：诱惑与思索

进入20世纪以后，人类向北极进军的步伐加快了，天上有飞机、飞艇，冰上有考察人员，水里有舰只和破冰船，冰下有核动力潜艇，展开了一场立体战争，又创造了许多新的第一，如第一次飞越北极点上空，第一次破冰船到达北极点，第一次建立浮冰科学考察站，第一次一人驾驶狗拉雪橇到达北极点等。虽然经历了两次世界大战，但不仅没有降低人类向北极进军的速度，反而更加促进了人们对北极的兴趣和热情。然而，所有这些行动几乎都是或为国家荣誉争创第一，或为寻求刺激而冒险冲动，因而探险多于考察，热情多于思索，人们都认为自己征服了北极。但是，实际上，人们对北极还没有真正了解和认识，充其量把它看成是一个检验勇气的竞技场和磨炼意志的实验室。因此，在相当长的一段时间里，无论是探险也好，还是考察也罢，都是少数人的事，对于广大公众来说，除了遥望北斗七星或身感寒流侵袭之外，很少有人想到北极与自己能有什么关系。

但是，北极却继续向人类走来，先是军事上的含义，接着是资源上的诱惑，然后是环境上的魔力，最后是科学家的警告，从而引起了民众的忧虑。于是，人们开始利用一种全新的观念，重新来思考北极的问题，这就是第三次浪潮，即以全球观点科学地认识北极。

全球观点，确实是一个全新的概念。科学家们从以往的经验教训中认识到，人类面临的很多危机都是全球性的。科学技术一方面给人们带来福

145

第三部　三大浪潮进北极

音,给社会带来文明,但另一方面,如不加控制地滥用,同样会给人类造成灾难。过去人们敬畏自然,认为对自己的生存威胁来自无法抗拒的自然力,现在人类开始逐渐觉醒,开始意识到由于自身的行为或错误会导致地球的破损并且直接决定着人类的生存。科学家们首先在南北两极的研究中冲破了弯弯曲曲的国界限制,从各个方面来考察南北极对全球变化的影响;进而也是对人类的影响,这不能不说是一次观念及认识上的一大飞跃。但愿这样的飞跃不仅仅局限于科学家,而是政治家、企业家、普通老百姓都能有所认识,路虽漫漫,趋势却不可扭转。

军 事 含 义

具有讽刺意味的是,除南极大陆之外,北极地区是地球上唯一独立于任何战争之外的地区。虽然北极居民也曾与外部世界发生过小型的摩擦和冲突,但却只是被人家掠夺和驱赶,根本算不上战争。至于他们内部,由于地广人稀,所以人与人之间总是亲密无间,和睦相处,对于坏人最高的惩罚就是大家都不理他,使他陷入孤立无援的境地,这几乎就死定了。因而可以说,北极实在是一块和平的土地。然而,与此同时,北极又是一块具有巨大战争潜力的土地。只要到北极去看看,就会知道这一点,不论是美国的阿拉斯加、丹麦的格陵兰岛,还是加拿大、俄罗斯北部,到处都可以看到耸立的雷达天线监视着天空的动静,似乎随时都会有导弹自天而降似的。以至于人们惊呼:"虽不能说谁统治了北极,谁就统治了世界。但至少可以说,谁想给这个矛盾重重的世界带来和平与安宁,则就必须了解北极"。这是为什么呢?

其实,早在20世纪20年代,有人就已经预见到了北极在军事上的重要意义,但在当时的情况下,并没有引起人们足够的重视。美国人虽然购买了阿拉斯加,但却并不认为它有什么军事价值。直到第二次世界大战,日本占领了阿留申群岛中的两个小岛,试图从阿拉斯加抄美国人的后路,这才引起美国人对阿拉斯加的极大关注,那时候,西方支援苏联的反法西斯物资正是通过白令海峡和北极港口摩尔曼斯克而源源不断地运往原苏联的。

第二次世界大战之后,原来的反法西斯统一战线一分为二,变成了势不两立的两大阵营,世界进入冷战时期。开始的时候,双方拥有的主要是飞机、大炮、坦克等常规武器,其对抗的焦点是在欧洲。后来,随着导弹和核潜艇等战略武器的发展,东西方对抗的焦点也在不断地转移。到20世纪70年代末和80年代初,在全球战略中,核潜艇的地位日益增强,但由于其舰载导弹的射程较近,只有三四千英里,所以必须靠近对方的领土去发射,才能有效地击中目标。因此,北大西洋就变成了双方对抗的焦点。当时,原苏联的核潜艇主要以北极城市摩而曼斯克为基地。但从北极通往大西洋的出海口西面是格陵兰,东面是挪威,却都掌握在西方人手里,这无疑是卡住了原苏联人的脖子。到20世纪80年代后期,双方配备在战略核潜艇上的导弹,其射程都已经达到七八千英里,接近1万千米。这时,原苏联的战略核潜艇不必再驶出北冰洋就可以击中北半球的任何目标。于是,戈尔巴乔夫上台之后便改变了派遣其核潜艇到世界各地游弋的战略,而将其部署到北冰洋的冰下,这样不仅大大地节省了开支,而且还便于保密,真是一举两得。因为北极冰盖不仅使卫星侦察无能为力,而且由于冰层破裂所产生的大量噪音,使得用声呐追踪也变得极为困难。美国当然也如法炮制。结果两个超级核大国的潜艇在北极冰下互相追逐,时有碰撞,致使世界上最寒冷的大洋竟变成了军事上最热门的地区。到20世纪80年代末和90年代初,北极已成为东西方之间全球战略的必争之地。

现在,虽然世界的局势发生了戏剧性的变化,但战争的威胁并没有消除。是的,苏联已经解体,但俄罗斯仍然存在。最近,俄罗斯已经声明,他的战略核导弹不再指向美国和西方,但他指向谁呢?难道指向月亮或太阳吗?这仍然是一个值得思考的问题。

我国是北半球的一个大国,有着辽阔的国土和漫长的海岸线,毋庸讳言,所有这一切都在人家的射程之内,那么我们怎样来考虑国家的防御呢?

147

这当然是一个极其复杂而敏感的问题，自有战略家们来深思熟虑。但有一点是可以肯定的，那就是，现代战争是一种立体战争，一旦打起来，则没有前方和后方之分，仅仅守在家门口是保卫不了国家的，因此，必须树立一种全球意识，而且对于海军就更是如此，要想保卫自己的大洋，就必须了解其他的大洋；要想守卫自己的国土，就必须知道全球的局势。不仅高级将领，而且所有的士兵，不仅指挥员，而且战斗员都应该懂得这一点。也就是说，要树立起一种全球性的大洋意识，这是现代战略所必不可少的。

当然，我们也用不着提心吊胆，大惊小怪，以为导弹随时会从天上落下来。但是，无论在任何情况下，居安思危总是必要的。尤其是对于战略家来说，确实还不到睡大觉的时候。而当他们周密地进行全球战略思考的时候，冰天雪地的北冰洋肯定占有极其特殊的位置。

资 源 诱 惑

如果说军事上的含义虽然可怖，但毕竟还有点遥远，或者至少可以存在一定的侥幸心理。那么北极资源的诱惑却是实实在在存在的，人类不仅早已尝到了甜头，而且胃口还愈来愈大，因为北极的资源确实有着巨大的潜力。

如果说，北极的琥珀、象牙和毛皮确实曾对古代的人类产生过诱惑，北极的鲸鱼、海象和海豹也确实曾对19世纪的人们产生过巨大的吸引力，但这毕竟是过去的事了，这种生物资源，若与石油、天然气等地下资源相比，实在是微不足道了。

人类社会发展到现在，生存的能力似乎反倒更加脆弱了。因为，现今世界的一大特点，就是依靠一种单一的能源而运转。生产靠这种单一的东西而推动，社会靠这种单一的东西而维系。而且，随着生产的飞速发展，对这种东西的依赖也就愈来愈紧密。这种东西就是石油。石油对于现代社会的重要性，正如水对人类的身体一样，真是不可一日无此君，它不仅关系着平民百姓的衣食住行，而且也牵动着社会巨头的神经中枢，以至于各国政府的经济政策和外交关系都要以保证本国的石油供应为前提。因此，石油不仅成了企业界孜孜以求的目标，而且也是政治家们冥思苦想的问题。这也是可以理解的，因为一旦石油告吹，立刻就会机器停转、火车停开、汽车瘫痪、飞机无法起飞，于是天下大乱，人们将怎样生活下去呢？

然而，石油的储量又总是有限的，且是一种不可再生的资源，不可能永远开采下去。从1859年世界上第一口油井喷井以来，在短短的不到一个半世纪里，石油已经渗透到人类社会的每一个角落，成了一根主要的支柱，石油固然功不可灭，却也潜伏着某种危机。现在，发达国家的石油供应主要来自于中东。但是，中东的石油总是有限的，一旦抽干，一时又很难找到一种可替代的能源，人类社会岂不就要分崩离析。因此，人们都在紧张地思索，下一个能源基地将是在哪里呢？那就是北极。

早在1944年，美国海军就在阿拉斯加的北坡地区开始了一项为期10年的石油勘探计划。到1953年就已经初步证实，北美洲的北极地区可能有大量的油气储存。进入20世纪60年代以后，人们重新对北极的油气燃起了兴趣。1963年，一家英国公司和一家美国公司在阿拉斯加北坡租用了土地，又开始了新一轮的努力。在以后的5年内，那家英国公司一共投资了3 000多万美元，但一无所获，只好决定放弃。而那家美国公司的投资更多，达1.2亿美元，同样也是徒劳无功，只打出了一些干井而已。正想放弃时，顽固的钻探人员并不甘心，要求再做一次努力。结果，于1968年2月的一个严寒的早晨，终于钻出了一口高产油井，致使阿拉斯加的北极进入一个崭新的时代。

现在，阿拉斯加普鲁渡油田的产量占美国石油总产量的26%，占美国石油消耗总量的11%，其重要程度可想而知。同时，加拿大的北极地区和西伯利亚也都发现了丰富的油气储存，苏联解体之前，其一半以上的油气供应来自于北极地区。而对北极大陆架的油气勘探还在进行之中。

但是，要开采北极的油气，必然会影响周围的环境。而且，由油气开发所

149

带来的好处不可能每人有份,但由此所造成的环境污染却是不分国界的。

由于开采技术困难和国际条件的限制,南极资源的开发至今只是纸上谈兵。北极就不同了,因为这里的资源分属于各个主权国家,不存在任何国际限制,早已投入开发之中。因此,外来的移民已经远远超过了当地的居民,而且每年仍有大量人员纷纷涌入,给北极的环境造成了巨大的压力。

那么,北极到底有多少油气可以开采呢? 能支撑人类社会多少个世纪? 这将给全球环境带来多大影响? 怎样才能加以制约和消除? 所有这些问题都需要从科学上加以解答。因此,这第三次进军浪潮绝不能再像以前那样冲动和盲目了,必须三思而后行之,其首要的任务就是要科学地认识北极。这绝非仅仅是几个北极国家或发达国家的事,而是摆在全人类面前的共同任务,我们中国人当然也不能袖手旁观。

北 极 科 学

与南极一样,北极同样也是科学研究的天堂。而且,由于人类社会的主体是在北半球,例如,80%以上的国家,92%以上的人口,95%以上的大城市,主要的政治、经济、文化中心和交通枢纽都在北半球。因此,北极的科学研究也就更加贴近于人类的生活,因而也就更加具有现实和长远的意义,因为它直接关系到人类的生存空间和环境,所以也就决定着人类的未来。这里是探测宇宙最好的场所;这里是监测环境最好的领域;这里对全球变化最为敏感;这里是观察温室效应最好的实验室;在这里可以探索生命之源;从这里可以研究大陆漂移;这里的海冰消长直接影响着太阳和地球之间的能量交换;这里的大气对流控制着北半球的风风雨雨。不仅如此,因为北极地区生活着永久性的居民,所以人文科学的研究也有着极其重要的意义。就拿极光来说吧,它就携带着来自宇宙的无穷奥秘。除了太阳不落的季节之外,只要你有机会仰望北极的星空,就有可能会看到那绚丽多彩的极光,如瀑布高挂，飞流直下；如幻幕当空，漂浮不定；如云霞满天，光芒四射；如巨龙翻滚，翱翔驰骋。这时，任你欢呼、跳跃、高喊、大叫，都不足以表达内心的惊喜。大自然鬼斧神工，竟会创造出如此变幻莫测的奇景。

据科学家们说，极光是由于太阳不定期地射出大量的质子和电子等极其微小的粒子在到达地球附近之后，由于地球磁场的作用，便汇集于两极，特别是北极上空，并与大气中的氮粒子和氧粒子相碰撞，结果就会使这些气体粒子变得炽热而发光。而极光的颜色则是由碰撞时的高度及所碰撞的粒子的种类和波长所决定的。例如，这些粒子相互碰撞的最高处可达900～1 000千米，这时一般都产生蓝光，偶尔也会出现红光。而在较低处，例如80～300千米上空碰撞时，由于高处的红色极光与低处的绿色极光相混合，则会出现淡黄色的极光。然而，这不过是一种推测而已。至于极光到底是怎样形成的，为什么会有如此丰富多彩的颜色和变幻莫测的形状至今却仍然是个谜。

当爱斯基摩人看到极光出现时，他就会拼命地鼓掌和吹口哨，他们认为，极光的变换形状正是随着他们的欢呼在跳舞。那么，到底是极光在听他们的指挥呢？还是他们在受极光的感召呢？人们对此还一无所知。

至于北极的地下埋藏着大陆漂移的记录，北极的冰川饱含着气候变迁的信息，北极的生物维系着独特的生态平衡，北极的海洋控制着能量交换的钥匙，就不必再一一列举了。

总而言之，北极不仅使科学家们大有用武之地，而且北极科学研究的成果也直接关系着人类未来的命运和前途。

站在北极冰原上的思索

想象中的东西往往是完美无缺，因而容易引人去探索，去追求。但现实的东西却是实实在在，因而容易使人清醒，发人深省。当我带着对南极的慕恋，怀着对北极的憧憬走下飞机时，眼前的景象使我大为惊异。雪花飘飘，冷风嗖嗖，北京的七月还是骄阳似火，而这里却是寒冬腊月。当然，这比南极的夏天要暖和多了，但因我穿的是单裤单褂，所以还是被冻得哆哆嗦嗦。我站在那里东张西望，不知所措，独闯北极就是这样开始的。

从1981年到现在，在这十年多一点的时间里，我有机会从东半球飞到西半球，从北半球飞到南半球。先是去了南极，现在又站在了北极，也算是完成了一次全球性长途旅行，实在是很幸运的。人生活在社会上，总要受到像法律、道德、感情等种种条件的约束，因而思维也受到了许多限制。在到达两极之后，因为几乎是完全脱离了人类社会，所以，若从理论上来说，这些约束和限制已经不复存在了。但实际上，你也不可能大胆妄为，无法无天，因为社会的法力是无边的。正如宇航员，虽然进入了太空，却仍然离不开地球一样。只不过思维会显得格外活跃，想入非非，漫无边际。而且，也许是因为站在圈外的缘故吧，旁观者清，所以对这些问题似乎就看得更加清楚。

细细回想起来，若从高空观察地球，主要可以看到四种不同的颜色，即蓝、绿、黄、白。而对生物来说，这四种颜色分别有着不同的含义。

蓝色即海洋，这是生命的源泉，它不仅孕育了地球上最初的生命形式，为不计其数的海洋生物提供了生存的空间。而且还为地球上所有的生物提供了必不可少的水分。所以说,海洋实在是非常伟大的。绿色和黄色皆为陆地,但其含义却迥异。绿色不仅是生命的标志,而且也是人类的摇篮,它不仅为人类和其他动物提供了食物和栖息地,而且还通过光合作用,不断地净化空气中的二氧化碳,释放出为生命的存在所必不可少的氧气。实际上,远古的猿类正是从树上来到地上,从热带森林来到温带草原,才逐渐学会了直立行走和使用工具,从而进化成人类的。而黄色却标志着生命的终点或禁区,或者是植被枯黄,标志着生命的艰难;或者是光山秃岭,标志着寸草不生;或者是黄水滚滚,标志着沙土流失;或者是沙漠茫茫,标志着生命的死地,极少生物能够在这种地方生存和繁衍下去。至于白色,向来被看成是纯洁的象征,但对生命来说,它却既具有严重的挑战性,又具有强大的诱惑力。而且,在人类当中,只有极少数有幸到达两极的幸运者,才能亲眼看到地球两端那白玉般纯洁无瑕、晶莹剔透的仙境般的世界。当你真的站在那茫茫无边的冰原之上,听着那肆虐的狂风在你四周怒吼,看着那纷乱的雪花在你面前飞舞,你会有何感受?你会得到些什么样的启示?你会怎样面对人生?你会思考些什么样的问题呢?

两　极

如果我们要为两极选一个吉祥物的话,南极当然是企鹅,这大概不会有什么异议。但北极呢?恐怕只有选北极熊了。不过这很可能会有不同的意见,因为那种家伙是否吉祥是很有点疑问的。然而,这两种动物之间的明显不同却也正好反映了南北两极间的巨大差异。企鹅是如此的温顺、善良、亲切、友好,这也正好标志着:在南极,不仅人类和大自然之间的关系比较和谐、协调,而且人与人之间的关系也相当亲善而友好。在那里,人类之间的合作精神得到了最大限度的光大和发扬。而北极熊却是如此的凶猛、强悍,真是威风凛凛,不可一世,这也正好标志着:在北极,不仅人类与大自然之间关系紧张,难以调和,而且人与人之间也是怒目而视。曾经显赫一时的两个超级大国过去一直在这里搞冷战和对抗,已经持续了半个多世纪。

因为地球在不停地自转,就像陀螺一样,总是保持其轴向不变,因而有两极。长期以来,由于两极遥远、寒冷,且有极昼极夜之奇观,故而成为神秘之所在,吸引着人们的好奇心和注意力。然而,由于其严酷的自然条件,使人类一直望而却步。直到近百年来,经过前赴后继的努力之后,人们才逐渐揭开了地球两极神奇的面纱,当然也付出了沉重的代价,有不少人长眠在这茫茫的冰雪之下。也许有人会说,这都是无谓的牺牲,其实何必着急,若等到今天,只要坐上飞机在上面转一圈,不就一切都一清二楚了。是的,这倒也是真的。但是,你可曾想到,如果没有牛顿,人们怎么会知道万有引力定律?如果没有伽利略,人们怎么会知道地球是圆的?如果没有达尔文,人们怎么会知道生物的进化?如果没有魏格纳,人们又怎么会知道大陆漂移?实际上,正是这种好奇心推动着人类对未知世界的探索。正是那些坚韧不拔、英勇顽强的探索者不断地丰富着人类知识的宝库。如果没有这种好奇心和探索精神,那么到现在,地球上最高级的动物很可能仍然是猴子,飞机又从何而来呢?

最近几年,南北两极的知名度突然大增,这倒并不是因为北极在政治上的突破,也不是由于南极在科学上的成就,而是因为,据科学家们报告说,在南北两极的上空,出现了两个不大不小的臭氧空洞。消息传出,舆论哗然,似乎世界的末日就要来临了。于是,科学家们忙碌起来了,他们在深入地研究、严密地观测;环境保护主义者紧张起来了,他们在大声疾呼、严厉指责;政治家们也动员起来了,他们在召集会议、发表演说;甚至连那些一向默默无闻的平头百姓也害怕起来了,他们忧心忡忡地注视着天空,虽不知臭氧为何物,但却清楚地懂得,粮食歉收有碍于温饱,而万一得了皮肤癌却不是好玩的。

人　类

　　人类在地球上也已经生存了几百万年了,但在绝大部分时间里都是处在相当原始的状态之中,与其他动物实际上没有多大区别,只是在最后几千年里,才算进入了文明。即使在这几千年的文明历史中,人类基本上也还是身无长物,只不过是为了温饱和生存而斗争。直到最近的100多年,特别是最近的几十年,人类才步入了高速发展的时期,世界的变化日新月异,人类确实创造出了极其巨大的物质文明。然而,顾名思义,所谓的物质文明就是以物质为基础的文明,或者说是用物质创造出来的文明。也就是说,巧媳妇难为无米之炊,如果没有物质,人类是无论如何也创造不出今天的文明来的。

　　在无机化学的研究中,有一个非常重要的定律,叫作质量守恒定律或物质不灭定律。意思是说,在一个孤立的或封闭的系统当中,参加化学反应的全部物质的质量,等于反应后所产生的全部产物的质量。如果推而广之,这实际上是一个放之四海而皆准的普遍真理。如果我们把地球看作是一个封闭系统的话(当然,把整个宇宙看作是一个封闭系统也可以),那么,地球上的所有物质永远是一个常数,既不可能消灭,也不可能凭空地制造出来。人类社会发展到现在,虽然科学发达到足以进入宇宙,但却没有办法创造出一点点物质来。正如还没有办法去创造出一个生命,哪怕是最简单的生命一样。也许有一天,人类可能会制造出某种形式的生命来。但是,要凭空制造出一点点物质,哪怕是一个分子,也是不可能的。人类的全部努力,只不过像个魔术师一样,把地球上的物质从一种形式转变成另一种形式而已。例如一个人,每天都要吃东西,而且总想吃得好一点,那么,他吃下去的东西到哪里去了呢? 一部分变成营养,为其身体所吸收,另一部分却变成了废物而排出体外。而这两部分东西加起来,正好等于他吃下去的食物。即使被吸

第三部　三大浪潮进北极

收的那部分东西也并没有消灭，或者长成肌肉，或者长成骨骼。当然，如果吃得太好、太多，则会变成脂肪大量蓄存起来。当他死后，这些东西又都变成了废物，重新归入泥土。广而言之，社会又何尝不是如此。例如，人们把泥土烧成砖瓦，用砖瓦造房子；人们用矿石炼出金属，用金属制造飞机；人们用煤去发电，用电把高楼大厦照得透明瓦亮；人们用石油提炼汽油，然后用汽油去驱动汽车、火车、军舰、飞机，在世界各地到处游弋。但是，你可曾想到，这些东西都是从哪里来的？实际上都是来自地球，而最终还得归入地球，但其形式却被彻底地改变了。例如，泥土变成了砖瓦，矿石变成了金属，砖瓦变成了大楼，金属变成了飞机，等等。而且，不仅在焙烧砖瓦和冶炼金属的过程中产生了大量的废物、废渣、废水、废气，而且，总有一天，大楼会突然垮下来，变成一堆砖瓦；飞机会突然无法起飞，变成一堆烂铁。当然，人们可以建造起更高的大楼，制造出更现代化的飞机。但是，那些碎砖烂瓦、破铜烂铁怎么办呢？在巴罗这个只有3 000多人的爱斯基摩人小镇的旁边，我看到用破烂汽车堆成的小山。而在南极的美国基地，到处可看到成堆的垃圾。这还是在南北两极人烟稀少的地方，至于人口稠密的大城市，那情形就更可想而知了。

本来，地球是一个完整而统一的系统，几十亿年来就是这样严格地按照自然规律和谐而完美地演化过来的。但是，自从有了人类之后，麻烦就开始了。因为人类是有主观能动性的动物，不再满足于随着大自然而按部就班地演化，而总想越快越好，恨不得一步登天。是的，人类确实是有巧夺天工的聪明才智和改天换地的巨大本领，而且也已经创造出了不少的人间奇迹。然而，所有这一切都是以牺牲大自然的协调和完美为代价的。例如，海里的鱼类也许能够经得起帆船的捕捞，但要对付天上有直升机侦察、水里有雷达跟踪的立体战争就很难了，因而鱼类越来越少；天上的鸟类也许可以经得起弓箭的射杀，即使能一箭双雕也不过如此，但要逃脱机枪的扫射就很难了，因而鸟类纷纷绝种；食草动物和食肉动物本来是配合默契，互相制约，但人们把食草动物杀掉吃了，而把食肉动物捉来观赏，它们虽然各得其所，但自然界的平衡却被打破了；地下的石油本来好好的，人们把它挖出来烧了，汽车、飞机坐上去当然既快捷又舒服，但却给大气带来了严重的污染；大片的森林本来长得好好的，人们把它砍倒做成家具，用起来当然很方便，但却导致了沙漠扩大，水土流失，气候异常，灾害剧增，如此等等；天上的臭氧层本来好好的，由于大气的污染，现在已经出现了空洞。原来，地球母亲以其仁爱之心，为生命的诞生准备了一切必要的条件，不仅有充足的水分、空气和阳光，而且还在空中建造了一个保护罩，这就是我们所说的臭氧层，它可以把阳光中具有杀伤力的紫外线挡住，以保护地球上的生命。如果没有这个臭氧层，地球上就不可能有任何生命。但是现在，人们用起了冰箱，住上了装有空调的房子，自然是非常方便、舒服，但放出的废气却破坏了高空中的臭氧分子。长此以往，地球上的臭氧层会毁坏殆尽，到那时，不仅其他生物难以生存，就连人类本身也将遭到灭顶之灾。所以，人们为此感到紧张是不无道理的，这绝非杞人忧天，而是一种确确实实存在着的危机。总而言之，人类的物质文明不仅是通过直接或间接的手段从大自然那里索取的，而且还总是以牺牲大自然的协调和完美为代价的。也许，人类还没有意识到或者还不愿意承认这一点，但这却是千真万确的事实。

是的，人类确实有许多美德，或者叫作共性，不然的话，世界也就不会像今天这样热闹非凡。但是，无可讳言，人类也确实有一些缺点，或者叫作通病，不然，社会也就不会总是动荡不安、矛盾重重。例如，当人们在考虑自己与他人的利益时，往往首先想到的是自己；在考虑近处与远处的利益时，往往首先想到的是近处；在考虑国家与世界的利益时，首先想到的是自己的国家；而在考虑眼前和长远的利益时，首先所想到的往往都是眼前的利益。不仅如此，人类还有一种共同的天性，就是欲壑难平。如果说古人所追求的只是温饱，那么现代人所追求的却是享受，真是脍不厌细、食不厌精、住不厌宽绰、穿不厌华丽。再加上人口正在急剧地增加，欲望在飞速地膨胀，因此，地球的负担愈来愈重，于是人类和大自然之间的矛盾也就愈来愈大，开始产生了某种危机。

157

环　境

随着科学技术的飞速发展，人们的观念也在发生着深刻的变化。例如，现代化的交通工具使时空距离大大缩短，不仅地球表面的任何一点不再是远不可及，只要坐上飞机，几十小时就可以环球一周，而且人类已经进入太空，把旗子插上了月球。现在，不光是宇航员可以从太空中观察到地球的全貌，就连普通的老百姓也可以从电视上看到我们赖以生存的星球从自己的面前徐徐而过。人们不禁会惊奇地叫道："啊！地球原来是如此之小啊！"

是的，地球确实是很小的，而且不可能再增大了。但是，人类却在无限地增长着，且速度愈来愈快。于是便产生了一个严重的矛盾，一个面积极其有限的地球，怎么容纳得下数量无限增长着的人类呢？

长期以来，有些人总是千方百计地想找出一点诺亚方舟的遗迹，以证明圣经上所说的故事是真的，但却没有成功。虽然有人曾在土耳其一个山顶上找到了两块木头碎片，引起过舆论的哗然，但很快也就平息了，因为光凭两块腐朽的木头碎片能说明什么问题呢？然而，现在人们开始领悟到，圣经上所说的故事也许是有道理的，但那诺亚方舟却不是一条木船，而是我们所居住的地球。于是产生了一种环境意识，有识之士们开始大声疾呼：人类已经到了应该醒悟的时候了，我们必须保护好自己赖以生存的星球！否则的话，我们将会和这个星球一起毁灭。真是：

南极空洞已堪忧，

北极烟尘使人愁。

环球处处皆疮痍，

机器隆隆仍不休。

酸雨凄凄森林枯，

黄沙滚滚吞绿洲。

冰山消融陆将浸,

诺亚何处寻方舟?

最近几年,科学家们提出了一个新的课题,那就是全球变化的问题。因为人们认识到,地球只有一个,而且是个整体,是不以国界为界限的。例如,当寒流袭来时,你也许会想到西伯利亚,但是实际上却是来自北极。当长江中下游梅雨连绵,而东北地区春天低温时,你也许会想到赤道的高压,但科学家们研究发现,这竟与南极大陆的积雪量有着密切的关系。因此,人们终于认识到,要想摆脱人类的困境,就必须保护好地球的环境。而要保护好地球,就必须了解大自然的变化规律。要想了解大自然的变化规律,就必须把人们的思想从一家一户,一国一族中解放出来,站到全球和全人类的高度上去思考问题,这是人类认识史上的一次重要的升华和飞跃。而在全球变化的研究中,南北两极的作用是非常重要的,因为这两个地区不仅面积很大,约占地球表面的1/5,未知程度高,是人类最少到达的地区,而且,南北两极对于全球变化起着非常重要的控制作用。这就是为什么在最近几年,人类大大加快了向两极进军的步伐,而在这支浩浩荡荡的队伍当中,当然也包括我们中华民族。

未　来

站在北冰洋边,往远处眺望,面前是漂泊不定的大海,背后则是坚实不动的陆地,于是便想到了人类,似乎正是站在过去和未来之间,面对着的是捉摸不定的未来,而背负着的却是已经成为事实的历史。

人类的好奇心不仅表现在对客观世界的观察和探索,而且也表现在对未来前途的思考和追求。于是,一门崭新的科学应运而生,这就是未来学。

现在，未来学已经在人们怀疑的目光下成长起来，成了一门名副其实的科学。但是，如果追根溯源的想一下，它实际上却是以巫师和算命先生为先导的。这也并不是说未来学的历史很不光彩，因为所有的科学几乎都是从原始和愚昧中衍化而来的。正如人类一样，现在虽然都是风度翩翩，穿着漂亮的衣服，但若追溯到远古的祖先，却都是赤身裸体，一丝不挂的。

未来学不仅为人类描绘了某种光辉的前途，而且也为人们带来了无穷的忧虑，例如人口膨胀、资源短缺和环境污染就是人类面临的三大难题。这到底是功是过，一时还很难说得清楚。正如先进的诊断技术一样，如果找出的疾病能够治疗，挽救生命于危难之中，固然是一件功德无量的事。但是，如果诊断出的疾病是不治之症，则只能给病人增加更多的痛苦，甚至死得更快，还不如什么也不知道，活一天算一天，反倒更痛快一些。

然而，可治之症和不治之症往往是可以互相转化的。本来是可治之症，如果听之任之，不采取任何措施，贻误了时机，也能酿成大祸，而成为不治之症。相反，本来是不治之症，如果积极攻关，随着科学技术的飞速发展，也许就能找出根治的办法，而成为可治之症，肺结核就是很好的例证。

实际上，人类现在就正面临着这样的抉择。从理论上来说，人口膨胀是可以控制的，资源短缺是可能替代的，环境污染是能够改善的，但关键就在于人类是否能采取有效的措施。因此，从这种意义上来说，人类的未来就掌握在人类自己的手里。

中国·世界·两极

做了上述介绍之后，不妨让我们来看一下中国与世界，世界与两极，两极与中国这一连锁关系。

1949年，正是世纪之中，当毛泽东主席站在天安门城楼上庄严宣布"中华人民共和国成立了！中国人民从此站起来了！"的时候，西方人曾经惊呼：

东方睡狮已经睡醒。这无疑是对的，因为，狮子者，庞然大物，兽中之王也。

是的，我们有960万平方千米的土地，就面积而言，是亚洲第一大国，当然可以称得上是东方巨人，这是当之无愧的。在世界上则名列第三，排在俄罗斯和加拿大之后。而在人口上，我们却是首屈一指，占全人类的五分之一以上，也就是说，在世界上每五个人当中，就至少有一个中国人。这样一个庞然大物，有谁能够视而不见呢？况且，我们有五千多年的文明史，是五大文明古国之一。也就是说，这个庞然大物确曾有过辉煌。然而，也许是因为过于劳累的缘故吧，在后来的一段相当长的时间里，它却沉沉入睡了，以至于苍蝇叮、蚊子咬，它都全然不知。因此，睡着了的狮子也就没有什么可怕的了。所以，东西方的列强国便一拥而上，都想把它瓜分，把它吃掉。但是却不能，因为这头狮子的皮和肉都很硬，更不用说骨头了，他们啃了半天，几乎把牙崩掉，不仅没有吃掉，反而把它惊醒了。

当然，刚刚睡醒的狮子也还是没有什么可怕的，因为它总是会首先趴在那里，梳理梳理毛发，活动活动身躯。因为，从睡眠到完全清醒总是要有一段过渡。就这样，又过了大约半个世纪。

现在，经过一段调整之后，这头东方的睡狮不仅完全清醒，而且已经站起来了。虽然如此，也还是没有什么可怕的，因为这头狮子非常温顺。当然，温顺的狮子也是狮子，它不想去伤害别人，但也不想被人家欺侮。

现在的中国不仅带动着东方经济的发展，而且也刺激着西方经济的复苏。因此可以说，中国需要世界，世界也需要中国。

在过去相当长的一段时间里，或者说自从开天辟地以来，人类把主要的精力都放在中低纬度地区，因为这里气候温和，物产丰富，最适于人类生存和居住。而对两极地区，除了当地居民和那些执着的探险家和科学家之外，几乎没有人愿意去涉及。只有当人口爆炸、资源短缺、环境恶化、气候异常等问题变得愈来愈突出，才使人类的目光又转向了两极。结果发现，地球原来是一个整体，那些辛辛苦苦所建立起来的神圣国界只能约束人类自己，对于大自然来说是毫无意义的。人们这才恍然大悟，看来要解决这些人类所

161

面临的共同问题,必须要树立起一种全球意识。

在地球系统当中,南北两极不仅在很大程度上制约着全球性的气候变化,而且也是影响人类生存环境的决定性因素。如果地球上这两块唯一的净土被污染了,如果臭氧空洞在两极出现了,不仅生态将遭到破坏,人类也会遭殃,那后果不堪设想。不仅如此,两极丰富的资源对人类也是有极大的诱惑力。如果不久的将来,人类还找不到一种替代石油的有效能源,那么,继中东之后,北极有可能就是下一个能源基地。而在北极之后呢? 也许就会轮到南极。因此,世界需要两极,人类也离不开两极。

虽然我们的祖先首先发明了指南针,但在漫长的历史长河中,却没有人想到去追寻一下南之极点和北之极点到底在哪里。

北洋政府虽然干过许多坏事,例如杀害了刘和珍君,扼杀了萌芽中的民主,承认了"二十一条",卖国求荣,但却在《斯瓦尔巴德条约》上签了字,从而使中国与北极建立了官方的联系。

即使在睡狮惊醒之后,也还是没有余暇去顾及南极北极的事,虽然年年有北方的寒流,南方的梅雨,又有谁能想到,这与南极、北极能有什么关系呢?

直到改革开放以后,思路大开,走向全球,先是去了南极,后又到了北极,我们这块古老的国土,我们这个伟大的民族,才与两极扯上了关系。

引子

前事不忘,后事之师。历史的发展往往是很有意思的。1900年,八国联军进北京,自己想闭关自守,却被人家踢开了大门,真是"国破山河在,城春草木深"。然而,过了不到50年,中华人民共和国成立,中国人民站起来了,真是"为有牺牲多壮志,敢叫日月换新天"。又过了不到50年,改革开放,我们自己打开了大门,不仅外人走了进来,我们自己也走了出去,以至于南极北极,小小环球,到处都留下了中华民族的足迹,这之间的变化该有多么之大啊!

于是又想到了北极之路,那本来是一条由我们的祖先首先踏出来的道路,但在相当长的一段历史时期里,我们却几乎把它忘记。那是因为,先有内忧外患,无暇他顾,后来虽然站起来了,但一时还缺乏一种全球意识的缘故。即使如此,实际上每时每刻,我们与北极都有着密切的关系。正是:

北极并不陌生,
就在你的心中。
抬头遥望北斗,
高高悬在夜空。
北极并不遥远,
就在你的身边。

每当寒流呼啸，

便是它在呐喊。

北极并不可怕，

就在你的脚下。

冬来千里冰封，

你便身在其中。

北极并不神秘，

只要你肯努力。

燃起探索烈火，

揭开宇宙之谜。

　　现在，是我们沿着祖先的足迹，迎着挑战的脚步，背负着历史的使命，为了人类的未来而向北极进军的时候了。我们既然能够摆脱过去的困惑，我们同样也能创造辉煌的未来。

独闯北极

小的时候，往往见异思迁，事情干了一半，兴趣就发生了转移。因此，父亲常常对我说："你真是个半吊子。"结果不幸言中，后来的实践证明，知我者，父亲也。

小学毕业之后，先是在家种了三年地。因此曾经给自己起了个别名叫"鲁半农"。

进了初中以后，曾经爱好过文学，发誓要当作家、诗人。但是，到了高中之后，见学习好的同学都猛攻理工，自己也便开始动摇，只好弃文从理了。

因为喜欢游山玩水，向往外面的世界，便报考了地质学院。开学之后，又后悔了，因为听说地质是不科学的科学，上山背馒头，下山背石头，远看像逃难的，近看像要饭的，仔细一看，原来是搞勘探的，于是便觉得走错了路，进错了门。

大学毕业之后，先是到军队农场接受再教育，种过地，晒过盐，真是亦工亦农，当然都是半吊子。还被人家戏称为"第二劳改队"，那就更是半吊子。

参加工作之后，先是搞地震预报的研究，还没有弄出个名堂来，却被抓去当了"壮丁"，当了几年小干部。结果是业务也荒废了，官也没兴趣再当下去，又是两个半吊子。

高中和大学本来都是学俄语的，但却没派上什么用场。后来自学英语，虽然可以应付，当然也只能是个半吊子。

更加可笑的是,我虽然曾有游山玩水的欲望,但却并无拿生命去冒险的勇气。然而,命运之神却把我先是驱赶到了南极,后来又发配到了北极。有时便会扪心自问,我到底算是干什么的? 是科学家? 还是探险家? 是地球物理学家? 还是极地考察专家? 是科学研究人员? 还是科普作家? 似乎什么都干过,但又什么都不是,真是越活越糊涂了。就在这糊里糊涂当中,已经度过了大半辈子,而且积重难返,已无悔改之日,看来只有这样继续糊涂下去了。也许,这就是所谓的"难得糊涂"吧。

书归正传,路回北极。在研究了几年南极之后,我又见异思迁,开始不再安分守己,因为地球有两个极,我们不能只知其一而不知其二。于是便调头往北,于1991年7月,一个人独自闯到了北极。一下飞机,吓了一跳,因为拥挤在机场的爱斯基摩人很像是我们的兄弟。于是,在我的生活中又多了一些忠诚的朋友,在我的眼前又展现了一个全新的天地。

应该说明的是,这次独闯北极是从1990年开始策划的,并得到国家自然科学委员会诸位领导,特别是孙枢副主任,国家地震局诸位领导,特别是方樟顺局长、陈章立副局长,以及当时的国家南极考察委员会办公室郭琨主任的理解和支持。由国家自然科学基金地学部、国家地质局地震科学联合基金各出了三万元人民币,国家南极考察委员会办公室提供了野外装备和外汇额度才得以成行的。因此,虽然只有我一个人,但也是我们国家第一次单独组织的北极考察活动,所以也是一种国家行为。

天使岛与金门桥

在美国的诸大城市中,旧金山对我有着某种特殊的意义。1982年底,当我从南极返回时,首先到达的便是旧金山,因此,旧金山是我那次南极之行的终点站。9年之后,我又来到旧金山,并将从这里去北极考察,因此,旧金山又是我这次北极之行的始发站。

而之所以能来旧金山,是因为我这里有个家的缘故,每次来去,都是宾至如归,得到王景川大哥和嫂夫人王美龄女士无微不至的关怀和照顾。这次听说我要去北极,他们更是关怀备至,一面为我的安全担忧,一面又鼓励我为中国人争气,他们说,北极那么大块地方,又是那么重要,我们中国人为什么不去研究呢?以前国家落后,受人欺侮,这种事情想也不敢想。现在国家强盛了,就是应该有个大国的样子。听了这话,我深受感动,这也就是广大华人的共同心声。于是觉得自己肩上的担子更重了。

旧金山我虽然来过多次,但有个地方我常想去却一直没有去成,那就是天使岛(Angel Island)。这名字听起来令人神往,似乎充满了温情,但实际上却与我们中国人的一段屈辱史紧紧地连在一起。

7月4日是美国的国庆日,承蒙王景川大哥和嫂夫人的好意,专程陪我到天使岛一游,以遂多年的心愿。

美国人似乎也有爱凑热闹的习惯,每逢节假日也都蜂拥而出,把各种大大小小的公共场所塞得水泄不通。当我们登上天使岛的时候,那里已经锣鼓喧天,人头攒动,一派节日景象。有一个老兵在乐队的伴奏下正在表演正步走,围观的人群里三层外三层。我们无心看这些鬼把戏,便径直前往当年关押中国人的移民站。

那是一个不大的海湾,地图上标明的是 China Cove,即中国湾。岸边生长着一排高大的棕榈树。建筑不多,除一些清晰可辨的房基遗址之外,只有山坡上的一座孤零零的黄色木屋。依山傍水,风景秀丽,若不是那道看上去极不协调的铁丝网,你很容易把它想象成是一座别墅。进到里面,方才知道,那原来是一个拘留所。昏暗的光线,拥挤的床铺,破烂的设施,陈旧的用具,似乎将人们带入了时间隧道,又回到了18世纪。

18世纪初期,当一股黄金热在世界各地蔓延的时候,中国人也受到了很大的冲击。先是听说美洲的西海岸发现了金矿,人们便把那地方想象成是一座金山。后来又有消息传来,说澳洲的墨尔本也有金矿,人们则把那里叫作新金山。相比之下,美洲西海岸的金山则成了旧金山,这就是旧金山名字的来历。当然这只是中国人的叫法,美国人把这里叫作 San Francisco,即圣弗朗西斯科,因而有人也把这里叫作三藩市。

1884年,第一批华人怀着发财的梦想来到了加利福尼亚,从此则把中华民族的精神和种子撒进了这一片新的土地。他们不仅在建造横穿美洲的大铁路,开垦加利福尼亚的荒地,种植葡萄园,发展渔虾业,栽培新果树,经营餐馆和洗衣业等方面做出了重要的贡献,而且还为加利福尼亚发展中的农业和手工业提供了廉价的劳动力。因此可以说,他们得到的最少,只够维持当时最低下的生活,而付出的却最多,包括他们的血汗和尸骨。但是,他们却一直受到极不公平的待遇和极野蛮的歧视,甚至连他们吃苦耐劳和不讲价钱也成了惨遭迫害的理由。自1870年开始,旧金山地区陆续颁布了一系列专门歧视华人的法律。例如,不准买地,不准租用超过500平方英尺的房子,甚至连挑着东西在街上走也是犯法的。不仅如此,中国人还经常遭到疯狂的杀戮、劫掠、驱赶和私刑。当然,并不是所有的美国人都如此,富有良知和同情心者还是大有人在的。例如,当时鼎鼎有名的伟大作家马

169

克·吐温就曾经痛心地写道："中国人实在是一个无害的民族，尽管人们或者对他们排斥孤立，或者对待他们连狗也不如。"1882年，美国国会通过了排华法案，这完全是由于一些卑鄙无耻政客和机会主义的工贼长期煽动的结果。他们力图使美国劳动阶层相信，是中国人抢走了他们的饭碗，从而把那些可怜的中国人当成替罪羊，挖空心思地想把美国内战之后经济大萧条的罪责转嫁到中国人身上。从那以后，中国移民的处境更加困难了。而所有这一切都是因为清朝政府腐败无能，对外国列强卑躬屈膝的结果，可谓国弱遭人欺。

1910年1月21日，天使岛移民站正式启用。原来预计巴拿马运河开通之后，肯定会有大批的欧洲移民穿过运河从西岸入境，这个站的建立本来是为了应付来自欧洲的移民潮的，但由于第一次世界大战的爆发和美国门户开放政策的改变，欧洲移民大大减少，亚洲移民却逐年增多，这里便主要用来应付亚洲移民，特别是中国人。凡想进入美国的中国移民都必须首先送到这个岛上拘留审察，只有移民局认为合格者才能入境，否则就被遣返。

实际上，这个移民站就是一个集中营，与第二次世界大战中的法西斯集中营没有多大区别。在这里，中国移民被男女分开，关在两个大房间里，睡的是上下三层的吊铺，每个房间可住几百人。房子周围不仅有高耸的铁丝网，而且炮楼林立，戒备森严。除了在规定的时间里可以出来放风之外，绝大部分时间都必须待在屋子里。中国移民每天吃的是黄菜汤，连美国监狱的伙食也不如。不仅如此，还得随时准备接受各种各样没完没了的审问，并且强迫进行各种各样的体格检查，稍有差错就会被拒绝入境。为了通过这些繁杂的手续，往往需要等上几个月甚至几年。有的人因为忍受不了这种凌辱而自杀。就是有幸进入美国者，无论是在精神上还是肉体上都会造成深深的痛苦和创伤。1940年11月5日，一场大火烧掉了这里的管理大楼，这个地狱般的移民站只好关闭。在这30年零10个月的时间里，共有17.5万名中国人进了这个鬼门关，其中有多少自杀者不得而知，因为这种数字是绝对保密的。

当年移民用血泪凝结成的诗句，雕刻在木板墙上，虽然已被油漆覆盖，至今依然清晰可辨。那些记载这段历史的介绍、照片和实物使我陷入了沉思。美国是一个移民国家，除了那些几乎被斩尽杀绝的印第安人之外，其他人都是从外面移民进来的。但是，美国也是一个歧视移民最厉害的国家，对中国移民就更是如此。同时，美国又是一个种族混居的国家，它包括了几乎全世界所有的种族。然而美国还是一个种族歧视最厉害的国家，不仅屠杀印第安人、贩卖黑人，而且所有的有色种族都遭受到各种各样的歧视和凌辱。这样一个先来的移民歧视后来的移民，西方的移民歧视东方的移民，白人歧视黑人，无色人种歧视有色人种的国度，与政治家们一直高喊的自由、平等、人权、博爱的理想之邦岂不是天壤之别？

当然，人类总是在不断的进步之中。随着时间的推移，愈来愈多的美国人已经开始认识到当年那种移民政策的黑暗与野蛮，甚至连历届总统们也不得不大谈中国移民对美国社会的巨大贡献。这一方面固然是反映了人们的良知，但另一方面，大概也是因为中国人已经站起来了，不再像以前那样好欺侮。现在，这个移民站的旧址已经变成了博物馆，对外开放，供游人参观，也可以算是美国人对过去历史的一点点忏悔吧。

走出木屋，空气清新，精神为之一振。强烈的阳光有点刺眼，使我有点头晕目眩。王大哥和嫂夫人已经出来，正站在那里仔细地观察着什么，我凑过去一看，原来是一块石碑，上面镌刻着两行很大的中文字：

别井离乡漂流羁木屋，开天辟地创业在金门。

这是对前人的赞誉，也是对后人的鞭策。王大哥一家虽然早已取得美国籍，但仍有一颗中国心，从来都不把自己看成是美国人。于是，我很想知道他们的感受。大嫂深沉地说："看了这些觉得很压抑。"大哥望了那木屋一眼，感慨颇深："我们中国人应该记住这个地方。"

游船在金门湾中曲折前行，天使岛渐渐离去，远处出现了金门大桥清晰的轮廓。正如埃菲尔铁塔之于巴黎，天安门广场之于北京一样，金门大桥也是旧金山的象征与骄傲。它那巧妙的结构和磅礴的气势确实令人叹为观止，真是"一桥飞架南北，天堑变通途"。然而，有谁能够想到，它除了能使车辆跨海而过，来往如梭之外，还被许多人当成自杀的场所。昨天的报纸还在报道，从金门桥上跳下的自尽者已经达到900人。于是我想起了那些悲惨的早期移民，他们漂洋过海来淘金，却被人家关起来当猪仔，理想与现实之间相距何止十万八千里！船靠码头之后，人们纷纷涌上岸，匆匆而去，各奔东西。我虽然与他们擦肩而过，近在咫尺，却觉得相距甚远，似乎隔着什么东西，这时，心中升起了某种渴望，觉得人类之间确实需要架设更多的桥梁，以便互相沟通，互相理解，互相信任，互相支持。当然，这绝非一件容易的事，是要付出代价的。于是又想起了北极之行，虽然不会被抓去当猪仔，却也前途未卜，不知道等待我的将是什么。想到这里，便在心中默诵起临行之前草草而成的诗句，以壮此行：

> 天命之年听天命，
>
> 一人独作北极行。
>
> 乘风驾云过大洋，
>
> 踏冰覆雪赴白令。
>
> 艰难困苦等闲事，
>
> 风餐露宿自从容。
>
> 日月星斗绕我转，
>
> 端坐极点岿不动。

北极小镇——巴罗

　　飞机从费尔班克斯机场腾空而起，把我带入了进军北极的最后一段旅程。我把脸贴在舷窗的玻璃上，眼睛紧紧盯着窗外的一切，这不仅是因为我对阿拉斯加几乎入了迷，还因为这是我第一次飞越北极圈，所以很想看看，与当年飞越南极圈时到底有些什么不同。当然，不同是极为明显的，因为你无论从什么地方飞越南极圈，所看到的或者为茫茫无边的海洋，或者为冰雪覆盖的大陆。总而言之，那是一个为蓝色和白色统治的沉寂的世界。但是现在，飞机下面无限延伸着的却是一片茵茵绿色、生机勃勃的土地。河流蜿蜒，像一根根银色的飘带，湖泊闪烁，像一面面反光的镜子。根据地图可以断定，脚下这条弯弯曲曲的河流就是育空河，这是阿拉斯加最长的河流，全长3 000多千米，因发源于加拿大的育空地区而得名。至于那些大大小小的湖泊则是阿拉斯加的一大奇观之一。据说，在阿拉斯加境内一共有300多万个湖泊，小者如池塘。而最大的有1 600多平方千米，位于阿拉斯加西南部的爱里雅那（Iliamna）湖。如此众多的湖泊散布在绿草如茵的原野之上，就像是无数珍珠玉片撒落在绿色地毯上一般，使阿拉斯加那盛装艳抹的大地更加增添了几分诱人的魅力。看着脚下如此美妙的景色，自然而然地又想起了西沃德，他以自己英明的预见，为美国人买下了这块无价的宝地，实在是奇功一件，应该名垂千史。而俄国人呢？只能哑巴吃黄连，有苦说不出，真是一失足成千古恨啊！

想着想着，不知不觉之间早已飞越了北极圈，虽然身子悬在高空，但却已经进入北极了。脚下的景色也在迅速变幻之中，深绿色的洼地渐渐变成了淡黄色的丘陵，淡黄色的丘陵又为迎面而来的暗灰色的山脊所代替。树木愈来愈少，露出了一片片并不连续的草原，渐渐地，草原也越来越稀，代之以光秃秃的山峰和裸露的岩石。这就是布鲁克斯（Brooks）山脉，是阿拉斯加北面的屏障，因为人迹罕至，所以也是世界上最为原始的少数几块尚未被人类所触动的处女地之一。

越过布鲁克斯山脉之后，眼前又出现了一片低缓的平原，但景观却截然不同，既无树木，更无村舍，只有灰黄的土地，茫茫无边，这就是所谓的北坡，是爱斯基摩人世世代代居住的地方。于是，我睁大了眼睛，极力想寻找出一点人为的痕迹，但却没有，不觉心头一沉。

这时，天空变得阴晦起来，脚下的北极草原先是罩上了一层朦胧，然后则为茫茫的云层所吞没。这时，上有蓝天无垠，下有云海无边，只是机舱的空间有限，使人觉得有点压抑。当飞机逐渐降低了高度终于冲出云层时，再现在眼前的既非高山，也非平原，而是一片汪洋，且漂浮着许多乳白色的冰块，千姿百态，星罗棋布，恰似天空中的云朵。毫无疑问，这就是北冰洋了，水域中可以清晰地看到一个触角状的半岛突入其中，一些零星的建筑物排列其上，色彩鲜艳，在那一望无际的荒原之上显得格外突出。坐在旁边的爱斯基摩人突然凑过来说："瞧，那就是巴罗！"

1991年7月26日中午2点20分，飞机降落在巴罗机场。说是机场，只不过是在海边筑起的一条跑道而已。一下飞机，寒风刺骨，这才使我想起，原来是到了北极。我随着人群进入了拥挤而狭小的候机室，同机的旅客几乎都有人来接机，只有我一个人孤零零地站在那里，东张西望，左顾右盼，不知如何是好。

行李取出来之后，却找不到出租汽车，真是走投无路，只好去求一位白人小伙子，问他能否将我送到旅馆里。他说可以，便帮我把行李搬上汽车，沿一条坑坑洼洼的土路开过去，不久便到了一家旅馆，他原来就是为这家旅馆拉客的。柜台服务员问我预定过房间没有,我摇了摇头,他便故作惊讶地说:"啊!你真幸运,正好有个房间刚刚空出来。你知道我们这里的房间一般都要提前几个星期预定的。"我却并不以为然,猜想他只不过是故弄玄虚、虚张声势而已。看那旅馆的招牌是: Top of the World, 即世界之顶, 好大的口气!再问那价钱,说是130元左右一天,着实把我吓了一跳,这才知道了这 Top of the World 的真正含义,但也别无他法,只能是既来之,则安之。

我的房间在二楼,窗外则是浩瀚的大海,远处的浮冰丛中停着一艘标有"Canada"字样的红色船只,有一条小汽艇在来回奔跑,不知是在忙些什么。昨夜因为赶写东西,几乎一夜没有合眼,再加上神经紧张,旅途劳顿,实在疲劳至极。我无力地倒在床上,很想痛痛快快地睡上一觉。但因心事重重,压力很大,翻来覆去却怎么也睡不着。万般无奈,只好跳下床来再去看那北冰洋的雄姿,却突然想起了杜甫"窗含西岭千秋雪,门泊东吴万里船"的诗句。于是便匆匆地奔下楼去,想看看门口到底有些什么东西。然而,令我大失所望的是,除了有几辆破旧的汽车之外,就是不远处的那个很大的垃圾站。总不能说"窗含北极千秋冰,门口有个垃圾站"吧。因此,如果硬要篡改杜老先生的诗的话,那也只好写成"窗含北极千秋冰,泊有一条加国船"了。

晚上八点多钟,肚子开始咕咕直叫,这才想起几乎一天没有吃过什么东西,于是开始武装自己,除了皮夹克外,又穿上一个毛背心,以为这样可以抵挡过去。谁知一出大楼便打了个寒战。知道不妙,赶紧跑回来把鸭绒背心加上去,顿时暖和起来,但心里却直犯嘀咕:"大夏天怎么穿这种东西?"等到街上一看才放心了。许多爱斯基摩人都已穿上了厚厚的皮大衣。

在美国,香蕉是最便宜的而且也是唯一能充饥的水果。因此,一进商店,我便径直向香蕉奔去。到那一看,159美分一磅(1磅=0.453 6千克),这使我倒吸了一口冷气。旧金山是49美分,我还嫌太贵,有时降到29美分,才肯买点来吃。到了费尔班克斯则变成89美分,差不多翻了一番,不敢问津。到了这里又翻了一番,真是不寒而栗。其他东西也是一样,价格差不多是费尔班克斯的2倍,是旧金山的4倍。这也难怪,因为这里不通公路,所有的东西都是用飞机运进来的,贵一点也是可以理解的,但我的经费有限,所以必须精打细算,小心行事。

从商店出来,天色昏暗,下起了蒙蒙细雨,道路泥泞,行人稀少,冷风飕飕,不胜凄凉,我独自徘徊在街头,不知到何处去喂饱肚子。幸好,对面走来一个白人青年,我便请问他这里有没有中国餐馆,他说有的,便指给了我一条路。我像得救了似的正往前走着,却又碰上两个爱斯基摩老乡,他们热情地走上前来握手寒暄。其中的一位显然是个傻子,因为他的口水流得好长,差一点就滴在我的衣服袖子上。另一位看上去似乎稍微明白一点,但那智商差不多也就等于"二百五"。我问他们附近哪里有中国餐馆,那位明白人赶紧把傻子支走,带着我向相反的方向走去。后来,我们走进了一家叫做SAM & LEE(三姆李)的小餐馆,是由韩国人经营的。只见里面黑乎乎,脏兮兮,光线昏暗,客人寥寥无几。像这种地方,若在别处,我是绝对不会入内的。但在这里,为了填饱肚皮,也就只好硬着头皮往里闯。那位爱斯基摩朋友不容分说,便要了两杯咖啡,两美元,自然要由我来付。然后,他问我是不是个富人,能不能雇他。我说我也是个穷人,谁也雇不起,他听了以后失望地说:"看来我们是穷人对穷人了。"他指着他身上那件脏乎乎的外套问我要不要,还想跟着我到我旅馆的房间里去。我觉得事情不妙,便趁他跟另外一个爱斯基摩人打招呼的时候,从他背后悄悄地溜了出来。回到旅馆快12点了,又饿又累又愁又急,只好狼吞虎咽地吃下两个香蕉充饥。心想,巴罗这地方既是我北极之行的终点,也是我这次北极考察的起点,万事开头难,真不知道下一步应该怎样才能迈出去。看来,这里虽然不象南极那样杳无人烟,但有人也有有人的难处。

北冰洋上捕豹记

第一次出海,就遇到了一个好天气。汽艇在洋面上掠过,像一只飞翔的鸟,海岸向身后飞快地退去,很快就隐没到海水里。船底在水下耕耘,像一把尖尖的犁,两侧翻起了飞溅的浪花,后面留下了长长的痕迹。艇上共有四人,哈瑞(Harry),一个长得结结实实的爱斯基摩小伙子,稳坐在船头,手中紧握猎枪,随时准备射击;查尔斯(Charles),哈瑞的哥哥,是舵手,坐在驾驶室里,掌握着前进的方向;鲍勃(Bob),一个退休的海洋生物学家,到北极来继续他的研究,和我一样,鲍勃争取了很久,终于有了这个机会,能到北冰洋上一睹其诱人的风采,领略一下那特有的气势。

船在颠簸之中向大洋深处奔驰而去。风虽不大,但波涛汹涌。那浪潮并不像在岸边看到的那样,排成整齐的队伍,前赴后继地向陆上冲击,而是各自为战,跳跃着,形成一个个水的丘陵和低谷,且在永无休止地变换着、移动着,交换着彼此的位置,显示出无穷的力量,充满着永恒的活力。被船头劈开的大气,激怒了似的,形成两股强劲的风,包抄而来,向船舱合围、猛扑。我虽然早有准备,穿上了连体的防水服,密不透风,却也感到了阵阵寒意,而没有任何遮挡的脸,则成了狂风报复的目标,被吹得火辣辣的,刀割似的疼痛。在这种情况下,交谈是很困难的,所以大家只好静静地坐着,八只眼睛都在海面上紧紧地搜索,希望能有所收获。而对舵手来说,更重要的是要看清海上和埋伏在水下的浮冰。这是最致命的东西,一旦撞上去,就会造成船毁人亡的悲剧。若在其他大洋上航行,万一掉下水去,还可以游个泳,至少也可以挣扎一阵子。但是,北冰洋却没有这般温柔,因为这里的水温往往都在零摄氏度以下,寒气逼人,冰冷刺骨。一旦落水,用不了几分钟就会全身麻木,失去知觉,生还的希望很小。因此,在北冰洋上航行真可以说是如履薄冰,危机四伏,必须加倍小心,高度警惕,一时一刻也大意不得的。

忽然,在不远处的海面上,露出了一个圆球状黑亮的海豹脑袋,机警地向四周张望着。接着又是一只,相距不过几米,然而,当哈瑞急忙站起身,端起枪刚要瞄准时,两只海豹却几乎同时沉了下去。"没有关系",哈瑞回过头来安慰似的说,"它们很快还会上来的"。于是,船速慢了下来,在原地打着小圈子。但是,等了好久也不见海豹的脑袋重新露出来。大概是因为它们觉得事情不妙,早已从水中溜走了。

太阳渐渐升高,光线投到跳动的海面上,又被反射回来,闪亮的一片,变换着,移动着,永远与船体保持着一定的距离。趁船速减慢之际,我赶紧与鲍勃交谈了几句,问他都研究些什么。他说他一直在研究沉箱病,或叫潜函病(the bends),即当潜水员潜入海底时往往会突然休克甚至死亡,而海豹和海象之类下潜的深度要比人大得多,但它们却能安然无恙,不知为什么,问题是出在心脏还是出在血液,一直未能搞清楚。

在那一带转了一阵之后,看来没有什么希望了,查理便调转船头,加快了速度,向巴罗角以北的海域驶去。据说那一带经常有海豹出没。但令人失望的是,我们转来转去,除了看到大群的海鸟和野鸭子之外,连一个海豹的影子也没有见到。正在茫然之际,我忽然瞥见了一个黑点在海面上一闪,很快又钻到水里去了,于是喊到:"海豹!在那边。"鲍勃似乎也看到了什么,同意地点了点头。但是哈瑞却不以为然,只是淡淡地摇了摇头说:"不,那是一只野鸭子。"我觉得哈瑞有点过于武断了,他似乎并没有向那个方向张望,怎么知道是野鸭子呢?再说,野鸭子还能有这么长时间的潜水能力吗?想着,眼睛仍然紧紧盯着那一片水域,希望有个海豹脑袋露出来,以便证明自己的正确。过了好大一阵,有一个东西真的从水里冒了出来,我刚想喊叫,但仔细一看，果然是一只野鸭子，不禁哑然失笑，在赞叹北极野鸭子的高超技艺之余，也更加佩服爱斯基摩人尖锐的眼力。

时间一个小时一个小时地过去了，我们仍然一无所获。对于一个好猎手来说，空手而归显然是一件令人难堪的事。所以哈瑞和查理都不甘心，他们坚持要到更远的海域去碰碰运气，因为那里冰山很多，海豹需要上来晒太阳和休息。越往北走，浮冰越多，大大小小，千姿百态，奇形怪状，目不暇接。有的洁白，像一团新雪；有的淡蓝，像一块碧玉；有的拔海而起，直指蓝天；有的潜入水下，时隐时露。大自然鬼斧神工，雕刻了无数工艺品摆放在这神话般的世界里，玲珑剔透，光灿夺目。我们航行在蓝天之下，碧海之上，左冲右突，行进在白雪皑皑的冰山峡谷之间。一会儿山穷水尽，眼看就要撞上峭壁，却又船头一转，冲入了一片开阔的水域；一会儿浮冰挡道，眼看就要船毁人亡，却又豁然开朗，驶进了一个崭新的天地。我一面欣赏着这奇丽的景色，一面却又担心着自己的命运。因为有好几次冰山都是擦身而过，稍有不慎，就有可能被撞得粉身碎骨。但查理却紧握船舵，胸有成竹，仍然把船开得飞快，似乎那些林立的冰山根本就不存在似的。

老天不负有心人，当我们转了半天，刚刚从一个冰山夹道冲出时，在不远的海面上终于又露出了一个海豹脑袋。这是我先看到的，但当指给哈瑞看时，那脑袋又照例沉了下去。查理关上马达，周围顿时安静下来。哈瑞站起身来，端枪准备射击。一会儿，那黑亮而圆滑的脑袋果然又浮出水面，且像一个孩子般好奇地往这边张望着。说时迟，那时快，就在这船动、人动、水动、海豹也在动的情况下，一声枪响，那海豹的脑袋开了花，脑浆迸流，鲜血染红了周围的海水。哈瑞顺手抄起鱼叉，用力一掷，扎个正着，没等那尸体下沉，便被拖了过来。而这只是几分钟的事，使我看得目瞪口呆，甚至连摄像机也来不及取出，那可怜的海豹就已经躺在了船舱里。这是一只小海豹，身长只有一米左右，短短的绒毛，圆圆的身躯。鲍勃熟练地开了膛，将那颗尚未完全停止跳动的心脏取出，装进了一个早已准备好的塑料袋里。他们三个都喜形于色，虽然只是一只小海豹，但也没有白跑，总算有所收获。然

179

而,不知为什么,我却觉得心有所动,似乎有一种负疚的感觉,觉得那海豹其实就是死在我手里。于是又想起了南极的情况,我曾看到过上百头母海豹躺在罗斯海的冰架上,每头身边都有一个绒乎乎的小家伙,在无忧无虑地晒太阳,睡大觉,即使从它们身边走过,它们最多也不过是抬起头来看上两眼,然后又放下脑袋,照睡不误。若与北极的海豹相比,它们确实是生活在天堂里。时候不早了,哈瑞命令返航。我却不知道东西南北,早已迷失了方向。抬头向四周观瞧,到处都是茫茫的大海,哪里是回家之路呢?查理似乎看透了我的心思,故意问道:"这位先生,你知道现在应该往哪里走吗?"我困惑地摇摇头,心想:"你真是哪壶不开提哪壶"。他得意地笑了,然后开足马力,在浪尖上飞奔,没过多久,便远远地望见了海岸的影子。在巴罗角的海滩上,躺着一具巨大的雄海象的尸体,但脑袋不见了,早已被谁割走,大约是为了取其象牙的缘故,只有身子留在岸边,已经开始腐烂变质,成了一桩无头案。不少人对此提出了批评,觉得这实在有碍于环境,但却无人采取措施,来解决这一小小的难题。我们决定将它拖到海里去,于是把船开到水边,哈瑞、鲍勃和我都跳上岸来。我刚刚靠近,一股臭气扑鼻而来,熏得我差点昏了过去。但那些爱斯基摩人对此却毫不在乎,路过的人们也过来帮忙,他们七手八脚地套上一根尼龙绳,连拖带拽,费尽九牛二虎之力,好不容易才将那具足几千斤重的尸体翻到了海水里,然后开足马达,一直拖到深水去。就这样,这头生长在海洋里的大海象重新又回到了海洋里,总算是落叶归根,有了葬身之地。

当我们回到码头时,太阳已经西下,一群孩子围过来,伸长脖子向船舱里探望,然后都失望地缩回脑袋,低声评论着:"唉,只打到一只小海豹。"那神气颇有点轻蔑之意。

第一次出海就这样结束了,我被冻得脸也麻了,腿也麻了。当我踏上那坚实的土地再回头眺望那动荡的大海时,却蓦地生出了一种敬畏之意。是的,北冰洋的雄姿确实给我留下了极其深刻的印象。然而,那无头的海象和血淋淋的海豹的影子也深深地留在我的记忆里。

爱斯基摩人的喜与忧

据考证，爱斯基摩人至少有4 000多年的历史了。由于气候恶劣，环境严酷，他们基本上是在死亡线上挣扎，能生存繁衍至今，实在是一大奇迹。他们必须面对长达数月乃至半年的黑夜，抵御零下几十度的严寒和暴风雪，夏天奔忙于汹涌澎湃的大海之中，冬天挣扎于漂移不定的浮冰之上，凭一叶轻舟和简单的工具去和地球上最庞大的鲸鱼拼搏，用一根梭镖甚至赤手空拳去和陆地上最凶猛的动物之一———北极熊较量，一旦打不到猎物，全家人，整个村子，乃至整个部落就会饿死。因此，应该说，在世界民族大家庭中，爱斯基摩人无疑是最强悍、最顽强、最勇敢和最为坚韧不拔的民族。当然，他们也是最单纯、最善良、最团结、历史最为简单的民族。在其他民族经历了无数次的刀光剑影，杀声震天，枪炮齐鸣，血流成河，钩心斗角，宫廷政变，你争我夺，改朝换代的漫长岁月中，爱斯基摩人却超然于人类社会之外，团结合作，共同奋斗，向大自然夺取生存权。对他们来说，最可怕的灾难莫过于饥荒，而从不知战争为何物。

然而，世外桃源即使存在也不可能长久。如果说，不知魏晋还可能的话，要不知明清就相当困难了，若说根本不知道中华人民共和国，那只能是天方夜谭。因为，今日世界不仅人口膨胀，几乎充满了地球的各个角落，而且随着科学技术的飞速发展，连那些费尽心机隐藏起来的军事设施都能侦查得一清二楚，更何况一大片阡陌纵横的村落呢。当然，话又说回来，如果陶渊

181

明所说的世外桃源真正延续到现在,那么可以肯定,其中的状况与秦汉时不会相差太远。爱斯基摩人就是一个极好的例子。在过去几千年里,他们虽然生活得自由自在,并没有外人来打扰,但其发展变化却也极其缓慢,没有货币,没有商品,没有文字,甚至连金属也极少见,是一种全封闭式的自给自足,一种真正的自然经济,与人类历史上的新石器时代差不多。直到16世纪,西方持枪的狩猎者才发现了他们的存在。于是,毛皮商人、捕鲸者、传教士们接踵而至,本来冷冷清清的北极,顿时变得热闹非凡,世界各国的报刊也频频出现了"爱斯基摩"这名字。这些外来者带来的两种东西曾对爱斯基摩社会产生了深远的影响。一是金钱,这引起了爱斯基摩人价值观念的深刻变化;二是疾病,曾使爱斯基摩人的数量减少了许多。现在,在树线(由于寒冷的气候条件,再往北就不可能生长树木了,有人把这条线——而不是北极圈作为北极的界限)以北的当地居民总共还不到10万人,而外来居民却已经多达200万。

生活在阿拉斯加北坡自治区的爱斯基摩人实在是幸运者,因为这里有两个美国最大的油田,他们每年可以从石油公司那里得到一笔相当可观的收入。尽管如此,他们仍然过着自给自足的生活,主要靠打猎为生。有些人即使有了工作,可以有一笔很好的工资收入,但仍然要依靠打猎来解决一家的温饱问题。曾有好客的爱斯基摩朋友从地窖中拿出生肉来招待我,盛情难却,我也只能硬着头皮吃下去,并且连声说:"好吃,好吃。"心里却直犯嘀咕,过后想起来还总是觉得不大舒服。他们虽然有时也吃熟食,却总觉得生肉吃起来更带劲,既能耐寒,又能抗饥,而且还能补充身体所需要的维生素C。

今非昔比,爱斯基摩人的生活已经相当现代化了。伊格鲁早已不复存在,代之以装有下水道和暖气设备的木板房子;尤米安克已经进了博物馆,而为水上摩托所代替;狗拉雪橇也很少用,狗儿们因此失了业,因为人们大部分都用上了汽车;为了抵御冬天的严寒,兽皮虽然仍不可少,但外面却罩上了非常漂亮的尼龙布。孩子们可以就地上学,直到高中毕业。大人们在工作之余,也可以坐在家里看看电视,听听收音机。总之,他们在几十年的时间里,从相当原始的传统生活一跃而进入了现代文明,其速度之快和变化之大不能不说是一个奇迹。

但是,这并不是说爱斯基摩人已经进入了天堂,可以无忧无虑地生活下去了,而是恰恰相反,如此高速的发展和变化也给他们带来了一系列的社会问题。例如,经济状况改变了,传统的道德观念也受到了冲击,吸毒酗酒,打架斗殴明显增多;社会竞争加剧了,心理压力空前地增大,导致家庭破裂,男人们虐待妇女和孩子,自杀事件时有发生;环境受到污染,癌症的发病率明显上升;与外界联系增多了,传统的文化则面临着生死存亡的严峻挑战,如此等等。那么,怎样才能既跟上现代社会发展的步伐,又保留住自己古老的文化呢?怎样才能既过上现代化的物质生活,又保留住自己传统的道德观念呢?这实在是一项极其艰巨而且复杂的任务。他们所采取的重要措施之一则是大力加强教育,提高本民族的文化素质,从而进一步提高其在社会上的竞争能力。但是教育也不是万能的。而且掌握了现代科学文化知识的年轻一代其思想观念就会发生某种变化。例如,他们可能宁愿找一份工作,依靠工资购买商品而生活,也不愿意再像他们的父辈那样,依靠猎杀动物来自给自足;他们可能宁愿到更加繁华的外部世界去施展自己的才华,也不再甘心像他们的父辈那样,留在这偏远的北极,在极其严酷的自然条件下艰苦奋斗。还有,随着与外部世界接触的增多,异族通婚也将愈来愈普遍,这对只有那么一点点人口的爱斯基摩人来说,无疑也是一种压力和威胁。总而言之,我觉得,爱斯基摩人正面临着一系列非常困难的抉择。

183

还在费尔班克斯时,就听有人说,我将去的那个北极小镇的爱斯基摩人花费巨款建起了一所高级中学。其造价之高不仅在美国,就是在全世界的同类学校中恐怕也是首屈一指的。但是,听那言者的口气却并非赞扬,而是颇有点讥讽之意。于是,我便很想看看这所学校到底是个什么样子。

来到巴罗之后,我便急如星火,一路打听,兴冲冲地直奔那所高级中学而去。但却吃了个闭门羹,因为正值暑假,学校的大门关得紧紧的。直到开学之后，我才找了一个机会闯了进去，孩子们都以好奇的眼光看着我，所遇到的老师则友好地点头示意。接待我的是校长助理墨菲小姐，先是说了一大堆客气话，如校长不在，不能亲自迎接我之类，然后则非常热情地带我里里外外，上上下下参观。果不其然，这所学校的建筑之高级和设备之先进简直跟我参观过的一些大学差不多。临走，我问墨菲小姐，这所学校的造价到底是多少，她让人去查了一下资料，然后告诉我说，共约 7 500 万美元，是 1983 年交付使用的。这一数字确实使我吃了一惊，因为巴罗的人口只有3 000 多。于是我便问她北坡自治区每年花在教育上的经费有多少，她把一份复印的材料递给我。那上面的数字更是把我吓了一跳。因为，这个在北冰洋沿岸的爱斯基摩自治区虽然面积很大，约为 25 万平方千米，比美国东部的绝大部分州都大，但总人口却不到 6 000 人，分布在 9 个爱斯基摩村落里，巴罗算是首府，其人口占自治区人口总数的 61.2%。就这样一点人口，据材料上的数字标明，1991 年的教育经费为 3 335 万美元，而 1992 年则为3 367.5 万美元。平均到每个人头上大约 6 000 美元左右。遗憾的是，我不知道自治区每年总的预算是多少，这个数字也许是保密的，因而也就无法知道教育经费在总预算中所占的份额。但是，光从这个绝对数字也就足以表明，爱斯基摩人对于教育事业重视到了何等程度！这不仅在美国，就是在世界上恐怕也是首屈一指的吧！

面对这样一些数字，我的心情久久不能平静，很想找几个爱斯基摩人聊一聊，看看他们到底是怎么想的。正好，有一天，自治区的最高首领卡里克先生约见我，因为我建议他能否到北京去举办一个爱斯基摩人文化艺术展览。谈话开门见山，他说我这个主意很好，但不知需要多少钱，其实我也心中无数，只是顺口说大约总得几万美元吧。他听了之后却摇摇头说："主要问题是经费，没有地方出这笔钱，如果能从联邦政府申请到钱，事情就好办了。"

这实在有点出乎我的意料，原来认为，几万块钱对他们来说算不了什么，于是便脱口说道："从教育经费中拨出一点点就够了，这也是文化教育的一部分么。"

"不!"卡里克先生坚决地摇摇头,"教育经费一点也不能动,那都是定好了的。"

"卡里克先生,也许我可以冒昧地问一句,"我以探询的目光望着他,"自治区投入如此大的经费在教育上,到底出于一种什么样的考虑?"

他本来一直微笑着的面孔却忽然严肃起来,直直地盯着我说:"问题很简单,摆在我们爱斯基摩人面前的只有两条路。一是按照我们老一代那种原始的生活方式继续生活下去,这可以不要多少教育。但是,社会发展到现在,这条路子已经走不下去了。另一条路则是加入到现代社会中去竞争,这就必须要加强教育,难道还有什么事比生死存亡更重要的吗?"

"是的,是的。"我赶紧点头。但心里却仍然觉得不大满足,因为,他以一个政治家的口吻所做的回答当然简单明了,但未免有点过于笼统,过于口号化了。

时间很快,转眼已是八月下旬,天气开始变冷,并经常下雪,我也就像是候鸟一样,整点行装,准备离开。忽有一天,老天爷似乎心情很好,给予大地特别的恩赐,风平浪静,海面如镜,和暖的阳光忽又给了那些本来已经埋入雪下的小草以获得重生的希望。小镇上的爱斯基摩人则都抓紧这少有的好天气,纷纷出海打猎,以预备越冬的口粮。

晚饭之后,我便匆匆背上相机和摄像机,沿着北冰洋之滨漫无目的地走着,总想捕捉到一点有趣的镜头或信息。在巴罗镇北,有一片空旷的草地,一个个平顶的圆丘依稀可辨,上面裸露出一些粗大的鲸骨。我以为这可能是些鲸鱼的坟墓,是爱斯基摩人吃完鲸肉之后,将骨头埋在这里的,便很想弄下一块来作纪念,但因骨头太大,而且埋得很深,所以费了半天劲还是一无所获。

"你在这里干什么?"忽然,一个声音在背后响起,把我吓了一跳。待直起腰来回头看时,原来是个爱斯基摩老人,穿着一件筒状的皮衣,虽然眉发皆白,皱纹很深,却两眼炯炯,腰板直直,戴着一副黑边眼镜,走起路来稳稳

185

当当,很有些气质和风度。

"这是一些鲸鱼坟吧?"我赶紧问道,"我想弄下一块来作纪念。"

"不,不。"他摇摇头,轻蔑地笑了笑,"那都是房基。这里就是巴罗的遗址。我父亲小时候就曾经住在这里,你刚才弄骨头的那个园台子就是我家的房子。那时候没有木头,只能用鲸骨做梁。你是从哪里来的?"他说完之后,忽然问道,并且上上下下地打量着我。

"我是中国人,从北京来的。"我赶紧掏出名片递上去,并为刚才的失言而觉得不好意思。

"很好。"他把我的名片翻来覆去地看了好几遍,然后冷不丁地问道:"你们使用文字有多少年了?"

"大约有五千年了吧。"我想了一会,迟迟疑疑地回答说。其实心里并没有底,只是从"五千年文明古国"这句话中推想出来的。

"是啊,"他若有所思地说,"可我们现在却刚刚在制造自己的文字。"说完,他便站在那里一动不动,两眼久久在望着远方,陷入了深深的沉思。

"您在望什么?"过了好久好久,我终于憋不住打破了这沉默。

"我在望一条路。"他轻声说。

"路?"我不解地问道。因为顺着他的目光望去,正是浩瀚的北冰洋,浮冰林立,一片汪洋,怎么会有路呢?

"是的,是一条长长的路,我们因纽特人就是从这条路上走过来的。冬天到海上去打猎,夏天到海上去捕鱼,几千年来一直走着这样一条路。"说到这里,他停下了,回过头看了我一眼,缓缓地补充说,"可是你知道,现在这条路快要走不下去了。"

"为什么?"我不解地问,"你们爱——"我刚想说爱斯基摩人,又赶紧咽了回去,因为特别是对这些老人来说,叫他们爱斯基摩人是很不礼貌的,于是赶紧改口说,"你们因纽特人不是比以前生活得好多了吗?"

"是的,"他点点头说,"生活比以前方便多了,但我们丢掉的东西也不少。"

我们住上了木板房子，却丢掉了伊各鲁（Igloo）（爱斯基摩人的一种圆顶冰屋）；我们用上了摩托艇，却丢掉了皮筏子；我们说上了英语，却几乎忘掉了自己的语言；我们用上了金钱，却逐渐淡漠了人与人之间本来应有的情谊。是的，我们生活是愈来愈舒服了，但我们离老一代所走的路也愈来愈远了。说实话，我们并不欢迎外面的人到我们这里来，但我们也没有办法能阻止他们。"

"那怎么办呢?"我似乎有点同情起来。

"没有别的办法，只有加强我们自身的教育。"他把目光从大海那边移了过来，扫视着周围这片坑坑洼洼的土地。"你知道，因纽特人的教育史一共分为三个不同的阶段。在与白人接触之前，我们接受的只是自然教育，或叫生存教育，就是从父辈那里学习如何生存下去，这有几千年的历史了。后来，白人来了，他们开教堂，办学校，开始对我们进行西方文化教育，这也可叫外来教育。那时候，他们不让我们在学校里说自己的语言，只能说英语，所以实际上有点奴化教育。而现在，教育大权回到了我们自己手里，开始了现代化教育，也可以叫作理性教育。我们的目标是，让我们的孩子既要过上现代化的生活，又要保留我们自己的传统，不能忘记我们因纽特人的文化。当然，若从根本意义上来说，这仍然是一种生存教育，只不过是在更高层次上的生存而已，如果没有现代化的教育，也就不可能在现代化的社会中生存下去。"听到这里，我不禁肃然起敬，觉得这位老人目光敏锐，很有见解。于是便好奇地问道："对不起，我能问一下您的名字吗?""当然，"他点点头说，"我忘记做自我介绍了，我叫内给克（Nageak），原是巴罗中学的校长，现已退休，算是搞了一辈子教育了。"

噢，我这才恍然大悟，而且心中暗喜，这不正是我一直在寻找的交谈对象吗？真是"踏破铁鞋无觅处，得来全不费工夫"。而他的一番话，也正反映了现在爱斯基摩人的喜悦与忧虑。

当然，也许有人会问：既然北极的气候是如此恶劣，生活条件又是如此之艰苦，现在的交通如此发达，迁移起来又是如此之容易，他们干嘛不离开那里呢？不像古代，爱斯基摩人若要往南迁移，必然会受到印第安人的阻挡，现在已经迁徙自由，而且他们一共才有那么点人口，干脆迁到南方，即使到阿拉斯加南部也会舒服得多了，何乐而不为呢？然而，事实却恰恰相反，原先迁走的一些爱斯基摩人又都陆续地回来了。因为，由于文化背景和其他生活习惯上的差异，他们要到其他地方去谋一条生路也并不是一件容易的事。而且，如果他们真的那么做了，那么爱斯基摩这个民族很快就会从地球上消失。真是故土难离啊！正是：

春秋不到北冰洋，
夏日苦短冬夜长。
有人喜欢有人怕，
世上无处不天堂。

呼唤北极

　　独闯北极期间,搜集到了大量的资料和数据,我大约用了一年左右的时间,对此进行了综合研究和分析,并与南极进行初步对比,于是得出了这样的结论,即无论是对人类社会而言,还是对我们国家来说,北极都是非常重要的,而在某些方面,要比南极重要得多。然而,在对北极的考察和了解上,我们国家却是大大的落后了,必须尽快赶上去。那么,怎样才能做到这一点呢? 这当然是个非常复杂的问题。但是,作为第一步,总得有人站出来推动和呼吁。于是我想,谋事在人,成事在天,那就让我来试一试吧。

　　当然,说起来容易做起来难,其实那时也颇犯犹豫。因为,就我个人的专业而言,如果带上一台重力仪,到北极去观测上几个数据,回来一发表,则是首屈一指,因为那地方还没有人去过的。这样的工作不仅容易出成果,而且也很容易得到资助。但是我想,对我们来说,对北极几乎还一无所知,所急需的不是某一学科的几个数据,而是从整体上去研究和了解北极。因此,经过反复考虑,我决定进行两极对比与全球变化的综合研究。

　　同样的,资料分析和整理出来之后,可以写一本很好的专著,这在我们国家又是首屈一指,因为还没有人去研究。但是,当务之急还不是在学术上去填补空白,而是要把北极考察尽快地开展起来。

　　然而,要开展北极考察,谈何容易,这是一项复杂的系统工程,就凭我这两下子,人单势微,怎么可能呢? 正在犹豫不决之际,却遇到了一个志同道

189

合的知己,那就是中国科学院地质所的刘小汉博士。我们俩一拍即合,便开始起草给党中央、国务院、全国人大、全国政协的建议。俗话说,万事开头难,但我们毕竟迈出了第一步。

后来,新华社以内参的形式,在《国内动态清样》中转载了这一建议。而《人民日报》海外版也摘要加以登载。

关于开展北极考察研究的建议

中共中央、国务院、全国人大、全国政协:

作为一名实地考察过北极地区,并对北极进行了初步研究的科研人员,借十四大之东风,经再三考虑后郑重建议:现在是中华民族向北极进军的时候了。理由如下:

北极在军事上的重要性正在增强,战略地位不容忽视,其现存的打击力量对我国的安全已经构成了潜在的威胁(详见附件一)。因此,对于北极的形势和动态应该给予密切关注。

北极自然资源极为丰富,当将来世界其他地方的资源日渐枯竭时,北极必将成为人类社会最重要的能源基地之一(详见附件一)。

由于特殊的地理位置,北极科学考察与研究在当前"全球变化"科学活动中越来越重要。北极环境与北半球天气系统及北方洋流关系密切,并直接影响我国北方大部地区气候变化。因而,北极环境系统的状态及变化构成我国未来气候变迁和农业前景预测的必要依据。此外,在南极考察的基础上及时开展北极科学考察与研究,不仅可使我国科学家有机会从"整体地球系统"角度直接参与国际北极科学活动,亦可望获得具有重要科学意义及较高显示度的研究成果。

与南极不同的是,北极有原始居民,且与中华民族祖先渊源相接,因此在世界人文科学的研究中也是不可缺少的一环。

可以肯定地说，北极系统与我国在军事战略、经济资源、科学发展等各方面都有直接的利害关系。我国至今已进行了十余年南极考察，而作为北半球国家，更应及早进入北极领域，在国际北极事务中取得发言权与决策权，以维护我国应有的权益，并为人类和平利用北极做出我们中华民族的贡献。

以前，由于领土分割与军事对抗，非北极国家要涉足北极事务是非常困难的。但现在情况已经大为改观。1990年，由加拿大、丹麦、芬兰、冰岛、挪威、瑞典、美国和前苏联等在北极有领海和领土的8个国家发起并成立了《国际北极研究科学委员会》。该委员会的宗旨、性质、权限等与《国际南极研究科学委员会》(SCAR)相似。在1991年1月奥斯陆召开的第一次正式会议上，委员会接纳法国、德国、日本、荷兰、波兰、英国为其正式成员国。也就是说，人类共同合作研究和开发北极的时代已经开始，同时也为非北极国家进入北极领域提供了一个很可能相当短暂的历史机遇。

更重要的是，我们国内形势大好，党的十四大令人欢欣鼓舞。在南极考察过程中，我们不仅培养和造就了科研与后勤技术队伍，积累起了丰富经验，而且已经具备了必要的物质装备。可以说是万事俱备，时机成熟。作为一个世界性大国，尤其是北半球重要国家，我们应该尽快迈出向北极进军的步伐。为此，建议国家尽快成立专门机构，来统一组织、管理南北极事务。

以上想法得到了许多重要科学家及有关人士的认同与支持，并鼓励我向中央领导反映自己的想法。为此，特提出以上建议。当否，望首长批示。

位梦华

国家地震局地质研究所

1992年10月30日

二进北极

给中央建议的结果，则是中国科协的介入。

1993年初，中国科协朱光亚主席收到了关于开展北极考察的建议，立即表示支持。并由书记处刘恕书记出面，批准成立了"北极科学考察筹备组"。至此，中国北极事业终于有了第一个正式组织，尽管还是一个筹备组。接着，由国家科委社会发展司出资4万元，国家地震局地震科学联合基金出资3万元，中国科学协会部也出了部分资金，并派出沈爱民同志与我一起，作为先遣组，再次奔赴北极，这次主要任务之一则是对野外工作和生活状况以及仪器设备进行实地考察和了解，以便为我们自己的北极考察积累经验，进行准备。我们于4月8日从北京出发，13日进入北极。沈爱民同志因事于23日回国。我在那里一直工作到5月底。下面就是这次考察中的一些见闻、感受和花絮。

北极点与植村直己

据我所知，自1909年皮尔里首次到达北极点以来，人类从冰面上胜利到达北极点的探险考察至少已有十次，有几十人之多，但其中只有一个亚洲人，那就是日本的植村直己。

我知道植村直己是从一本书开始的,那就是他写的《奔向北极》,虽然只是一本小册子,但却给我留下了极其深刻的印象,并对他的事业及为人产生了敬意。植村先生是一名职业探险家,他喜欢单枪匹马地去冒险,从喜马拉雅山到亚马孙河,从北极到南极,如天马行空,独来独往,克服了许多常人难以想象的困难,完成了一系列别人看来根本无法完成的事。例如:为了完成单人横穿北极大陆的创举,他独自一人闯入北极爱斯基摩人的一个小村子。在那里生活了10个月,终于学会了熟练的驾驭狗拉雪橇的技术。要与爱斯基摩人打交道绝非一件容易的事,这一点我深有体会。但植村先生不仅赢得了他们的信任,而且还被一对老夫妇认作了干儿子。后来,他终于独自一人驾着狗拉雪橇到达北极点,为日本也为亚洲人夺得一项世界第一。

然而,不幸的是,在43岁生日的那一天,他独自一人爬上了北美最高的山峰麦金利(Mckinley)山,达到了他事业的顶峰,也是他生命的终点。就在他凯旋的途中,突然遇到了大风暴,因而被雪崩所吞没。

上次从北极回来,当飞过麦金利山时,自然而然又想起了植村直己。这次又来到安克雷奇,值得庆幸的是,终于得到一个美国朋友的帮助,开车带我们跑了很长的路,在麦金利山下一个国家公园博物馆里,看到了植村直己留下来的部分遗物,一双滑雪板,一顶帽子,还有一块木板,上面刻着他的名字,据工作人员介绍说,来此参观的所有人都很敬仰植村直己,特别是那些日本人,他们看到直己的东西真是难过极了。

我常常想,人类需要一种勇于探索而不怕牺牲的精神,而且人类也不乏这种精神。然而,相对而言,我们亚洲人,特别是中国人,在这方面似乎是稍差一点。最好的是日本人,在向南北极的考察和探险中,他们远远走在其他亚洲国家的前面,但若与西方国家比起来,却仍然晚了好几个世纪。

当飞机再次升空,从麦金利上空徐徐而过时,我凝视着那皑皑的白雪和高高的山峰,脑海中又闪现了植村直己那几件遗物的影子。是的,他不仅是日本人的英雄,也是全人类的英雄,他的足迹就是很好的印证。愿他的灵魂不死! 愿他的精神永生!

193

阿拉斯加与板块运动

4月13日，我们终于完成了二进北极的最后一段旅程，用了大约4个小时，从安克雷奇飞到了巴罗，中间经过了费尔班克斯和普拉德霍湾两座城市。与上次不同的是，4月中旬的阿拉斯加大地，仍然处于雪盖冰封之中，黑白相间，斑斑驳驳，分成许多块体。越往北飞，冰雪越厚，黑的东西越少。当北冰洋终于出现在脚下时，只有白茫茫的一片，间或有几条黑色的缝隙。

这一航线正好横穿阿拉斯加，对于它的地形可以一目了然。南部是高耸的阿拉斯加山脉，群峦叠嶂，有北美最高的麦金利峰，中部是低缓的平原和丘陵，森林连片，湖泊密布。北部则是布鲁克斯山脉，峰多平缓，几乎没什么树木。这都是板块运动的结果。实际上，长期以来，阿拉斯加一直处于北冰洋和太平洋两大板块挤压之中。可以说腹背受敌，前后夹攻。后来，北冰洋板块渐渐失去了活力，因而布鲁克斯山脉由于风蚀而变得平缓，且在其以北形成了一条宽宽的冲击带，即所谓的北坡。而太平洋板块却仍在强烈的活动和扩张之中，所以阿拉斯加山脉尖峰林立，往里弯曲，形成了一个很大的海湾，即阿拉斯加湾，且几乎没有什么冲积平原。这一带地震频繁，也是一个有力的证明。

说到板块运动，也许人们并不了解，因为是地质名词。然而实际上，人类社会从某种意义上说也是一种板块构造。例如，一个国家就可以看作是一个板块，或者叫作政治板块。而一个国家集团则是一个更大的板块，可以包括许多小板块，例如东西方阵营就是如此。实际上，正如构造运动一样，政治板块也是在不断地变化和运动着的。例如，自第二次世界大战以来，阿拉斯加就一直处在两大阵营的夹击之中，成为美国人所谓的"最后的前线"，在巴罗附近仍然在不停地转动着的预警雷达系统就有力地说明了这一点。当然，现在形势略有不同，虽然苏联解体，但俄罗斯犹在，所以基本格局仍然没有什么根本变化。只有北极科学空前活跃起来,因为人类终于可以拉起手来,对北极地区进行综合开发和研究了。

北极考察花絮

"二锅头"在北极

临行之前，颇犯犹豫，不知道应该带点什么礼物，因为我上次在北极，确实结识了不少朋友，他们都给了一定的帮助，这次再来，两手空空，总觉得不大合适。想来想去，还是带点酒吧，不仅爱斯基摩人爱喝，就连白人也会觉得新奇。于是便买了一些小瓶的二锅头，倒不是因为这种酒好，主要因为它便宜。

沈爱民同志带了一些黑陶、指南针和领带夹之类，这些东西比小瓶的二锅头要贵得多了。每次打交道时，把这些东西送上去，当然也很受欢迎。但是，据我观察，其效力远没有二锅头那么足。无论是爱斯基摩人还是白人，一见了二锅头立刻眉开眼笑，几口下肚就会手舞足蹈起来。我们所在的野生生物管理部主任本（本杰明·内开克，人们都亲切地简称他"本"）确实是个好人，他开朗、乐观、实干，而且平易近人，没有人不喜欢他的。我送了他两瓶二锅头，他拿在手里看了又看，问是什么，以为这是药品，当我告诉他是酒时，立刻哈哈大笑起来，赶紧锁到抽屉里，高兴地说："我就喜欢这东西。"

罗伯特是个白人小伙子，很能干，在这里读硕士。他因为要带我们跑野外，我便给了他一瓶，他迫不及待地打开盖喝了一大口，我担心他会呛得够呛。谁知他却眉开眼笑,容光焕发,拍拍胸脯说:"喝下去很暖和,真是舒服极了。"有一天在冰上,我到爱斯基摩人捕鲸点去参观,遇到了老朋友查理和哈瑞,当时只有一瓶二锅头了,便拿出来送给了他们。他们问我这是什么酒,我说这叫二锅头。"二锅头?"他们怪声怪调地重复着,哈瑞终于忍不住了,便打开盖来尝了一口,"哈,真是好东西。"他叫道。其他几位,也便一拥而上,每人喝了一口。查理看来有点心痛,喝了一小口之后便赶紧盖上盖放起来了。这时,原先不认识的那一位不知是兴奋还是醉了,竟"哈!哈!哈!哈!"地喊着,在水边跳起舞来。正好有一只海豹从水里探出头来,好奇地望着他,不知道他在干什么。

1993 年 4 月 24 日
于北极

消炎膏,每克十美元

美国医院宰人是有名的,人们之所以忍气吞声是因为大家都买了保险,所以看医生的钱通常都由保险公司支付。这实际上是一种恶性循环,医院要的钱多,保险公司的价码也就会抬上去,正所谓"羊毛出在羊身上",最后吃亏的还是生病者自己。

十年前在美国,手受了伤只好去看医生,挂号费20美元,因指甲里淤血,医生则在上面打一个洞,简单地处理一下,一结账要五十美元,惊得我张口结舌,不寒而栗。自那以后,总是离医院远远的,有点病忍忍也就过去了。然而,没有想到的是,这次来北极,却又挨了一刀子。

前天睡觉起来,左眼火辣辣的,以为要生针眼,便用热水去敷,觉得好一些了,以为不会有问题。谁知今天早晨起来之后,反而更加严重起来,不仅眼皮肿了,连眼珠也变得红红的。我仍用热水去敷,而且正计划今天到冰上去。却被管理员看见了，她不由分说，立刻打电话约好了医生，开车把我送到医院里。真是盛情难却，实在没法拒绝她，因为她也许害怕传染给别人。

那医生是一个留着全胡子全发的年轻人，看到这种人我总会想到60年代的嬉皮士。当然，现在嬉皮士已经越来越少了，但留全胡全发的人却似乎越来越多，大约为了省时省钱的缘故。他给我仔仔细细地检查了半天，似乎也没有说出个所以然来，只说这是传染病，不仅容易传染别人，而且还提醒我要注意另一只眼睛。我很感谢他的好意，但心中暗想，别胡扯了，针眼我已经经历了多次。

登记完毕之后，他从架子上的一个纸盒里翻腾了半天，才找出一瓶药来，连同处方一起交给了护士。等账单出来一看，要35美元，什么神药，赶紧拿出来一看，Garamycin，字典上也查不到，大概也就是一种消炎药，跟我们的青霉素或红霉素眼药膏差不多。只有3.5克，正好1克10美元，若换成人民币，那价钱真跟金子差不多。而且，为了感谢管理员的好意，我又花五美元给买了两包中国面条当午餐，加在一起就比金子还要贵了。

真恨这只不争气的眼睛，害得我不仅挨宰，而且无法出门，整天只能待在家里。

1993年4月27日
于北极

"三"字经

今年是公历一九九三年，如果放在四维空间来考虑问题，所发生的一切都离不开一个"三"字。那么，"三"字会给我们带来什么样的运气呢？

事有凑巧，我们这次北极之行也和"三"字结下了不解之缘。例如，我们正好是在四月十三日进入北极的,而到了巴罗以后,小沈一数兜里的钱,正好还剩十三元。他觉得这似乎不大吉利,可能是个不好的兆头。果然,在进入冰原的三天中,正好遇上了特大的暴风雪,很是吃了一点苦头。然而,如果细想一下,这却正是我们的好运气,因为这正好使我们能有机会亲身体验一下北极冰原到底会是什么样子。更加有意思的是,小沈四月二十三日离开,临行,我请他把照完的胶卷带到旧金山去冲洗,一数正好十三个,又是两个"三"字。

而就我个人来说,今年所遇到的"三"字就更多了。例如,我今年正好五十三岁,而恰好是在三字最多的那一天,即一九九三年三月三日星期三,我儿子去了列宁格勒(今彼得格勒)。还有,我们一家三口,现在是分居三个国家,三大洲,真是三分天下,故有诗曰:

> 三人分居三大洲,
> 天涯海角情悠悠。
> 冰雪茫茫疑无路,
> 极点遥遥有尽头。

1993 年 4 月 29 日
于北极

"北京饭店"

上次我来,是住在一间空出来的实验室里,没有窗户,把门一关,屋里总是黑黑的。但也有点好处,就是上厕所方便,因为就在隔壁。这次条件就好多了,把我们安排在实验室旁边新盖起来的一间孤零零的木屋里,四面都是窗户,不仅亮堂、通风,而且无论从里往外望,还是从外往里看,都可以一目了然,不会有什么隐私。为了感谢主人的盛情,我们便把这间小屋命名为"北京饭店"，并用中英文写在墙壁上，以为永久的纪念。但却没有和北京饭店的老板们商量，不知道将来会不会因为侵权而打官司。

屋里陈设非常简单：两张双层床，一张小桌，一个老式台灯和墙上钉的一些可以放东西的木架子。因为房子矮，所以床层也很低，睡在下层根本无法坐起来，只能平躺着钻进钻出。刚来时有个小伙子山姆住在这里，所以我只能睡下面，过了几天低头弯腰的委屈日子。后来他走了，我和小沈便每人霸占一张床，从此，这座富丽堂皇的"北京饭店"就只有中国旅客了。小沈走了以后，这里便成了我的天下，一人独居在天涯，颇有点诗意。

上次我住进时，美方并不管我吃饭，一切都自己去买，离城很远，又没有车子，每天都要为吃饭发愁，很是辛苦。这次则大不相同，吃住皆由美方提供，解除了我们的后顾之忧。更重要的是，这个地方各种食物应有尽有，想吃什么随时可以动手做，天堂般的，没有想到，到美国来反而过上了一种战地共产主义似的生活。

房间用电热系统供暖，温度可以自动控制。刚来时我们怕黑夜冷，便把控制器调到最高，结果不仅把我们热得够呛，山姆更受不了，只好赤条条地躺在床上。后来他干脆把窗户打开了，又把我们冻的够呛，只好把所有衣服都盖在身上。这里有架老式台灯，可能是第二次世界大战时的产物，因为这里曾是美国海军北极考察实验室。上次来，我就利用它写了不少东西，也算是老朋友了。这次见面，格外亲切，旧友重逢似的。但它有个毛病，就是开灯不久，它会自动关闭，大约是因为太老了，记忆力不行了的缘故。每逢这时，我则耐心地再开一次、两次、三次，却从来不对它发脾气。几天野外工作之后，我搜集了不少东西，脑袋里装得满满的。现在正坐在这架老灯之下，聚精会神地写着我想写的东西。

1993 年 4 月 24 日

于北京饭店

夜行北极

4月16日是个很忙碌的日子。上午拜访了巴罗图书馆的馆长盖伦·富勒先生，他是我的好朋友。实际上，1991年我的北极考察就是从他这里开始的。因为那时我人生地不熟，两眼一抹黑，正是富勒先生首先向我伸出援助之手，他不仅提供了大量资料，让我无偿地使用他的电话和传真机等通讯设施，而且还动员起他的家人和朋友来帮助我，使我的工作得以开展起来。因此，这次相见，格外高兴，我们紧紧拥抱，畅叙别情。之后，他又带我们拜访了北极教育学院院长伊瑞·约翰逊博士。这是巴罗唯一的高等学府，也是美国最北的高等院校，学生已有5万多，大部分来自北坡自治区所辖的各村落爱斯基摩青年，当然也有在这里工作的白人及亚裔人种的孩子。给我一个很深刻印象是，北坡自治区政府在教育上是舍得下本钱的。

下午，应朋友之约，我们参加了一个捕鲸队长的葬礼。在爱斯基摩人当中，捕鲸队长总是享有很高的声誉，因为在古代，他们往往是能为处于饥饿中的人们带来食物的英雄。现在虽然情况不同了，但鲸肉仍然是爱斯基摩人主要的食物来源，因此，捕鲸也仍然是他们最重要的社会活动。

我们本来是想去看看爱斯基摩人的葬礼会有些什么特色。然而，令人失望的是，他们的葬礼实际上早已彻底西方化了。葬礼是在一座教堂里举行的，由一个胖胖的白人女牧师主持，大约有二三百人参加，几乎是座无虚席。人们轮流上台献词和唱赞歌，但无论是亲戚朋友，还是亲人家属，都能

201

保持常态,不见有人哭哭啼啼。台下也是一样,虽然老人、孩子居多,大多是举家而来,但却秩序井然,气氛肃穆。最后是牧师致词,她讲得很长,不断地挥舞着双臂,但听来听去,无非是说只要相信上帝,就会得到永生,阿门!因为每说一段英语,都要有人翻译成爱斯基摩语,所以时间拖得很长,整整举行了三个多小时。最后,棺材被抬了出去,后面跟着长长的送葬队伍,许多人手里捧着鲜花,直到这时,才终于有人哭出声来,有人则默默地流着眼泪。人们七手八脚地把棺材抬上灵车,拉往墓地去了。我们这才看得清楚,那棺材原是金属做的,漆成浅蓝的颜色,很是漂亮,但却将埋入地下,不禁觉得有点可惜。

当我站在教堂的背后,听牧师唠叨的时候,眼睛则不断巡视着四周,总想看到一点爱斯基摩人的特色。后来终于发现,在台上正中摆着一张桌子,上面放着一个十字架,而侧面则挂着三幅黑白相间的图画,似乎是兽皮做成的,左边的一幅绘着一只鸟,中间一幅绘着一头鹿,右边的一幅绘着一头鲸鱼。这大概是意味着爱斯基摩人正是靠天上的鸟、地上的兽和海中的鱼而生存的。这与其他地方的美国人大不相同,虽然我没有参加过他们的葬礼,但我猜想,如果他们也摆上一点图腾物的话,那很可能会是一台计算机。

今天是爱斯基摩春节的除夕,标志着捕鲸季节的开始。起先我觉得有点奇怪,因为几天来一直下雪,气温都在零下十几摄氏度,哪有什么春天的意思。但后来又一想,觉得也没有什么值得大惊小怪的。我们的春节不也是在寒冷的季节吗?这正标志着一年的转机。看来,在这一点上,我们与爱斯基摩人对于春的理解倒似乎是不谋而合的。

春节的庆祝活动是由爱斯基摩人的祈祷开始的,可惜那时我们正在教堂里听牧师说法,贻误了这一大好时机。有一些比赛是在一个冰冻的湖面上进行,我们最感兴趣的是狗拉雪橇和建造传统的爱斯基摩人的冰屋比赛。但是,当我们来到湖面上时,得知这些比赛都不了了之,大概是因为太麻烦,没有多少人愿意参加的缘故。只有小孩子玩得非常开心,他们在雪堆上翻筋斗,打雪仗,稍大一点的则骑着雪上摩托在湖面上飞也似的奔驰。而在一个大厅里，则正在进行着家庭制作面包及服装的比赛。在这里，我遇到了老朋友查理，他也是评委之一。他把各种面包给我们尝了尝，味道确实很不错。当然，真正使人们动心的还是那些用各种兽皮缝制起来的上衣、靴子、手套和帽子之类，嵌以各种花纹，既美观又实用，若能弄到一件做纪念，该有多好啊！实际上，这种衣服商店里就有，但一件需要数百美元，我们只能伸伸舌头而已。

走出大厅已经快九点半了，天仍然很亮，如同白昼，这几天我们一直蹭车。但现在要蹭人家的车可就不容易了。当然可以叫一辆出租，但又牵扯到经费问题。商量的结果是我们决定走回去。这既可以试试自己的胆量，又能检验一下我们的体力，岂不是一件一举几得的事？于是，我们踩着北冰洋上的积雪，踏上了回家的路。按理说，归途并不算远，最多也不过几十里。但我们穿的服装臃肿，特别是脚上那双胶鞋，至少也有七八斤重，因此迈起步来只能慢条斯理，是一点也心急不得的。走了一个多小时，出来也不过就是2千米，天却渐渐暗了下来。我们分别摔了几跤，有一次我重重地摔了一个仰面朝天，刚爬起来不久，沈爱民则又摔了一个嘴啃地。于是我开玩笑地说："这才是真正的先遣队的工作，远征北极点就从现在开始。"

正在这时，后面又来了一个爱斯基摩小伙子，没有想到，在这夜深人静的北冰洋之滨，还能遇到一个同路人。只见他一面走路、一面不停地转回身去，四处张望，像是在找什么人似的，我问他那是干什么，他说是在提防北极熊。是的，去年冬天以来，巴罗这里来了许多北极熊，最多时一天就曾看到过23只，现在虽然大部分都撤走了，但个别的仍然流连忘返，所以人们出门总是要携枪的。这时我感到一种不祥之兆，因为我们刚刚参加了人家的葬礼，今晚上会不会轮到我们呢？事情还没有开始，就被北极熊当了晚餐，岂不是一件冤枉而遗憾的事？于是问那小伙子，遇到北极熊应该怎么办，他说："那就跑呗。""如果跑不了呢？"我追问了一句。他两手一摊，耸了耸肩膀，意思是说，那就只有听天由命了。

不过还好，北极熊还没有来，我们就已经到家了。由于又累、又饿、又困、

203

又渴，便冲到厨房去匆匆做了点东西填饱肚子，然后爬上床进入了梦乡。真的梦到掉进北冰洋的一个大冰窟窿里，冻得浑身发颤，而远处又走来一只北极熊，于是我拼命挣扎，终于吓醒了，原来是窗户开了，是被冻醒的。

1993年4月18日

于巴罗

二进巴罗

1991年9月10日，当我坐在飞机里，望着渐渐远去的北冰洋海岸的时候，深深地舒了一口气，心想："永别了，巴罗。"

然而，做梦也没有想到，过了不到两年，我又来到了巴罗，虽然不能说日思夜想，梦牵魂绕，但是，巴罗这个处在天涯海角的爱斯基摩小镇，对我的一生来说，也确实具有某种特殊意义。因为正是从这里，开始了我的北极事业，也正是从这里，我接触到了爱斯基摩人，而他们很可能是我们远祖的同胞。在我刚刚完成的《北极的呼唤》一书中，提到了许多我在这里结识的极好的朋友。他们现在如何了呢？当然也是我很想知道的问题。

当飞机冲破了低低的云层和纷纷的飞雪，终于降落在巴罗机场的时候，我们的心却忽然紧缩起来，因为展现在面前的并非我记忆中的巴罗，而是一片冰雪的世界。当然，也许这才是巴罗的真实面貌。

汤姆在极其简陋的候机室里迎接我们，他微笑着，手里抓着一部步话机。我上前紧紧抓住他的手，注视着，只见他似乎有点劳累，头发和胡子多了许多银丝。他也笑着说："你也留起胡子来了，而且有这么多是白的。"

来到北极考察站，又见到了在这里搞维修工作的乔•波格纳，他见到我高兴极了，我们紧紧地拥抱在一起。上次最后几天，只剩我们俩人住在这里，他病了，舍不得花钱上医院，我给了他一点中药吃了，居然好了起来，他对此念念不忘，说在病中得到了我的照顾。其实我也并没做什么，给他弄点水，

205

或者送点吃的。乔看上去仍然是那么高大、强壮，但却似乎沉默寡言了许多，不像上次那样总是喜欢讲笑话。他说他儿子将要到这里来，但却只字不提他的妻子。而上次，他一提到妻子就赞不绝口，隔不了一两天，他的妻子也总要打电话来问候他，希望他尽快回去。因此，我猜想他们夫妻之间也许发生了什么事。

在一间实验室里见到了本·内开克主任，他正在开会，手里也抓着步话机，他一见我便跑过来和我拥抱起来，笑着，是那样的亲切。他的实干、活跃、平易近人，赢得了每个工作人员的心，正如一个白人小伙子所说的，你没有办法不喜欢他。后来，我给了他两小瓶二锅头，他高兴极了，宝贝似的，赶紧锁在抽屉里，并说："我就喜欢这东西。"

我们被安排在新盖起来的小木屋里，也算是一种特殊照顾，因为这里要安静一些，只是吃饭和上厕所需要跑到大实验室里去。还有一件使我们放心不下的事，这间房子的门不大好关，必须用力一撞才能锁住。所以临睡之前我们总要猛地摔一下房门，并且要检查多遍，看它是否锁住。否则的话，只要轻轻一推就开了，倒不是害怕有贼，因为这里是绝对不会失窃的，而是害怕北极熊，如果我们睡得正香，它们悄悄进来拍拍肩膀，那可不是好玩的。

有一天早饭时，忽然见到了丹尼尔，他因为刮了胡子，显得比以前还年轻一些似的。作为一个气象学家，他仍然躲在那间小木屋里辛勤地工作着，并邀我们找个时间去参观他的实验室。当我告诉他说，我写了关于他的一篇文章在《人民日报》发表之后，有两个中国姑娘表示愿意嫁给他时，他哈哈大笑起来，摇摇头说："No, may be not!"

在办公室的楼道里见到了爱斯基摩朋友查理·布洛瓦，他还是那样矮矮的，胖胖的，胡子刮得光光的，显得神采奕奕。而在春节活动的冰场上，终于看到他的弟弟，年轻的哈瑞·布洛瓦，他坐在车里喊到："嗨！你还认识我吗？"仍然戴着那副黑眼镜。我问起他父亲老哈瑞的情况，他说："去年的现在，他已经过世了。"我顿时觉得很难过，那是一个多么好的老人啊，慈爱、善良、友好而大方。我专门给他带了两瓶二锅头，看来只好由他的儿子代为享用了。而我在《北极的呼唤》一书中所写的有关他的故事，也便成了对他的纪念。这次我本来还想再采访他的，看来只好等我百年之后再说了。

这几天，我们在巴罗到处奔波，该去的地方基本上都去过了，想见的人也基本上都见到了，只有一个地方对我们来说仍然是那样的遥远而神秘，那就是曾专门用来监视前苏联的雷达预警系统。几个巨大的弧形天线仍然耸立在那里，离我们的住处并不太远，但我们却总是望而却步。据盖伦告诉我们说，那里最忙碌时有五六十人，而现在却只有两三个人在那里守摊子。

这就是1993年4月份的巴罗，外面仍在飘着纷飞的细雪，我坐在这间被戏称为"北京饭店"的木屋子里，以壁架为书桌，写下了以上的文字。

1993年4月19日
于"北京饭店"

冰上日记（一）

1993年4月19日　星期一　雪

黑夜做了一夜噩梦。早晨起来出去洗脸，穿着一双硬底的皮鞋，一不小心，重重地摔了一跤，赶紧爬起来活动活动，还好，尽管屁股摔得生痛，但还没有伤着，于是暗暗庆幸，若是摔坏了那就麻烦了。但内心仍然惴惴，觉得是不祥之兆，今天将到冰上去，看来必须加倍小心才是。

上午在家写作，完成了《二进巴罗》。下午天似乎开始放晴，云薄了，有的地方露出了蓝色，我们还没有墨镜，这里又不能借，所以只好出去买。搭车来到一家商店，各种各样的眼镜很多，我挑了一副比较便宜的，8美元，样子还可以，回到家里一看，原来 Made in China（中国制造），算是又爱了一次国。看来，我们的商品在美国市场上扩展得很快，1991年来时，我在费尔班克斯看到了许多中国货，但在巴罗却没有找到。时隔不到两年，这里的中国货已经比比皆是了。而在十年前，1981年我刚刚到美国时，在市场上很少能看到中国内地的产品，而台湾、香港地区和韩国的东西倒是很多。这十几年中，我们所取得的进展由此可见一斑。

晚上快七点时，罗伯特来了，他负责送我们到冰上去。他开着一辆雪上摩托，叫Ski-doo，后面拉着一个雪橇，让沈爱民站到雪橇上，另外还需要带一辆雪上摩托到冰上，因为我在南极开过这东西，所以便把这项任务交给了我。小沈自然很不服气，非常想试一试，并声称他在北京是第一批学开摩托的。但是，美国人是不大好讲价钱的，因为汤姆临走时一再强调，不让我们开摩托，生怕出事。他说曾有个俄罗斯科学家翻车，把腿压断了，造成很大麻烦，自那以后，他就不让外国科学家自己开车出去了。我这只能算是例外，小沈就只好受点委屈。

一出发，立刻就想起了十年前在南极，那风雪，那环境，与现在极其相似。然而，那时的心情却远没有现在这般轻松。那时只有我一个人，孤苦伶仃，跟一些相处得并不十分融洽的美国人在一起，每天工作十几个小时，又是那么紧张而艰苦，至今想起来仍然不寒而栗。现在情况是大不一样了，我在这里有一些很好的朋友，处处得到他们的关心和照顾，真是如鱼得水。

我们沿着一条用小红旗标出来的弯弯曲曲的路线，在茫茫的冰海雪原上飞奔，我紧紧地跟在他们的后面，保持着大约20米的距离。大风仍在狂吹，飞雪仍在猛扑，但内心却非常兴奋，因为觉得这才叫真正地投入到大自然，融入了大自然，与周围的大自然化成了一体。

也许是由于触景生情的缘故，脑海中总是不断地闪现着南极的影子。当我驾着雪上摩托在罗斯海上行驶时，那里基本上是一马平川，像面镜子似的。然而现在面前的景色却大不相同，这里冰山堆积，杂乱叠嶂，起伏连绵，宛如崇山峻岭。因此只能曲折前进，蜿蜒行驶，且又崎岖坎坷，颠簸得厉害，这不仅减慢了前进的速度，增加了运动的难度，而且也大大拉长了行进的距离。在未来的北极之行中，这是必须要考虑的因素。

愈往里走，似乎愈加崎岖。我一面开车，一面浏览着周围的景物。望着那林立的冰山，突然产生出一种恐惧，如果忽然跳出一头北极熊来，我们该怎么办呢？当然，我们有两支枪，都压上了子弹。但如果离得很近，是无论如何也来不及的。而北极熊的大巴掌足以把海象的脑袋拍烂，更何况人呢。想到这里，深深感到南北两极之不同。南极的企鹅是那么好奇、亲切，逗人喜爱。而北极，巨大的北极熊伶牙利爪，似乎处处潜伏着致命的危机。从去年冬天开始，我一直在盘算着远征北极点的事，现在终于亲临其境，从初步的直觉来看，驾着雪上摩托完成此行是可能的，但任务却也相当的危险而且艰巨。

209

其实,观察鲸鱼的营地距岸边的直线距离并不太远,但我们却整整行驶了半个多小时。在转过了几座由巨大的冰块堆成的山脊之后,忽然出现了一块小小的平地,几顶黄黄绿绿,彩色鲜艳的帐篷一下子出现在我们的面前,就像是从天上掉下来的。这个项目的负责人克瑞格站在那里迎接我们。他穿着一件爱斯基摩式的皮领上衣,戴着一顶样子很怪的皮绒帽子,杂乱的头发,蓬松的胡子,总是笑嘻嘻的,使人很容易想到19世纪那些涌到北极来探险的勇士。克瑞格是个强壮乐观并且认真负责的人,他很爱讲笑话,但对工作的要求却非常严格。上次他就给了我诸多帮助,我们也算是老朋友了。寒暄之后,他首先指着用棍子架在半空、围绕在营地一周的细导线说:"看见了吗,这是专门提防北极熊的,它们要闯进来,必然会碰到这根导线,警铃就会大作,人们无论是在睡觉还是在做饭,必须立刻拿起武器。所以你们要特别小心,千万别碰它。特别是在黑夜,警铃一响,人们就很紧张,又看不清楚,胡乱开起枪来,后果不堪设想。"说到这里,他做了个鬼脸,然后又补充了一句:"你们远道而来,若被当成北极熊打死在这里,岂不冤枉,那将如何收拾"。

这时我才注意到,在那个用导线围起的圆圈里面一共有六个帐篷,克瑞格介绍说:"那四个彩色帐篷是睡觉的,这两个白色帐篷是用来做饭和休息的。"我问他男女是否分开,他笑着摇摇头说:"不,混居。只要有空着的睡袋,你只管钻进去睡就是。"说到这里,他又来了劲,嘿嘿一笑说:"所以你要特别小心,钻睡袋时必须要搞清楚,如果钻进去之后发现里面还有个女的,问题就复杂了。"说完之后,便哈哈大笑起来。

"你看那个。"然后他指着远处的一个小木屋子,顶上架着各种天线,像个通讯中心似的。"那是我们监听鲸鱼的叫声的。我们把拾音器放到水里,因为鲸鱼总是边唱边行,所以即使它们不浮出水面,我们也可以知道它们的行踪。你可以到那里去听一听,它们真是一些不错的歌唱家呢。"说着,他转过身来,指着更远处一个小篷子,"那就是我们的观测点,只要鲸鱼一浮出水面,我们就可以看得清清楚楚"。

"噢,那里面有水吗?"我奇怪地问。

"当然。"他点点头说,"你来看。"于是便带着我,向那个小篷子走去。

穿过一些乱冰堆成的丘岭之后,面前突然横上了一道连绵曲折的冰脊,巨大的冰块有的直立,有的横躺,堆得很高,漫延开去,像一道冰的长城。观测点就设在一个冰山顶上,又用冰块垒起了一个不大的平台,上面竖起了一块帆布,可以挡住冷风的吹袭。我跟着克瑞格,沿着冰山台阶小心翼翼地攀了上去。抬头一看,呵!原来那面就是一片辽阔的水域。大自然真是鬼斧神工,神秘莫测,它怎么能在这边堆成如此高的冰山,冻成如此厚的冰层,而在那边却保持了一片活泼的海洋,荡着层层涟漪呢?那刺骨的寒风和纷纷下落的积雪在这边大显淫威,而在近在咫尺的那边却似乎根本不起作用似的。克瑞格递给我一个望远镜说:"你望望那海水,鲸鱼有时就会出现在你的面前。"我这才从迷惑中醒悟过来,迟疑地接过望远镜,先打量了一下周围的环境,原来这平台很小,上面还架着一些仪器,勉强可以站四个人,上来五个人就有点拥挤了。地上铺着一张驯鹿皮,是用来保暖的,因为若长时间站在冰上,脚就会冻得受不了。正在工作的有两个姑娘和一个爱斯基摩小伙子,都友好地点点头,便尽量地让到边上去了。我举起望远镜,向对面望去,只见深蓝的海水闪着银光,层层波纹跳动不止,虽然看不到鲸鱼的影子,但那优美的风景已足以使人赏心悦目。可是,望着望着,忽然又忧虑起来,一缕愁思从心底升起:"在未来的北极之行中,如果碰到这样的水域,将如何是好呢?"因为我知道,许多探险队就是因为遇上了这样的裂缝而失败的,皮尔里在1908年正因为遇上这样一道无法逾越的水域,结果使得他到达北极点的时间整整延迟了一年。我问克瑞格,这道裂缝(他们叫"Lead")有多宽,他说大约10千米。于是心头一沉,暗想:"看来在未来的考察中,这也是一个必须解决的难题。"

据说他们已经观察到鲸鱼从这片水域中游过,几乎每天都有。于是我便等在那里,忍着-30℃的寒风,顶着一阵阵猛扑过来的飞雪,目不转睛地细心观察着,希望能看到鲸鱼游过时的雄姿。然而,几个小时过去了,却仍

211

然不见鲸鱼的影子。看看表,已经十点多了,手冻僵了,腿站麻了,肚子也饿得咕咕直叫,最后实在受不了了,便告辞回到帐篷里,随便弄了一点吃的,牙也没有刷,脸更无法洗,只好提上东西,出去寻找睡觉的帐篷。拉开了几个都有人,最后找到一个正好空着,我们便钻了进去,脱掉靴子和外衣,打开睡袋躺进去,便又触起了南极的回忆。那时因为垫得东西太少,所以身子下面总是凉的,怎么也睡不着,后来只好把一个多余的睡袋垫在下面,才算解决了这一难题。现在下面垫的东西比较厚,所以躺下之后觉得还是蛮舒服的,虽然并不暖和,但却也没有感觉到冰雪所散发出来的凉气。大风吹得帐篷"哗哗"作响,这一点也和南极一样,但因为已经习惯了,反倒成了催眠曲,不久便进入了甜蜜的梦乡。

冰上日记（二）

1993年4月20日　星期二　雪

早晨醒来，睡袋里暖烘烘的，觉得睡得很舒服，而且恍惚记得，自己夜里似乎曾经打过呼噜，于是赶紧问小沈，听到我的呼噜没有，他说没有，他说昨天睡得很晚，什么也没有听见，这才放下心来，暗想，可能是帐篷的哗啦声太响，把我的呼噜给掩盖过去了，看来旁边那个美国人并不是被我的呼噜赶跑的，真值得庆幸。

帐篷外面很亮，心中一阵高兴。在这一星期中，每天都是风雪，实在腻烦透了。多么希望能有个好天，见见北极的太阳，而且也留下几张蓝天白雪的照片，该有多么高兴。于是迫不及待地掀开帐篷一看，令人大失所望，外面仍然是阴云密布，似乎要来一场更大的暴风雪。

上午再次怀着侥幸的心理，站在观测台上耐心等待着，希望能有幸目睹地球上最大的动物，然而同样是失望而归，但刚回到帐篷不久，他们就说看到了鲸鱼，不知是故意馋我们，还是鲸鱼怕生，不肯出来跟我们打招呼。

在这一带活动的是"Bowhead Whale"，若直译过来即弓头鲸，大概是因为这种鲸有一根巨大的头盖骨，弯弯的，像一张弓似的而得名。若从分类上来说，跟右鲸有些相似，但比右鲸小。更重要的是，弓头鲸只生活在北极，大概是因为它们体内蓄存了巨厚的脂肪，可以耐寒而不能耐热的缘故，冬天它们在白令海峡一带活动，春天一到，便沿着冰层的裂缝从楚克奇海往东，进

213

入加拿大北极水域,秋天则沿原路返回,年复一年,周而复始。

因此,弓头鲸便和爱斯基摩人结下了不解之缘,成了爱斯基摩人最主要的猎取对象,也是他们的最主要食物。也可以说,如果没有弓头鲸,也就没有爱斯基摩人,或者说,爱斯基摩人也就不会像现在这种样子。由此可见,说捕鲸活动就是爱斯基摩文化的中心,是并不言过其实的。这正如种地是农业文化的中心,捕鱼是渔业文化的中心一样。至于后来,文化含义变得复杂化了,几乎是包罗万象,那是因为社会变得复杂化的缘故,实际上,爱斯基摩文化现在也正在复杂化之中,这是社会发展的必然趋势。

上次来北极时,我从国家南极考察委员会办公室借了一套野外服装,一身红色,因为这种颜色在雪地中非常明显,万一失踪,寻找起来比较容易。这次我再次使用,是想试试看,我们将来在深入北极点的考察中穿戴这种服装是否能够抗得住。然而,就在出发之前,罗伯特却忽然告诉我说:"爱斯基摩人不喜欢红色,他们怕把鲸鱼吓跑。"所以我也就只好把自己的服装脱下来,换上基地提供的灰大衣和绿裤子。来到冰上才发现,那件大衣虽然大点,活动起来不太方便,但还勉强可以凑合,但这条裤子却把我害得好苦。其实,美国人并不都是高大粗壮的山姆大叔,有许多人比我还矮小,但他们的野外装备却都做得又肥又大,使人一看就望而生畏。特别是裤子,不仅肥大,而且都做成背带式的,穿上之后不仅四处透风,而且松松垮垮,肚子鼓鼓的,一点也使不上劲。更加糟糕的是,那双讨厌的胶靴总是死死地缠住我的棉毛裤往下拽,走不了几步,棉毛裤连同裤衩就都掉到屁股下面去了,那感觉就像是光着屁股在。对于这套装备,我真是深恶痛绝,暗暗下定决心,在我们将来的北极之行中一定要研制更好的装备,使用这样的东西是会害死人的。但是现在却毫无办法,只好忍受着这无情的折磨,走不了几步就得提提裤子。

离观测台不远,就有一个爱斯基摩人捕鲸点,据说查理和哈瑞就在那里。我很想过去看看,但见他们都穿着一身白衣服,这样便于伪装,而我穿的是灰装,怕引起他们不高兴,于是便回到帐篷去寻找。正好在一个雪橇上扔着一件爱斯基摩式的白袍子,穿上一试,虽然略小一点,大约是个女人的,但还可以对付,便大摇大摆地往水边走去。走到他们的帐篷旁边,明明听到有人在里面说话,但我一问:"里面有人吗?哈瑞和查理有没有在?"却立刻变得鸦雀无声,没有人回答,显然我的到访是不受欢迎的。我只好硬着头皮向水边的小船走去,在一个帆布篷子后面,见到了哈瑞和查理。查理赶紧上来打招呼,哈瑞却只是躺在那里。我觉得气氛不大热烈,赶紧掏出了随身带的一小瓶二锅头,送给了查理。他拿在手里看了半天,不知道是什么东西。我告诉他这是一种酒,在中国是很有名的,他立刻高兴起来,问是什么名字,哈瑞也坐了起来,拿过去闻了闻,便忍不住了,笑笑说:"查理,对不起,我得先尝一口了。"便拧开了盖子,舔了舔,一仰脖,喝了一口。"很好!很好!"连声称赞着,递给了查理。查理接过来也喝了一口,咂了咂嘴,"嗯,是不错。"便递给了那个我不认识的粗壮的爱斯基摩人,他接过去,狠狠地喝了一口,张大了嘴巴说:"哈!好酒!"便伸胳膊撩腿地手舞足蹈起来。正在这时,有一只海豹从不远的水面上露出脑袋,好奇地往这边张望着,他便大声叫道:"快!快!过来!过来!这边有好东西给你!"那个海豹大概没有听懂他的话,转了一圈之后又钻进水里去了。

对爱斯基摩人来说,捕鲸活动不仅能解决他们的温饱,而且也是他们所能保留下来的唯一的古老传统,虽然也受到了现代生活的影响和侵袭,例如有人已用上了机器船进行追捕,但基本上仍然保留着极其原始的狩猎方式。例如,他们仍然用手去投掷鱼叉(Harpoon),然后再用一种古老的铜枪发射一种炮弹将鲸杀死,而大部分人也还仍然是靠人力划着皮舟去追赶受伤的鲸鱼。因此,捕鲸活动也是爱斯基摩人的英雄气概的最集中的表现。实际上,爱斯基摩人是世界上唯一能用最原始的工具与地球上最庞大的动物拼搏并主要依靠这种动物而生存的民族。所以他们总是把捕鲸看成是一种非常神圣的活动,不喜欢别人来打扰他们,这是完全可以理解的。

坐了一会之后,我起身告辞,查理把我带到帐篷旁边,打开一个大瓶子,里面盛着海豹油,然后拔出刀子,从冻得梆梆硬的半截驯鹿身子的臀部切下

215

中国科普大奖图书典藏书系

一小块鲜红的肉来，在海豹油里蘸了蘸，然后送进自己嘴里，大约是示范给我看的。接着又割下更大一块，蘸上海豹油，递了过来，我赶快张口接住，吞到嘴里嚼了起来，虽然有点油腻，但除了腥味之外倒也并不难吃。实际上，这是爱斯基摩最好的食物。我知道，当时如果吐出来，不仅与查理的友谊会从此宣告结束，而且其他爱斯基摩朋友也会弃我而去。所以我只能连连点头说："好吃！好吃！"但有一根筋却怎么也嚼不烂，只好等走出来之后悄悄吐出来，埋在了雪地里。

中午胡乱吃了一点东西，钻进一个帐篷迷糊了一会儿（Have a nap），醒来时已经快三点了，出来正好碰到克瑞格，他说带我去打枪，便骑上摩托，拖着雪橇往远处走去。翻过几道冰脊之后，在一片平平的雪地上停了下来。他拿起猎枪，非常严格地一步步教我去做。"第一步，你必须检查一下枪膛里有没有子弹。"他打开枪膛指给我说，"当然，最最重要的，是无论何时何地，都不要把枪口对着别人，也不要对准自己。"接着是如何站立，端枪，瞄准，打开保险，扣动扳机等，我严格按照他的要求，一步一步认真去做了。他满意地说："看你拿枪的样子，似乎不是第一次摸枪吧？"

"不是。"我点点头说，"以前曾经摸过几次。"

"好，我给你压上一粒子弹。"他把子弹压进枪膛，并在周围寻找着，"噢，有了。"他走到一块大冰块跟前，用手在积雪上划了个十字，然后把枪交给了我。

我端起枪来瞄准，扣动扳机，"轰"的一声，子弹飞出，正打在那个十字的中心。

"You got it!（你打中了）"他惊叹地说，但也许认为我是瞎猫碰上了死耗子，于是又给我压上了一发子弹。我端枪瞄准，再次击中了目标，两枪几乎打在了同一个地方。他这才信服了，自己也压上子弹，打了一枪，离靶心还有一点距离。

"如果碰到北极熊，你打它的什么地方？"他一面收拾东西，一面问我。

"打它的脑袋。"我自信地说，"这样可以把它一枪打死。"

"不！你错了。"他摇摇头说，"北极熊的脑袋很硬，子弹会弹回来的。打其他地方更不可能一枪致命，而受了伤的北极熊往往会凶猛异常，因而具有更大的危险性。"说到这里，他故意停了下来，像是在卖关子。

"那么，打它的什么地方最好呢？"我着急地问。

"打它的脖子和肩胛骨。"他望着我说，"因为这样比较容易使它失去进攻的能力。这都是从无数经验中总结出来的。"

回到帐篷之后，他又教我如何擦枪，并对那些美国人说："他原来是个打枪的专家，我是有点班门弄斧了。"

我听了以后哈哈大笑，摇摇头说："不！不！我哪里是什么专家，只不过略知一二而已。"正在这时，有人告诉我们说，水边的爱斯基摩人听到了枪声，很不高兴，担心会把鲸鱼吓跑了。克瑞格对此感到很是不安，我更加觉得不好意思，赶紧说："这都是我的错!"

冰上日记（三）

1993年4月2日　星期三　雪

昨天晚上，我们又找到了一个没有人的帐篷，自以为得计，很是高兴，但钻进去一看，原来门上的拉链坏了，无法关闭。刚躺下去时还可以，后来越睡越冷，小沈把所有衣服都压在身上，我则又盖了一个睡袋才勉强凑合过去。半夜里也曾有几个美国人钻进来，结果都冻跑了。

老天爷也格外来劲，浓黑的乌云几乎是贴着地面滚来滚去，而那乌云却并非水汽，本身就是细细的雪，再加上狂风推波助澜，一扫而过，使人不仅难以站稳，而且连呼吸都感到困难。不过，这样也好，使我们有机会亲身体会一下北极到底是个什么样子。

就在这种天气之下，我又遇到了一个无法逃避的难题，那就是上厕所。对于这一点，我在南极时已经深有体会，那是最困难，最艰巨而又每天都必须去完成的任务。

这里也是一样，他们以一大冰块做屏障，在积雪上掏出一个深深的洞，上面铺了一块泡沫塑料，中间抠了一个大窟窿，就算大事告成，还沾沾自喜，觉得是一项了不起的大发明，在上面写上"美国专利"，号码后面是一大串数字。若是小解，因为时间短，还问题不大，但要在那里蹲点，弄不好要磨蹭上半个小时，那滋味就可想而知了。小沈因为能忍，他躲过去了。而我，在坚持了两天之后，终于变得愈来愈急迫，最后只好鼓起勇气来试试，正好也算体验一下北极的生活。然而，只在上面蹲了一小会，就已冻得实在受不了了，再加上那可恶的风雪一阵阵地扑来，见缝就钻，乘虚而入，从下面一直灌到脖领子。但是，这种事情是没有办法中途而废的，所以只好咬紧牙关，硬着头皮在那里坚持，等把事情办完，已经冻得站不起来了。不巧的是，手纸也已经用完，没有办法很好地清理，只好匆匆地结束，逃离了现场。更糟的是，出来一看，正好一个女的等在那里，我因冻得大脑麻木，糊里糊涂，忘记把手纸已经用完的消息告诉她了，结果她进去之后，大犯其难，真是抱歉得很，实在不好意思，而且也无法去解释。使我感到奇怪的是，美国人对自己家里的厕所都很讲究，总是弄得干干净净、舒舒服服，坐在上面是一种享受。但在野外，却如此简陋，难道就不能想点办法吗？

在这里工作的姑娘和小伙子来自美国各地，他们都是看了广告后应召而来的。工作两个月后，大约到六月初，就又都走了，各奔各的前程。若以我们的观点来看，这样的日子无法过，没有一个固定的工作，似乎是吃了上顿没下顿似的。但他们却认为这很正常，生活就是如此，所以都很乐观、积极。有个日本人叫马特（Mat），留着长长的络腮胡子，很是热情友好。他说是他的祖父甚至更早一代就已经移居美国，所以日本到底是什么样他还没有见过呢。但他去过南极，在那里工作一年多。所以在这里，他也是个骨干，像个小头头似的。他说，也许在这里他能找到一份工作。还有几个爱斯基摩小伙子，也都相当不错，他们都是从巴罗以外的其他村子应召来的，说他们那里的人比巴罗这里可要热情友好得多了。这也是很自然的，因为他们的小村子和巴罗这里相比，正如农村和城市一样。有一个叫哈朗克的小伙子，是从内地一个只有三百人的小村子来的。他说有个日本教授曾经到他村上去研究爱斯基摩文化，与他父亲成了很好的朋友。后来，那个日本人死之后，他的家人则把他的遗体万里迢迢地运到北极，葬在他（哈朗克）父亲的墓边，村上还专门为这个日本人举行了葬礼。

上午仍然到观察台去，又坚持了半天，还是一无所获，连个鲸鱼的尾巴也未能见到。感慨之余，不由得长叹一声，深深地舒了一口气，却使站在旁边的克瑞格格外兴奋起来，以为听到鲸鱼出水呼吸了，赶紧抄起望远镜去望，寻找了半天却什么也没有见到，见我笑得弯了腰，这才知道是大上其当了。

下午一点多，罗伯特来接我们，又经过了一阵颠簸之后，于两点多回到了"北京饭店"这座小木屋，觉得又暖和又舒适，真不愧为高级宾馆。三天的冰上生活，就这样结束了。真有点"冰上待几日，世上几千年"之感。

第一鲸

　　我这里所说的第一鲸并不是天下第一鲸，而是生活在巴罗的爱斯基摩兄弟一九九三年春天所捕到的第一条鲸鱼。而且，也许更重要的是，这也是我生平所看到的第一条真实的鲸鱼。

　　在冰上待了三天两夜，吃饭只能是瞎凑合，觉得亏了不少。野外损失回家补，所以回来后的第一件事则是冲到厨房去搞吃的。从冰箱中拿出四块猪排，放在烤箱里一烤，放上各种佐料，切上两个青椒，味道还是蛮香的。吃完之后又去洗澡，痛痛快快冲了个淋浴。刚出来，身上还湿漉漉的，在楼道里碰到迈克，他是专门研究鲸鱼的，看上去总是文质彬彬，一身书生气，他告诉我说，有人已经捕到了第一条鲸鱼，他们正准备出发去搜集标本，问我想不想去。这真是千载难逢的好机会，于是和小沈赶紧准备，立刻上路。

　　我们一共八个人，分乘四辆雪上摩托，顶风冒雪地向海上出发。这时细雪纷飞，狂风肆虐，烟雾滚滚，能见度极低，几十米开外则是一片混沌的世界。所有的摩托都开着灯，在冰雪的夹缝之间飞奔，雪橇常常被掀起老高，然后又掉下来，扶手上的横杠狠狠地顶在我的肚子上，痛得我差点叫出声来。这样行驶了大约四十分钟之后，忽然看到前面的冰堆上竖着一面旗子，我知道快到了，这是爱斯基摩人捕到鲸鱼的标志。果然，就在前面不远处停着许多雪上摩托，而且还有许多新来者源源而至，有青年，有老人，有女人，也有孩子。真像要过年似的。水边的冰面上有两个帐篷，那是捕鲸队的营房。

人们正在清理冰道,脸上洋溢着胜利的喜悦,能捕到一条鲸鱼就是很不容易的,况且又是今年的第一只。我们把摩托和雪橇靠边停好,看那些爱斯基摩人忙忙碌碌,自己又插不上手,所以只好站在旁边休息。

折腾了一阵子之后,终于在乱冰堆中开出一片平地。有人用电锯将冰层锯出了一个四四方方的缺口,作为往上拉鲸的通道。我终于忍不住了,赶紧跑过去一看,噢,原来那鲸鱼就漂在水里,黑色的驱体像个巨大的气球,露出水面的只是一小部分而已。有几个人用一条粗大的绳子捆住了鲸鱼的尾巴,慢慢地拉出水面,伸展的两翼就像是一把巨大的扇子,任凭人们摆布。人们这才排成了长队,抓起了摆在地上的一根绳子。我也过去凑数,摆好架式让小沈帮我拍照。这时迈克走过来,悄悄地告诉我说:"你想帮他们拉鲸鱼是可以的,但最好站到后面去,靠近滑轮的地方非常危险,因为力量很大,万一出事可不是好玩的。去年就有两个妇女帮着拉鲸鱼时,由于滑轮破裂而当场被砸死,还有人受了重伤。有个白人妇女连脑袋都打掉了。"我非常感谢他的忠告,虽然很想站在前面看看那鲸鱼是怎样被拉上来的,但毕竟还是脑袋要紧,所以犹豫了一阵之后,还是挪到后面去了。

一切都准备好了之后,只听一声号令,人们便都齐心合力地拽那根绳子。只见先是鲸鱼的尾巴被拖到冰上,然后慢慢的,鲸鱼的身子也离开了水面。我赶紧跑过去一看,只见鲸鱼的大口像个山洞,上颚的边缘长着一排密密的鲸须,像是一排篱笆,又像是一道网子。正看得出神,那鲸鱼却突然吼叫起来,把我吓了一跳,以为它还活着呢,但那些爱斯基摩人却并不在意,像是什么也没有听到似的。接着又是几声长鸣,像是怒吼,又像是气笛,不知是因海水在里面作祟,还是鲸鱼在离开水的世界时所发出的最终的叹息,无人知晓,而且人们对此也毫不在意。

还在人们刚刚开始拉绳子的时候,有人就用一个长柄铲子从鲸鱼的身上切下了一块四四方方的肉来。我这才看到了鲸的内部结构,外表是一层厚约34厘米的黑皮,里面则是一层十几厘米厚的粉色脂肪。这也是爱斯基摩人最爱吃的东西。以前都是生吃,当场就可以解馋。现在则拿到帐篷里去煮,煮好之后,一个小姑娘一盘子一盘子地往外端,人们则都上去争着吃。我也很想上去抢一块,但却没有足够的勇气。正在犹豫之际,捕鲸船长笑呵呵地走了过来,给了我一块让我品尝。也许是因为肚子饿了的缘故,我觉得那肉很香,便狼吞虎咽地吃下去。

这位能干而幸运的船长正是我的老朋友老哈瑞的儿子,名叫Price Bowef,与他父亲一样的热情友好,可惜的是,老哈瑞已经于1992年去世,关于他的故事我已在《北极的呼唤》一书中提及,而他的声音和相貌将永远留在我的记忆里,与他父亲不同的是,普瑞斯显得更加开放和现代化,因而也就显得更加有活力。他既是现场的总指挥,也是一名小卒,虽为船长,却没有任何架子,从捆滑轮到拉鲸鱼什么都干,而到分配的时候,他则拿起本子将船员的名字一一登记。趁他稍有闲暇,我赶紧掏出本子请他签名,并与他照了几张相。他匆匆忙忙离开时,回过头来说:"明天我带你们去看点什么。"

鲸鱼拉上来之后,立即开始分割。与我们同来的专门研究和调查鲸鱼的尖鼻子姑娘佩吉(Peggy)抢在开刀之前赶紧测量了鲸鱼的长度。为32.59英尺,还不到10米,是一条小鲸,至于雄雌,因为外阴压在身子下面,所以谁也说不出。爱斯基摩人并不管这些。他们欢呼雀跃,爬到鲸身上高呼,那喜悦之情使我想起农民在进行秋天的收获。首先被砍下来的是尾巴,并被分成一段段的,里面似乎并没有骨头,只是在一层厚厚的黑皮里面包着鲜红的肉。然后再往前一节节地分割下去,鲸的结构看来很是简单,皮下脂肪以内是一层黑红色的肌肉,但很松软,并不像其他动物身上肌肉那般结实。这种肉我曾经吃过,有点发甜,但味道还是蛮不错的。再往里则是内脏,中间是一节节巨大的脊椎骨。切着切着,忽然掉出一根肉棍子,头尖尖的,大约有擀面杖那么粗,人们这才恍然大悟,噢,原来是雄的。爱斯基摩人大概不吃那东西,扔在雪地上踢来踢去,后来有几个小男孩拣来玩,故意问佩吉是什么东西。佩吉毫不羞涩地告诉他们,并且指给他们看睾丸在哪里。

鲸肉的分配有一定的规定,哪部分该给谁都心中有数,所以进展很快。人们把一块块的肉装上摩托,轰然开动,运回家去了,只是在洁白的雪地上,

223

留下了一滩滩黑红的血。剩下的只有脑袋和鲸须,正在进一步处理。

这时,我忽然感到又饿又冷,两腿发颤,几乎不能自已。但工作还没有完,迈克和佩吉要继续选好鲸的血样和组织。后来决定,只留下两个人,其余先回去。于是,我们又跳上雪橇,踏上了回家的路。当回到"北京饭店"时,已经快十二点了。

空中纪实

我想从空中看看巴罗的愿望已经很久了,几乎变成了一种梦想,但却又突然变成了现实。22日早晨醒来,大大地吃了一惊,昨天的乌云和飞雪竟然一扫而光,席卷而去,今天的天空竟是万里无云,风和日丽,灿烂的阳光透过窗户,照进了我们的小木屋。然而,更加使我喜出望外的是,正在吃早饭的时候,却突然接到通知说,普瑞斯要带我们去坐飞机。爱斯基摩人的生活是有双重性的,他们既立足于现代社会靠自己的聪明才智去竞争,却又是古老传统的一部分,每个人都得利用祖先遗留下来的原始工具去解决自己的吃饭问题。例如普瑞斯,在捕鲸场上他是一个出色的船长,所得的鲸肉足够食用而有余,而与此同时,他却又是北极自治区调查和救援部的副主任,且是一名优秀的驾驶员。说实话,这样的生活方式真使我羡慕不已,如果我们能靠自己的双手将食物解决了,那么日子不仅会大大宽余,而且也会活得更加充实。

当我们赶到机场时,普瑞斯正笑眯眯地等在那里,他穿着合身的制服,胸前还别着许多徽章,与昨天晚上判若两人,以至于我几乎有点认不出,他先带我们到他的办公室坐了一会,给了我们三件小纪念品,其中至少有一件是中国造的。

他带我们简单地参观了一下调查和救援中心,自1972年北坡自治区成立以来,这个中心就建立了,在9.2万平方千米的土地上,一共生活着大约有

225

一万人,他们虽然分散居住在八个村子里,但从很大程度上来说,爱斯基摩人仍然是一个游猎性质的民族,即使在寒冷而黑暗的冬天,也还是有人外出狩猎,意外事故是经常发生的。而且,这里没有公路,村子之间只能靠飞机联系,因此,救助病人、帮妇女生孩子等都是经常性的任务。救援中心的作用是非常重要的,一年365天,每天24小时都要坚守岗位,随时准备行动。例如,在1988年拯救三头灰鲸的活动中,该中心发挥了非常重要的作用,受到当时的总统里根的嘉奖。

9点20分左右,我们一共八人登上了一架崭新的旅行队(Caravan)型直升机。使我大吃一惊的是,驾驶员竟是一个二十来岁的爱斯基摩小伙子,而普瑞斯则坐在旁边担任教练。他们配合默契,熟练地按动着各种按钮和开关,飞机在轰鸣了一阵之后,终于离开了地面。往下看,是皑皑的白雪,一望无际,往上望,是蔚蓝的天,广阔无边。巴罗的房屋五颜六色;巴罗的街道纵横交错。而所有这一切,都在我们周围旋转、交织,构成了一幅三维空间的立体画面,那情、那景、那人、那物,是多么的和谐而统一啊!飞着,飞着,突然,在飞机的下面出现了三五成群的驯鹿,五只,九只……它们在雪地上悠闲自得,对头顶上轰鸣的飞机毫不在意。我真不知道,在那厚厚的雪地上,它们怎么能够找到足够的东西吃。但是,看到它们那安然的神态,则相信它们肯定是有办法生存下去的。

飞机徐徐降落在几栋小房子的跟前,有两个人下了飞机,执行任务去了。然后又重新起飞,向大海那边飞去。

我上次看到北冰洋是在七八月份,深蓝的海水上漂浮着一个个奇形怪状的冰山,正如碧蓝的天空中飘动着朵朵变幻莫测的白云。然而现在,却完全是另外一种样子。沿岸一带,是一片冰山的世界,丘丘壑壑,高高低低,有的雪白,有的淡蓝,偶尔还能看到几顶帐篷,那是爱斯基摩人捕鲸的基地。忽然有几顶彩色鲜艳的帐篷展现在我们的脚下,多么熟悉啊!那正是我们刚刚生活了三天两夜的鲸鱼观察站。然而,再往里去,冰雪却突然消逝,变成了蓝蓝的大海,上面蒙着一层薄薄的半透明的冰皮。而有些地方甚至连冰也没有了，只见碧波荡漾，粼光莹莹。我于是仔细地观望着，多么希望能看到一头鲸鱼。但因运气不佳，寻找了半天，仍然是一无所获。

这次飞行的目的当然不是为了带我们兜风，而是因为昨天有两个捕鲸队将鱼叉扔到了鲸鱼的身上，但却让鲸鱼逃走了。他们想找回那两头逃走了的鲸鱼，然而在海上转了几个大圈子之后，却仍然一无所获。

十一点零五分，飞机重新回到了巴罗的上空，我早就想从空中多拍几张巴罗的照片，现在终于梦想成真，于是一会儿举起照相机，一会儿抄起摄影机，忙得不亦乐乎。

下了飞机之后，我请普瑞斯和那位年轻的驾驶员一起照了几张相，永远记下了这一难忘的时刻。

是的，地处北冰洋之滨的巴罗，这是一块多么美好的土地！这是一些多么美好的人民！

人类应该怎样对待自己的祖先？

1991年，美国国会通过了一项法律，叫作《土著美国人坟墓保护和遣返法案》（Native American Graves Protection and Repatriation Act）。我之所以对此突然感到了兴趣，是因为它引出一些值得思考的问题。

这一法案规定，凡得到联邦拨款的研究机构都应将从土著美国人坟墓中拿走的人类遗物和随葬品加以归还。

虽然这一法案的通过并没有引起大众的多大注意，但实际上却争论了很久，因为许多研究机构和大学认为，归还遗体和随葬品给土著部落将会严重地影响科研工作。

然而，这一法案却在爱斯基摩人中引起了强烈的反响，他们认为，国会终于纠正了二百多年来对土著美国人所犯的严重错误。而且他们也一直在向那些科学家们解释说："你们不仅是保留了一些有权最终得到休息的遗体，而且也使得我们祖先的灵魂不得安宁。在这些遗体重新回到生他们和养他们的土地之前，他们的灵魂是永远也得不到休息的。"北坡自治区主任洁斯·卡里克先生认为："自从西方世界入侵到我们的土地上以来，我们一直在为得到与非土著人自动就可以得到的尊严尊敬相平等的尊严和尊敬而斗争。我们还不得不为逃避那些有损我们形象的历史书籍，电影电视节目而战斗。现在还只不过是这种斗争中的一个小小的胜利而已。然而，有趣的是，首先对这一法案做出响应的并非拿联邦津贴的研究机构，而是俄亥俄州的一位个人收藏家。他把自己祖上收藏的一具爱斯基摩妇女和一个爱斯基摩女孩的木乃伊归还给了爱斯基摩人。而这项法令对个人收藏家是没有约束力的。至于他为什么这样做，是良心发现还是保留这种东西已经没有多少用处，却没有人知晓。因为他不愿披露自己的姓名，他是通过辛辛那提的自然历史博物馆与爱斯基摩人接触的。据说，这两具木乃伊是1908年在希望角（Poit Hope）附近的一个洞里发现的，曾作为马戏团的一个节目在美国到处展览，并声称这已经有900多年的历史，但却从未被任何科学研究所证实，后来因为大众对这种展览失去了兴趣，这两具木乃伊才落到了俄亥俄州的一个私人收藏家手里。

按理说，这位私人收藏家的行为是值得赞许的，因为他是自愿捐赠的。然而，当人们收到这两具遗体时却又感到悲伤和愤怒，因为她们只被装在一个用木条钉起来的极其简陋的箱子里。正如希望角一个居民所说："你想想他们用这两具遗体赚了多少钱，因此至少也应该为她们买个像样的匣子。"今年三月十一日，北坡自治区专门为这两具遗体举行了隆重的重葬仪式，有五十多人出席，有三十多人送葬到墓地。葬礼是在教堂里按基督教的形式进行的。但在80年代初，当人们发现了一些古代的遗体曾要求以基督教形式重葬时，当时的教堂却以这些人当时并不是基督教徒而加以拒绝，但这次却同意了，大约是迫于政治压力。实际上，我认为教堂的说法还是有道理的，因为那时的爱斯基摩人并不知道基督教为何物，如果他们真有灵魂的话，忽然被莫名其妙地请到教堂里去，又是唱诗又是诵经，一定会丈二和尚摸不着头脑的，况且他们是否愿意加入基督教恐怕还是个问题。虽然已经周游了美国，见多识广，但也未必会同意。

无论如何，这两具尸体总算回到了故土，得到了安宁，不必再乘坐大篷车在美国各地到处奔波了。然而，问题至此却并没有结束，那么，人类到底应该怎样对待自己的祖先呢？

我想，也许首先应该将祖宗和祖先加以区别，分开对待。所谓祖宗即有名有姓，家谱上可以查得到的，对这种坟墓的处理当然应该尊敬其后代的意愿。而对于祖先，例如周口店猿人，或马王堆女尸，则应该看作是一种文化遗产，其主要意义在于科学。如果对过去的东西都不能动，人类怎么能正确地了解自己的历史呢？问题就出在金钱，什么东西一跟钱挂上钩，问题就复杂了。例如那两具爱斯基摩女尸，如果放在博物馆里加以研究，或供人们参观以增加知识，我想也没有什么不可以。但拿来到处展览，大赚其钱，未免就有点过分了。正如我们的文物，如果只用于科学研究和文化展览本来是很好的，但因能卖钱，所以就盗贼迭起，屡禁不止，真是令人深恶痛绝。然而，科学也很难与金钱分开，不仅因为没有金钱搞不了科学研究，而且还在于所有有价值的东西都很容易成为商品。因此我想，美国人通过这项法律可能也是不得已而为之。不过我还是觉得，对于祖先的尊敬并不等于不能研究他们，至于灵魂之有无则是另外一个问题了。

二进冰原

　　我想最大限度地利用这里的自然条件，争取一切机会体验一下进入北极可能遇到的各种问题，因此决定步行独闯一下观鲸站，以进一步检验一下自己的体力、胆量和在这种极端环境下的生存能力。便把这一想法告诉了克瑞格，得到了他的同意和支持。于是积极准备，打好背包，备好枪支，当然还要带上仅次于生命的照相机、摄像机和望远镜之类的东西。然而，天有不测风云，人有旦夕祸福，当一切准备就绪，正要出发时，眼睛突然出了毛病，而且又听说有人在附近看到了北极熊。虽然早就想目睹一下北极熊的尊容，但这把老骨头还是想留下来，参加远征北极点的行动，因此只好临时改变计划，先乘雪橇前往，步行独闯的事过几天再实施。

　　开摩托的是一个胖胖的小伙子，叫Alis，可能是白人和爱斯基摩人的混血种，带有明显的白人血统，为人很好，专门负责向基地送东西。站在雪橇尾部的有我和K.C，北极考察站的女管理员。不知是规定还是习惯，开车的人走一段就要回头看看后面，而雪橇上的人也就做个手势，告诉他没有问题。走着走着，刚刚进入冰原不久，Alis的对讲机从口袋里滑了出来，掉到雪地里，他自己并未发现，K.C眼尖，跳下去拣，我则拼命大喊停车，但因马达太响，他根本听不见，直到下次再回头时，才知道丢了一个，赶紧停了下来，已经把K.C落下了一大截子，结果害得她跑得气喘吁吁，累出一身大汗。

　　虽然前几天已经看到了北极冰原特有的奇丽景色，但那是在风雪弥漫之中，更显其本色。而今天，却是一个少有的好天，风和日丽，蓝天白雪，而那茫茫的冰原也就特别美丽动人，婀娜多姿，使得你不禁浮想联翩，赞叹不已。如果说暴风雪的冰原就像一个凶狠的暴戾的狂汉，那么今天眼前的景色则像一个温柔而美丽的少女。同一样东西，却会有如此迥然不同的性格，这都是大自然赋予的神韵和灵气。想到这里，我赶紧掏出摄像机，高高举起，狂拍一气，以便让那些没有来过北极的人们也能看看，北极之美到底美成什么样子。

基地里的工作有条不紊，值班的值班，休息的休息。见我们来了都热情地上来打招呼。我先到监听室去看塔克丽克，那是一个只能坐下一个人的小木屋，中途遇上下班归来的爱斯基摩中年妇女苏西（Susie），我告诉她说，我知道了她的一个秘密，她原来是一个舞蹈家，我在一本杂志上看到了她的照片。并请她有时间了也许可以教我跳爱斯基摩舞。她很高兴，笑笑说："那倒是个好主意。"

塔克丽克告诉我说，正有一大群鲸鱼往这边游来，它们的叫声此起彼伏。我问她多远，她说可能很快就会从观察台前经过。我一听高兴得跳起来，赶紧告辞，兴冲冲地往观鲸台奔去。正在台上值班的有四个人，两男两女，因都是熟人，所以问候之后我便挤了上去。举起望远镜，但现在附近的水域却又被一层薄薄的浮冰所冻住，鲸鱼必经的无冰水域都离得远远的。

突然，安娜喊道："看！那边！鲸鱼！"我赶紧往她手指的方向张望，噢，看见了，终于看见了，先是一个圆圆的脑袋伸出水面，接着一个巨大的脊背缓缓浮出。立刻掏出相机拍照，照是照上了，但在照片上恐怕也只是一个黑点而已。后来又在不同的水域看到了多只，有的是单独活动，有的是两三只在一起，有的只是缓缓地游动，有的则吐出高高的水柱。有几条小船在附近转悠，见到有鲸鱼浮出水面便跟过去，但鲸鱼也知道他们的来意，于是便都沉下去，像是在捉迷藏似的。这是我第一次见到活的鲸鱼，真是喜不自胜，一会儿举起照相机，一会儿举起摄像机，忙个不停。但与此同时，又觉得很不满足，如果能在更近处看到鲸鱼该多好啊！这些可恶的浮冰真该死！

231

九点多，肚子开始咕咕直叫，那个鲸鱼群体大概也过完了，大海又恢复了先前的平静，我便回到帐篷去弄吃的。正在这时，克瑞格进来了，K.C也在，他开玩笑地深深向我鞠了一躬说："尊敬的出名的大人物。"我也笑着回敬说："出名的大人物不是我，而是你，你是这里的总指挥。"然后他便问起了我的眼睛，我说："多谢K.C的关怀和帮助，现在已经好多了。"K.C则拿起对讲机呼叫说："北京！北京！我们这里需要再派一个科学家来，这一位眼睛有毛病。"我说："很好，你应该订购一个更年轻的来，我已经太老了。"说完，我们都哈哈大笑起来。

白天虽然气温较高，并不觉得冷，但太阳一偏，立刻寒气逼人，我因走时匆匆，没有来得及穿羽绒背心，毛衣外面套着大衣，觉得四处透风，脖颈子直发凉，实在冻得受不了，坚持到十一点，便找了个帐篷钻进去睡觉。不知为什么，却越躺越冷，怎么也睡不着。干脆起来把棉裤也穿上，顺便出去上厕所，却又被冰原的夜色深深迷住了。只见深蓝的天上挂着一弯明月，白玉一般清澈闪亮，给那蒙上一层夜幕薄纱的冰雪世界带来几分神秘的诗意。太阳从东北方向刚落下不久，而东南方向的天空却很快又亮了起来，红霞渐露，似乎很快就会托出一轮红日。所谓的黑夜，也不过只有几小时的短暂黄昏而已。远处的巴罗灯火辉煌，像是在地平线上挂起了一串璀璨的明珠。惊叹之余，我忍不住又回帐篷取出照相机和摄像机，拍了一下冰原夜景，以便留下永久的回忆。

后来总算睡了一会儿，但也浑身发冷，很不舒服。六点多醒来一看，身边是一个白人姑娘，虽然只把大衣压在脚下，但却睡得很香，而在那边则躺着一个爱斯基摩小伙子，更加神乎其神，他甚至连睡袋也不用，和衣而卧，却睡得直打呼噜。同样是人，耐寒能力却如此不同，真使我大感羞愧，自愧弗如。于是想到，在未来的北极点之行中，看来帐篷和睡袋等用品必须适合中国人的特点才行。

早晨八点，迎着朝阳，踏上了归途，结束了这第二次冰原之行，又回到"北京饭店"我这一人独居的小屋。

北极之谜

这里所要说的北极之谜不是指科学上那些无穷的奥秘,例如,磁极点为什么会移动,北极光是怎样产生的,爱斯基摩人何时来到了北极等。单就人类向北极进军的过程中,就留下了许多悬而未解的问题,例如,1909年美国人皮尔里是否真正到达了北极点,就是一件众说纷纭的事。

罗伯特·皮尔里本来是一名在美国海军服役的工程师,后来得到一个美国商人小组的资助,1886—1906年,先后组织了八次北极考察,在这个过程中他学到了爱斯基摩人如何在北极生存的技术。1909年3月1日,皮尔里和长期陪伴他的黑人伙伴曼祖·哈尼逊一起,带了17个爱斯基摩人,19个雪橇,133条狗,从加拿大埃尔斯维尔岛的哥伦比亚角出发,踏上了第九次远征北极的征途。一个月之后,最后一批支援人员从北纬87°47′的地方返回,他只和哈尼逊及四个爱斯基摩人继续前进。4月27日,皮尔里凯旋,声称他于4月6日到达了北极点。并于9月5日回美国。

9月1日,总是对北极很感兴趣的纽约的一家大报《纽约先驱报》(The Herald)收到了一封来自弗雷德里克·库克的电报,声称他在一年前已经到达了北极点,并在那里发现了一块陆地。

弗雷德里克·库克何许人也? 他原来是一个美国医生,曾经和皮里尔在一起,远征过北极,到过格陵兰北部地区。1907—1908年,他得到了一个富有的美国商人的资助,在距北极点800英里的一个爱斯基摩村子越冬。

233

1908年2月19日，他带领11个爱斯基摩人，11个雪橇和103条狗往北进发，声称于4月12日到过了北极点。然而，直到1909年4月15日他才重新露面，而在这一年零两个月的时间里他老先生却消失得无影无踪，不知道干什么去了，连他自己也解释不清楚。

1909年9月8日皮尔里在与一家出版社的会谈中说："库克从来也没有到达过北极点，他只不过是在愚弄大众而已。"于是，在这两个前伙伴之间则展开了一场争夺优先权的战争。

后来，这场战争愈演愈烈，竟变成了一场全国性的大混战。《纽约先驱报》支持库克，而《纽约时报》和强有力的美国国家地理学会则支持皮尔里，双方唇枪舌剑，互不相让，你来我往，争论不休。最后没有办法，只好寻求政治解决，于是便提到了国会。而议员先生们同样也意见分歧，借机发挥，大显才华，群情激动，慷慨激昂，经过愤怒地辩论之后，结果以135票对34票，皮尔里赢得了胜利。然而，这一投票结果，实际上却并没有解决问题，因为一个科学的问题，怎么能由政治家们投票来裁决呢？当然，这也是不得已而为之，因为双方都拿不出足够的证据，令人感到怀疑的是，若按路程来算，皮尔里怎么可能达到每天平均44英里的行进速度呢？而其他人，也包括他自己在以前的北极考察中从来也没有超过每天9英里。况且，他也拿不出精确的定位数据来证明他的确切位置。至于库克，就更惨了，无论是从时间、观察数据还是携带的物资来看，他要到达北极点似乎都是不可能的。

现在，人们都说皮尔里首先到达了北极点，没有人再提库克的事。可以肯定，皮尔里确实曾经到达了非常靠近北极点的地方，但他究竟到达北纬多少度却谁也说不清楚，这将是一个永远也无法解开的谜。此其一也。

在人类向两极进军的过程当中，伟大的挪威探险家阿蒙森可以说是独占鳌头，屡建奇功，他不仅第一个到达了南极点，第一个走通了西北航线，而且还于1925年5—6月间第一次乘飞机考察了北极点和斯匹尔根之间的广大地区，连得了三个世界第一，成了当时世界上鼎鼎有名的大人物。另一个知名的人物是意大利的诺贝尔，1926年，他乘自己建造的半硬式飞艇与美国人和挪威人一起,第一次飞到北极点。他们这一成功,在意大利引起了巨大的轰动。当时的法西斯党魁墨索里尼想在国内建立航线,用飞艇来搞运输,但诺贝尔却另有想法,他想把飞艇用于北极科学考察。而墨索里尼则劝他说:"最好不要拿生命去冒第二次险。"诺贝尔不听,1928年4月15日从米兰出发,并于5月23日顺利地到达了北极点。然而,在返回的路上,却因遇到大雾而出事故,于是,有六个国家派出了救援人员,共有18艘船,22架飞机,1 500人参加。阿蒙森正在奥斯陆赴宴,得到这个消息之后,当有记者问他是否前往救援时,他毫不犹豫地回答说:"我准备立即前往。"6月18日,他和另外四人乘坐一架法国飞机从特罗蒙莎起飞,然而,从那以后,却再也没有见到过他们的影子,又成了千古之谜。

当然,在北极探险史上,最悲惨也是最牵动人心的还是富兰克林的悲剧,因为129个人无一生还,所以也成了永远无法解决的谜。130多年之后,1981—1984年,有人又深入到当年富兰克林失事的可能地点进行调查,结果发掘出了几具保存得相当完好的冻尸,所有这些人都睁大着双眼,看上去真是死不瞑目。其中,死时只有20岁的海军战士约翰·特令顿的双手和双脚都被捆绑着,到底发生了什么,又成了令人费解的谜。

第二鲸

　　前几天,听他们说,曾有一群白鲸从观察站前面经过,浩浩荡荡,有数百只,它们可以破冰前进,有时跳起来老高,令人叹为观止。爱斯基摩人捕到了一头白鲸,还引来一头北极熊尾随;他们便开枪把那头北极熊打伤,但却没有逮着,因为它游到对面的浮冰上去了,可见北极熊也实在是一种极端顽强的动物。

　　我虽然眼睛不好,但听到这些消息之后又坐不住了,便乘罗伯特的雪橇去了观察站,那已是4月30日的傍晚,而在北京,却正好是五一节的早晨。有人在帐篷旁边建造了Iglu(伊格鲁),即爱斯基摩人过去居住的雪屋,我便在那里照了一张相,作为五一节的留影吧。

　　几天的风吹,观察站下面的浮冰已经离去了许多,海水就在眼前翻腾。我在那里耐心地等待了半天,不仅未见到白鲸的影子,就连弓头鲸也极少露面,只有一条在远处浮上来一下,但很快又沉了下去。有几条爱斯基摩捕鲸船就在附近等待时机,他们必须日夜坚守,要捕到一条鲸也并非一件容易的事。

　　我们本来计划午夜返回,但罗伯特忽然有事。于是便匆匆忙忙赶回实验室。回到家里才知道,原来有人又捕到一条鲸鱼。迈克他们正要出发去研究,我们便又跳上雪橇,向巴罗以南的捕鲸站奔去。虽然对我来说这是第二鲸,但实际上这却是巴罗今年已经捕到的第八条鲸鱼了。

人逢喜事精神爽，只有在捕到鲸鱼的场合下，才能看到爱斯基摩人一反平时那种拘谨、严肃甚至有点冷漠的常态，而显得格外的热情、友好、活泼、大方。一个白白胖胖的爱斯基摩女人指着一个中年男人介绍说："那是我兄弟，他是船长。"我便过去和他握手、拥抱，表示祝贺。他们之间也是如此，大家跳跃、欢呼，充满了欢声笑语。

这是一头小鲸，甚至比我第一次看到的那头还要小，尾巴已经被割下来，有大半截身子泡在冰水里。我问迈克，他们为什么喜欢捕这种小鲸，其实应该尽量捕一些老一点的，留下这些小鲸去生长和繁殖。迈克也搞不懂，只是摇摇头说："也许这些小鲸比较容易捕吧。"

鲸鱼捕到以后，还有许多事情要做，例如，调动人员、平整场地，单是把鲸鱼从水里拖上来，就是一件费时、费力而且需要大家齐心合力共同完成的事。在这里，我再一次看到了爱斯基摩人那种自发的组织性和纪律性，在大大小小可能有上百人当中，你看不出谁是领导，或者谁在指挥，大家似乎都是平等的，而且又都在自觉地做着自己应该做的事。由于需要大量的绳子和滑轮，而且又总是在不断地出毛病，所以只能是拉拉停停，停停拉拉，一会儿往东，一会儿往西，一会儿往前拉，一会儿又往后拽，一直折腾了四个多小时，还未能把那条鲸鱼完全拉上来，我猜想，同样的情况如果在中国，况且又是极端寒冷的午夜，肯定会是吵吵嚷嚷、骂骂咧咧，人们早就不耐烦了。然而在这里，也许是由于长期在严酷的自然条件下生活养成的习惯，人们仍然是在齐心合力，默默地工作，听不到有人大声说话，更看不到有人指手画脚，但事情却照样在往前运转着，鲸鱼在一点点地被拉了上来，虽然进展很慢，却仍然是气氛活跃，配合默契，绝听不到有人提出抱怨，包括那些老婆孩子，似乎大家都觉得，事情本来就该如此。

在帮着拉鲸鱼的时候，我先是看到了哈瑞的妻子，问候之后，又问她哈瑞在哪里，她指给我看，我却怎么也认不出。只见他穿着一件白袍子，长长的棉裤拖到了地，腰里挂着一把刀子，走起路来慢慢腾腾，就像是一个老头子。只有那对眼睛炯炯有神，仍然闪现着青春的活力。我问他什么时候到日本去，他说明天起程。而现在已经十二点多了，他却还是这副模样，在继续默默地工作着。当我对此表示佩服时，他却淡淡一笑说："没有关系，明天在飞机上可以好好睡。"而他妻子也在一旁打趣地说："可能会忘了飞机。"

回到家已经凌晨两点了，肚子饿得难受，先到厨房去弄点吃的。这时，同去的白人姑娘巴比告诉我说："有个爱斯基摩女人悄悄地对我说，他们希望能得到更多的配额，以便捕更多的鲸鱼。但我觉得似乎已经够了。因为有人看到，在附近的垃圾坑里有许多未吃的鲸肉扔在那里，都腐烂了，所以才招来那么多北极熊。"

是的，关于爱斯基摩人捕鲸的问题正在遭受外界的许多议论和压力。但是，我觉得，靠山吃山，靠海吃海，爱斯基摩人祖祖辈辈生活在北极这地方，不让他们捕鲸，他们吃什么呢？当然，就现在的情况来说，他们也可以改吃牛肉和猪肉，就像其他地方的美国人一样。然而，经济负担暂当别说，如果那样的话，爱斯基摩文化也就不复存在了。因此，人类当然也包括爱斯基摩人自己，正面临着某种选择，是要保护鲸的数量呢？还是要保留民族的文化？这似乎有点耸人听闻，因为问题还没有严重到那种程度，但其实质就是如此。

虽然从长远来说民族和国家一样，是属于在一定历史条件下所演化出来的政治产物，总有一天是会消亡的。但是在现在，民族却仍然是一种无形的政治力量，有谁愿意率先走到那一步呢？所以，最好的办法是，通过科学的研究和管理，即能保住弓鲸的继续繁衍，又能使得爱斯基摩文化繁荣昌盛，这才是真正符合现实而又两全其美的事。这也正是爱斯基摩兄弟正在为之努力奋斗的事业。

人类应该吃什么

据说,巴罗的春季捕鲸已接近尾声,很快就要结束了。因为限额已满,除非其他村子还有剩余的限额匀过来,否则的话,大队人马很快就要撤兵回营了。我问他们限额有多少,都说是 18 Strikes,也就是说,巴罗这里的捕鲸者春季一共可以扔 18 次 harpoon(鱼叉),现在据说一共捕到了 9 只,成功率大约是 50%。因为有时候虽然把标枪扎到鲸鱼身上去了,但鲸鱼照样沉下去或钻到冰下面逃走了。当然这样的鲸鱼也很难再活下去,因为鱼叉进入鲸鱼的身体以后,一个倒钩便会自动张开,鲸是无论如何也挣脱不了的。不仅如此,倒钩上还有一枚炸弹同时爆炸,在鲸身里面炸出一个大窟窿。因此,即使侥幸逃脱了的鲸要继续生活下去也将是非常艰难的,我一共参观了两头捕上来的鲸,并帮助爱斯基摩兄弟拼命地往上拉,很是卖了一些力气。但心情却总是矛盾的:一方面,我看到爱斯基摩兄弟那种举家欢腾的场面很受感动,真为他们高兴,深表祝贺;但是,另一方面,我看到那些死去的鲸鱼被一块块地分解开来,鲸血淋淋,又觉得很是可怜。况且,我所看到的那两头都是小鲸,尚未成熟,就更感到于心不忍。

很显然,在这里工作的大多数白人和当地的爱斯基摩人对捕鲸的看法是截然不同的。有人公开表示不满,并问我看这种捕鲸的场面到底持何态度。因为我知道这是个很敏感的问题,所以只好搪塞过去了。但内心却并不平静,觉得夹在两者中间,不知如何是好。当然,首先我认为,捕鲸确实是

239

爱斯基摩文化的重要组成部分。因为这个民族主要是依靠捕食鲸鱼,当然还有其他海生和陆生的动物而存活至今的。但是另一方面,却也很同情鲸鱼的遭遇。特别是这种弓头鲸,确实是一种非常温顺的动物,在被捕到的时候,甚至连挣扎都不挣扎一下。

但是,我未曾想到的是,还有其他的民族也出来声称是他们文化的一部分,那就是日本。

国际上有个组织,叫作国际捕鲸委员会(International Whaling Commission,简称 IWC),几十年来在捕鲸管理方面做了大量工作,在保护鲸鱼的数量上发挥了重要的作用。该委员会对捕鲸的数量做了一定的限制,而对有些数量正在锐减、濒临灭绝的鲸种则禁止捕杀。前几年,迫于公众舆论的压力,商业性的捕鲸活动基本上已经停止了,只有两个国家是例外的,那就是前苏联和日本,当然,他们也不敢明目张胆,而是披着科学研究的外衣。

然而现在,有些国家出于经济上的考虑,致使捕鲸活动又有重新活跃起来之势。冰岛退出了国际捕鲸委员会,挪威虽然保留其会籍,却声称要恢复捕鲸。只有美国、澳大利亚、新西兰和法国等国家态度坚决,表示对鲸鱼的数量应该继续给予保护。今年的国际委员会将于5月10—14日在日本召开,有39个国家的代表出席,这正好给了日本人一个充分表演的机会,顿时热闹起来了。据5月3日《安克雷奇每日新闻报》的消息称,日本上上下下,似乎正在掀起一场反对禁止商业性捕鲸的运动。这也是可以理解的,因为这涉及他们的切身利益。例如,东京一家餐馆老板看到贵客满座,几乎每一把木椅子都被办公室工作人员和大学生所占满,很是沾沾自喜。他的餐馆供应鲸排、鲸烧、鲸炸、鲸烤、熏鲸肉以及用鲸舌头做的鲸汤,应有尽有。仅这一家餐馆,一年就要消耗大约两条鲸鱼之多。但是,当他一想起禁止商业性捕鲸立刻就会酸溜溜的,因为这意味着他的餐馆只好关闭。因而他说:"我感到相当愤怒,为什么要由其他国家的人来告诉我们,什么应该吃,什么不应该吃呢,真是岂有此理!"

而在五一节那天，东京街头上出现了一支由海员组成的游行队伍，要求政府保护捕鲸业，他们升起了一个鲸鱼形状的巨大的氢气球，上面挂着两条标语，一条是说："祝贺国际捕鲸委员会京都会议圆满成功！"而另一条则是："在拯救鲸鱼免其灭绝的同时继续捕鲸！"

汤姆于4月17日去了东京，又是专门为这次会议做准备的，可见美国政府对此事的重视程度。而会议还没有开始，争论就已经白热化了。日本和挪威认为，关于暂行捕鲸的禁令应该取消，因为鲸的数量已经得到了恢复。例如，据估计，个头比较小的明克鲸（Mink Whale）在南半球就有76万头，所以，日本人认为，每年捕杀2 000头是不会影响其数量的。但是，其他国家则认为，鲸鱼的数量仍然处于脆弱的状态，甚至包括明克鲸在内，都应该继续加以保护。有些国家，包括新西兰和澳大利亚已经声明，应该永远禁止捕鲸。美国也强烈反对捕鲸。而法国则提出，在南纬40°以南的南极水域建立一个鲸鱼保护区，这一提议也得到了美国和其他一些国家的积极支持。一个美国代表说："如果我们用这些鲸肉来救济那些第三世界正在挨饿的人民也许可以考虑。然而，事情却并非如此，这些鲸肉却出现在世界上最大城市的一些最高级的餐馆里。"而日本方面却另有说辞，他们争辩说："鲸鱼保护是把一个国家的伦理道德强加在另外一个国家的头上，为什么西方国家可以宰杀牛和猪而我们日本就不能捕鲸呢？"因此，一个日本代表说："我们不要造成一种新的宗教，即拜鲸教。我们相信科学，我们相信科学家，但我们不应该允许宗教主义者参加到这场争论里面去。"

这听起来似乎是，公说公有理，婆说婆有理，于是我便想到了一个问题，即人类到底应该吃什么？

实际上，从远古到现在，人类的食品变化还是很大的。我们的祖先靠狩猎而生存，先是吃生肉，后来则用火烤，当然，那时候吃的主要是野味，至于种粮食则是后来才学会的。发展到现在，则是吃风大盛，花样百出，形成了各种各样吃的文化。当然，总的趋势是，愈来愈丰富，愈来愈高级，真是食不厌精，脍不厌细。这也无可非议，因为据说人来到这个世界上，其主要的目

241

的之一则是吃。因此，吃不再仅仅是为了维持生命，而是变成了一种享受，于是便成了人们孜孜以求的目标。我常常想，一顿普通的饭菜与一桌高级的宴席就营养价值来讲，到底能相差多少呢？恐怕也差不了太多吧，也就是几倍而已，至于人身体到底能吸收多少，就更难以估计了。那么，人们为什么会在吃上下这样大的本钱，甚至不惜一掷千金呢？恐怕是醉翁之意不在酒，而是在追求着一种精神的享受。因为社会发展到现在，吃不仅成了某种社会地位的标志，而且也成了一种可以向人炫耀的资本，因此人们才会拼着命地去吃。否则的话，如果仅从生存或者营养上来考虑，是无论如何也解释不了这种社会现象的。

但是，我觉得全世界的美食学家和美食爱好者们现在都面临着一个共同的问题，即吃的文化似乎已经发展到了顶峰或者尽头，因为鸡鸭鱼肉再花样翻新也还是鸡鸭鱼肉，无论是法国烹调还是中国饮食似乎都难再有什么重大突破。于是人们又开始羡慕起自己的祖先来了，他们成天吃的是野味，我们为什么不能试一试？这就是东京的鲸肉馆人满为患的真正原因。而在中国，则有"鸡鸭鱼肉撤下去，乌龟王八端上来"之说。甚至有的野生动物保护机构，也喜欢用他们所保护的野生动物来招待客人。

当然，日本人的说辞也不无道理，既然西方人可以宰杀牛猪，他们为什么不能捕鲸呢？然而，问题在于牛猪是人工所饲养，其数量是可以控制的。而鲸鱼都是野生的，且身体如此庞大，需要几十年才长得起来，其繁殖能力又很弱，所以生长起来很难，但毁灭起来却极容易，现代的科学技术如同天罗地网，鲸鱼是插翅难逃，要摆脱追捕是比登天还难的。但人类的胃口却永远无法满足，一家餐馆一年就要消耗两条鲸鱼，那么试问一下，日本到底有多少家这样的餐馆呢？

最近阅读材料，看到在富兰克林北极探险的悲剧中，到最后粮尽弹绝的时候，很可能曾经发生过吃人肉的现象，因为从现在所发现的人骨上还可以看到明显的被刀砍过的痕迹。这一事实其实早就有所报道，因为当时的爱斯基摩人确曾看到他们用靴子盛着煮好的人肉，但英国人不肯相信，认为当时训练有素的海军英雄们是不可能干出这种事来的。现在,在确凿的证据面前,可能也开始有点相信了。实际上,如果追溯起来,世界上所有的民族恐怕都会有过这样的事,正如我在《北极的呼唤》一书中所提到的那个爱斯基摩人的故事一样,一个人只好吃了他的母亲才得以生存下来。在必须生存的情况下,发生这样的事虽不能说是正常的,但却也是可以理解的。直到现在,在太平洋的一些岛屿上据说还有以人肉为大餐的民族。但却没有听说那个民族声称,吃人肉也是自己文化的一部分。

几千年以前,当释迦牟尼坐在菩提树下冥思苦想了一阵之后,他忽然悟出了一个道理,即生命是人类的,人们不应该去伤害它们。于是他主张吃素食,而反对杀生。这可以说是人类的第一次觉悟。但是他当时只是悟对了一半,因为植物实际上也是有生命的。当然,也幸好只悟对了一半,如果他全悟出来的话,那么连素食也不能吃,人类只好去喝西北风了。

现在,人类正在进行着第二次反省或者觉悟,即就生命这一点而言,人和生物都是平等的,因为人也是生物,只不过是最高的生物而已。既然如此,那么人类就有一种义不容辞的责任去保护其他生物,使其不至于灭绝,这不仅是为了其他生物,也是为了人类自身的利益,因为如果其他生物都灭绝了,人类也就来到了末日,不可能再在这个地球上生存下去!

还是日本人说得对,是的,我们应该相信科学。我们应该相信科学家。但是,问题往往是,对自己有利的科学和科学家就比较容易相信,而对自己不利的科学和科学家要相信起来就不是那么容易。

243

第五部

初拍北极

CHUPAI BEIJI

引子

　　时间到了1994年3月,虽然经过三年多的努力,但却仍然没有多大起色。究其原因,按新闻界的话来说,就是因为还没有炒热。为了进一步推动中国的北极考察事业,如果能够拍摄一部有关北极实际情况的电视系列片,就有可能进一步唤起民众,寻求更多的支持者。但是,要拍摄一部电视片谈何容易,不仅需要有一定的资金和人力,还必须有一些志同道合的合作者。正在发愁之际,忽然接到了一个电话,是浙江电视台姜德鹏同志打来的,于是眼前一亮,又有了新的转机。

　　我和姜德鹏同志的合作是从1990年开始的,我们一起策划拍摄了电视系列片《南极与人类》,不仅片子获得成功,个人之间也建立了友谊。但是地球有两个极,我们不能舍近求远,只拍其一而不拍其二。因此,当我把这一想法告诉小姜时,立刻引起了他的极大兴趣。回台之后,首先得到社教部主任高克明同志的全力支持,终于得到浙江电视台梁雄台长及其他诸位领导、浙江省委宣传部及浙江省电影电视厅诸位领导的批准和支持。于是,由中国北极科学考察筹备组与浙江电视台合作,由浙江电视台社教部主任高克明、编导姜德鹏、摄像史鲁杭、中国北极科学考察筹备组负责人位梦华组成联合摄制组,于8月26日出发,历时两个半月,行程87 630千米,深入到美国阿拉斯加、加拿大、格陵兰、挪威和芬兰等五个国家和北极地区,拍摄了大量宝贵镜头,共有长达2 400多分钟的素材。这是中国电视工作者第一次深入北极地区取得的第一手资料，并以中国人自己的眼睛和头脑来观察和分析北极问题，因此具有重要的现实意义和科学价值，为正在启动中的中国北极科学考察事业起到了一定的推动作用，也为广大的中国观众对北极的理解、思考和感性认识提供了一些生动的素材和事实。

第一站　阿拉斯加　北极之门

走向北极的路程是漫长的。我们从上海飞向美国洛杉矶,然后转机来到了阿拉斯加州的安克雷奇,这座北冰洋沿岸的城市,让我们感到了一阵寒意,北极已近在咫尺。

美国的爱斯基摩人豪爽而又有个性,他们虽然承认自己是美国臣民,却坚持这片土地是他们的,凡是在上面建立军事基地和开采石油,都需要考虑他们的利益。在他们的强烈要求下,美国联邦政府把23万平方千米的土地归还了他们。1972年,在这片土地上成立了北坡爱斯基摩自治区。首府是巴罗(Barrow)。

1994年8月28日15时,我们登上了一架画有爱斯基摩人头像的班机,直飞巴罗。窗外千堆白云,让我们联想起千堆白雪。

终于,麦金利山出现在我们眼前。今天天气特别好,能见度很高,我们看到了雪峰,看得非常清晰,雪坡上有一道道滑雪的痕迹。乘务员告诉说,麦金利山平常总是被云遮着,今天能看得这么清楚,真是难得。麦金利山海拔6189米,是北美第一高峰。从机上俯瞰,的确壮观。

16时30分,飞机穿越北极圈,我们进入北极。从机窗往下看,下面白茫茫一片,看不见任何可以表示这一时刻的标志。但我们清楚地意识到,我们已经进入一个陌生而又神奇的世界,我们的心情由紧张而变得紧迫,感到了任务的压力。继续飞行两个小时后,我们终于到达了位于北纬71°的巴罗,踏上了北极大地。当地时间是晚上6点15分。北坡自治区首席科学家汤姆夫妇来接我们,把我们安排在美国北极科学考察基地。

巴罗是我们北极之行的第一站,它位于北纬71°。距巴罗城5英里(约8.2千米)的地方便是著名的巴罗角,它是美洲大陆的最北端。巴罗城的居民主要是爱斯基摩人,他们不在乎别人叫他们爱斯基摩人,但自称因纽特人,意思是"真正的人民"。

由于巴罗地理位置独特,鲸群每年春秋两季从附近海域经过,因此当地的爱斯基摩人世代以捕鲸为生。鲸不仅给他们提供了食物来源,而且,共同捕鲸和分享鲸肉增强了爱斯基摩民族的凝聚力。可以说,鲸已成了他们的文化中心。

巴罗城有一个明显的标志,那就是竖立在海边、用鲸鱼骨做的巴罗之门,我们习惯把它称作"北极之门",这不仅是因为这个标志集中体现了爱斯基摩人的文化和传统,而且,正是从巴罗开始,我们看到了北极独特的景色和独特的人民。

北极并不像人们想象的那样,终年冰天雪地,它也有绿色的一面。每年七八月份,是北极的夏季,冰雪消融,大片的苔原露出地面,装点着北极大地。苔原主要是由地衣构成的,地衣不是一种植物,它是真菌和藻类的共生体,它没有根、叶,也不开花结果。在长期的自然进化中,这种低等植物彼此合作的很好,真菌从土壤中吸收水分和营养,藻类用叶绿素制造有机质。在苔原中还生长着一些色彩鲜艳的蘑菇、浆果和显花植物,非常美丽。北极的夏天,可以说生机盎然。

在北极苔原上,生活着许多动物,像旅鼠、北极狼、麝香牛、野兔狐狸和各种鸟。最多的要数驯鹿,每年春天,驯鹿穿过布鲁克斯山的隘口,进入肥沃的苔原寻找食物、养育后代。秋天来临时,驯鹿便要南迁到较温暖的地方去。它们在迁徙时往往成群结队,几百头几千头,场面非常壮观。

野生动物管理机构是北坡自治区最大的科研机构,主要负责研究和保护北极的各种动物。管理机构的首席科学家汤姆先生虽然不是爱斯基摩人,可

249

已经在爱斯基摩社区生活了16年,帮助爱斯基摩人研究他们赖以生存的生态环境,了解全球性的气候变化对他们的家园产生的影响。当得知中国打算开展北极科学考察时,汤姆先生希望两国科学家能够相互合作,共同研究。

他告诉我们说:"对于科学研究来说,北极是一个非常独特的地方。但是北极很遥远,来到这里要花很多钱,在这里生活也要花很多钱。我们希望了解这里的环境演变,了解全球变暖的问题,了解鲸鱼和鸟类的习性;我们也希望研究爱斯基摩人。但是现在来这里的科学家越来越少了,因为美国政府对北极研究的规模与前几年相比,现在已经缩小了。许多美国科学家如今都跑到格陵兰去做北极研究。因此我们迫切希望有更多的科学家来这里。听说中国科学院打算开展北极研究,所以,假如我们能够帮助中国科学家来这里,也许是个好主意,因为一方面,中国的科学家可以来北极从事研究,另一方面,这样一来,也就有人帮助我们一同来做研究,这样就互惠互利。"

在这种互惠合作的原则下,中国科学院已经派出了科学家,来到北坡自治区,在野生动物管理部门人员的帮助下,采集土壤、冰雪、湖水、动植物标本,进行研究,来解答当地爱斯基摩人普遍关心的问题,诸如北极的环境会不会恶化? 温度会不会持续上升? 鲸鱼会不会因此改变迁徙路线?

来自中国科学院海洋研究所的祝茜博士是我大学的校友,没想到我们在北极见面了,我就爱斯基摩人担忧的问题采访了他,他回答说:

"当地的爱斯基摩人最关心的是,假如全球气候变暖的话,北极露脊鲸、环斑海豹、驯鹿还能不能在北极生活? 我们通过生化分析,发现它们的酶忍受温度的程度,看来比一般的动物要高。所以说,假如北极温度不会变化很大的话,他们能适应那种环境。这可能和这些动物长期的适应结果有关系。"

祝茜说,虽然北极现在的环境还没有恶化到影响当地物种生长的境地,但是,保护北极、保护我们的地球环境,是世界上各民族都应该重视的问题,因为这关系到我们未来的发展。

北坡的爱斯基摩人是幸运的,一方面,由于他们的个性,他们在生活中保留了许多传统——他们有自己的语言，有自己的组织，可以在自己的土地上打猎、捕鱼；另一方面，由于北冰洋沿岸发现了石油，而那片土地又属于他们，石油公司每年要付给他们巨额的土地税，他们的生活因此而变的非常富裕，家家户户都有汽车和快艇。可以说，这里的爱斯基摩人是把传统与文明结合的最好的民族。最为可贵的是，在现代物质文明的漩涡中，他们一点也没有改变他们温柔敦厚的民族性格。在我们拍摄采访的日子里，他们对我们十分友好，称我们是文化使者，开创了爱斯基摩人与中华民族文化交流的先河。

北坡自治区首脑乔治·阿摩瓦克给我们颁发了奖状，表彰我们为传播因纽特（爱斯基摩）文化所做的贡献：

特表彰阁下于1994年8月下旬至9月在阿拉斯加北坡自治区拍摄有关因纽特人的生活和文化的电视纪录片。你们是受欢迎的人。AARIGAA QAIRUASI!（爱斯基摩语：非常感谢！）

北坡自治区市长

乔治·阿摩瓦克

抓拍北极熊

前两次进北极，主要是搞科学考察，所以时间可以由自己安排和支配，但拍片子就没有那么主动了，因为许多场景一闪即逝，真是机不可失，时不再来，所以必须东奔西跑，到处抓拍，从早忙到晚，实行的是一种疲劳战术。

9月5日晚，吃过晚饭正在抓紧写日记，突然听说有头北极熊出现在巴罗角附近，我们都着了魔似地跳了起来，扔掉手中的东西，背上照相机和摄像机，钻进临时抓来的一辆汽车，匆匆忙忙向巴罗角开去。在剧烈的颠簸之中，大家都在忙着上胶卷，摆弄照相机，就像临上阵的战士在准备自己的武

251

器。忽然听到几声枪响,枪声划破长空,车子也便戛然而止,每个人也就不由自主地往前倾倒下去。"在那里!"不知是谁大喊一声,抬头看时,果然有一头北极熊正从容不迫地在沙滩上漫步,史鲁杭抗起机器就往外冲,被司机一把扯住。"坐下!"那姑娘满脸严肃地命令说,"你必须老老实实地待在车里!"小史只好不情愿地坐下来,一面急忙对好镜头,从车窗里往外拍摄,一面很不甘心地咕哝着:"他妈的,豁出命来我也要把它拍下来。"幸好那姑娘不懂中文,不知道"他妈的"是什么意思。

我也顾不得多想,对着窗口"噼里啪啦"地拍起照片来,虽然已经三进北极,看到北极熊这还是第一次,只见那家伙体大胖圆,浑身雪白,只有眼睛和嘴巴是黑的。它沿着海边慢慢跋步,且东张西望,并未把那些手拿猎枪的人们放在眼里。人们见它无意离开,便又朝天放了几枪,这次它似乎有点害怕,小跑起来,并扑通一声跳进水里,非常敏捷地游了起来,然后爬上一块大冰块。但那冰块似乎不堪重负,歪斜起来,它便趁势又跳入水中,爬上了另外一块更大的浮冰,纵身一抖,水花便都飞溅开去,在夕阳照射下,变成无数晶莹的水珠。然后回过头来,向岸上望了几眼,似乎是说再见吧,一跃而起,跳下大海,向碧蓝的深处游去。望着它那渐渐消逝的身影,只觉得这次相会太短暂了,实在有点惋惜,有谁还会想到,它有着凶残的本性呢?

北极熊属保护动物,除非万不得已,威胁到人的生命时,方可开枪,否则的话人们是不能随便猎杀的。

友好的灰鲸

来到北极,除了北极熊之外,最想看到的当然是灰鲸。巴罗地区是鲸鱼洄游的必经之地,每年春秋两季,总有大量的鲸群经过这里。虽然国际上现在禁止捕鲸,但因爱斯基摩人祖祖辈辈是以鲸肉为主要食物,正如农民靠粮食生存一样,国际委员会每年都批给阿拉斯加北坡自治区的爱斯基摩人一定数量的限额,今年春天鲸鱼特别多,巴罗镇分配到的限额基本上已经捕满,所以到秋天则没有什么捕鲸任务。我们因为特别想拍摄一点捕鲸的场面,所以觉得特别遗憾。热情的主人早就猜透了我们的心思,所以专门安排了一天,让我们到海上去看鲸。

9月12日,天阴的铅灰,但却风平浪静,今天也许是看鲸的好日子,因为以前安排过几次,都因为风急浪大而取消。虽然有点扫兴,但也没法子,北冰洋里浮冰如山,水温很低,万一落水,几分钟就会休克过去,不像别的地方,掉下水正好洗个澡,这个地方却不是好玩的,即使极有经验的爱斯基摩人猎首,下海之前也得三思。

上午先到学校去拍片,一直忙到中午,匆匆吃一点东西填饱肚皮,便穿上防水服,蹬了胶皮靴子,身体立刻臃肿起来,体积增加了好几倍,看上去像一群宇航员。驾船的是一个叫卡尔(Carl)的爱斯基摩小伙子,他做了充分的准备,带上救生的东西,便把我们一个个接上船去,开动马达,飞也似地往前开去。已经记不清楚我这是第几次深入北冰洋了,但依然很激动,况且这是去看鲸鱼。

卡尔一面开船,一面东张西望,猎枪就放在脚边,随时准备射击。他刚三十一岁,却已经有了四个孩子,必须多打些海豹。因为我们急于看鲸鱼,他也就只好恋恋不舍地放弃打猎的念头,继续往前开去。

突然,远处的水面上露出了一个圆丘般的脑袋,"鲸鱼!"我们不约而同地大喊了起来,同时纷纷举起了相机。但是,那圆丘很快又沉了下去,接着又露出小山似的背部。由于船体摇晃,我们都东倒西歪,但每个人手里都死死地抓住相机,一面拨动快门,一面狂喊乱叫,"好极了""真棒""再来一次"那鲸鱼像是听懂了我们的话似的,把身体缓缓地沉了下去,却伸出了它那燕尾状的大尾巴,像一把巨大的扇子,徐徐升起,在空中画了一个弧形,像在翩翩起舞,然后又收了回去,无声无息,从海面上消失了。我们刚想站起来,喘一口气,却马上又有一个小山露出水面,大家立刻又操起相机"噼里啪啦"地乱拍一气。就这样,一座座小山在海上出没,一把把巨扇在空中挥舞,我们则东转西转,忙得不亦乐乎。但是大家一面抓拍,一面还总觉得美中不足,因为周围的灰鲸虽然很多,却离我们似乎都太远了。不知是心灵感应,还是脑电波的缘故,鲸鱼们似乎也猜透了我们的心思。突然,就在我们小船的旁边,渐渐露出了一个巨大的脑袋,并且用眼睛默默地注视着我们,连它头上的花纹都看得清清楚楚。这突如其来的景象一下子把人们吓呆了。小姜紧张地低声说:"它会不会把我们的船弄翻啊?"我急忙安慰他说:"放心好了,鲸鱼对人类向来是很友好的。"果不其然,只见那头看上去比较年轻的小鲸鱼像是在跟我们开玩笑似的,从我们的船边扎了下去,极其缓慢地钻过船底,然后又小心翼翼地浮出水面,好像在说:"我没有把你们伤着吧?"接着又游了一圈,并举起它那巨大的尾巴,拜拜了。

爱斯基摩人的葬礼

如果向人们提出这样的问题:参加人家的葬礼是哭好还是笑好? 那回答肯定是前者。如果你在人家的葬礼上哈哈大笑,肯定会被认为是神经出了毛病。但爱斯基摩人的观念与我们是大不一样的。

9月8日,我们应邀在一个叫卡克托维克的爱斯基摩小村参加了一位捕鲸船长的葬礼。这也是特例,是这里的居民对我们特别友好的缘故,因为爱斯基摩人是不喜欢外人去打扰他们的,更不用说去拍摄他们的葬礼了。

实际上,悼念活动7日晚上就已经开始了,一个朋友带我们到一个教堂参加悼念仪式。刚走进大厅,就听见一阵哈哈大笑,不觉一愣,以为走错了地方,正想转身出来,却被主人迎了进去。只见里面坐满了人,男女老幼,挤了一屋子。看上去像是一个座谈会,人们轮流着回忆死者生前的事,常常是一些笑话,并且加以幽默地评论,不断地引起一阵阵笑声,仿佛死者就坐在那里,和大家一起在开玩笑似的。当然有时候也会引出悲痛的回忆,发言人忍不住失声痛哭,但接着又会转悲痛为轻松,并且献上一首歌,为死者及其家人祝福。总的气氛是生动活泼，就像在开故事会。

正式的葬礼是在市政厅或者村公所举行。棺木放在大厅中央，盖开着，老捕鲸船长西蒙（Simon）端端庄庄地躺在那里，周围放着一些鲜花与祭品。据说，他参加过二次世界大战，在德国作过战，也算是个传奇人物，所以很有威信。而且是个强有力的人物，把家庭维系得很好，这在爱斯基摩社会中是很不容易的。因此不仅各个村子都有代表来参加，就连北坡自治区政府首脑也派遣特别代表来出席。

尽管死者就躺在面前，他的亲属也悲伤地坐在那里，但葬礼的气氛却依旧活跃。悼念者络绎不绝，有人也忍不住站在死者面前哭泣，但大多数发言者都是谈笑风生、轻松自如，演说中夹杂着幽默与玩笑，回忆中穿插着戏谑与滑稽，常常能引起一阵阵哄堂大笑，甚至连那些沉浸在悲痛中的死者亲属也为之破涕。再加上一首首唱得相当悦耳的圣歌，使整个葬礼似乎变成了一种庆祝仪式。这样持续了大约有四个多小时，棺木盖上了，被几个壮汉抬了出去，直到这时，跟在后面的亲属有人失声痛哭，但到棺材上灵车，哭声也便终止，并不像我们的葬礼那样，亲属要一路地哭下去，有的还口中念念有词，唱歌似的。

天气晴朗，但很冷。人们费了很大的劲，把棺木下葬之后，又竖起了一个很大的木制十字架，涂成洁白色，与周围的冰雪融为一体。

事后，与爱斯基摩朋友们谈起，说我们的葬礼总是非常严肃的，参加者都要满脸悲伤，即使不沉痛也要装出沉痛的样子。他们听了以后哈哈大笑，大为不解地说："那何必呢？死者的亲属本来就很难过，如果别人也陪着他们去悲伤，岂不更增加了精神压力。我们之所以轻松活泼，大讲笑话，就是为了减轻死者家属的痛苦，使他们尽快地解脱出来。死了的人已经死了，活着的人必须面对现实。"一席话使我不禁肃然起敬，觉得爱斯基摩人真不愧是一个伟大的民族，他们长期生活在极端困难的环境里，养成了这种乐观、顽强、坚韧不拔的性格，能以轻松的心情面对死亡，用幽默的言辞去描述难题，实在令人钦佩之至。

吃生肉的体验与反思

爱斯基摩（Eskimo）一词来自印第安语，即"吃生肉的人"之意。因为历史上印第安人与爱斯基摩人有隙，这名字自然也就带有贬义。所以爱斯基摩人并不喜欢这个词，而称自己为因纽特（Inuit）或因纽皮特（Inupiat），即"真正的人"之意。但因爱斯基摩一词应用得实在太广泛了，要改过来谈何容易，也就只好听之任之了。

另外，这名字听起来虽然不大顺耳，但说的却也是事实，因为爱斯基摩人确实是爱吃生肉的。过去，他们生活在没有树木，连小草也很少的冰天雪地里，只能以拣海边的漂木取暖做饭，烧的柴非常短缺，又要经常迁移，生吃猎物则是非常自然的。而且煮熟的猎物虽然好吃，吃了更容易消化，饱餐一顿之后最多只能坚持四五个小时，而爱斯基摩人在极端艰苦的环境里挣扎生存，往往需要连续工作或走路数十小时，而吃上一顿生肉，则可坚持更长的时间，这也是他们爱吃生肉的重要原因之一。更重要的是，以前的爱斯基摩人吃不到任何蔬菜和水果，而吃生肉则可以补充身体所必需的维生素C，这一点虽然他们也许并不懂，但却是自然生存所决定的。

明白了这些道理，实践起来就会比较容易一些了。1991年初到北极，爱斯基摩朋友就以生鲸肉招待我，厚厚的黑色鲸皮上带上一块粉白的脂肪是他们最爱吃的食物，蘸上酱油，嚼起来津津有味。我也如法炮制，虽然咬起来有点费劲，却也咽了下去，真还有点香味，并没有觉得难吃。后来生吃鲸肉，似乎又难了一步。爱斯基摩人每家都有一个地窖，是天然的大冰库，把猎物扔在里面一年四季都能冻得硬梆梆，随时可以拿出来吃。一个朋友送我一块鲸肉，并当场示范，用刀子削成一片片地吃。我吃了几片，大约是因为时间较久，腥味要浓一些，咽的时候做了一番努力，但嘴里仍然说："好吃，好吃！"后来我红烧了一下，请爱斯基摩朋友来尝，他们也说："好吃，好吃！"

去年二进北极,他们请我吃生驯鹿肉,蘸上海豹油,因为没有腥味,所以觉得味道还可以,驯鹿肉是上好的食品,他们在出海捕鲸或者隆重的宴席上才舍得拿出来吃。

今年三进北极。有一天,我们摄制组去拍爱斯基摩人的冰库。我的好朋友查理非常热情,把他家里的冰库打开让我们拍,一股腥臭味扑面而来,先是给了我们一个下马威。后来查理拿出海豹肉干让我们吃,我因为早就吃过这东西,所以嚼得津津有味。高克明和姜德鹏各人弄了一块在口里,咽又咽不下,吐又不能吐,很是受了一番磨难。史鲁杭一看情况不妙,便扛上摄像机就往外跑,以拍摄太忙为借口溜之大吉。后来到一个朋友家里吃饭,几乎尝到了除北极熊之外所有北极猎物的肉,这次因为有了思想准备,所以我们的胃没有像以前那样抵触。我们觉得,最好吃的是白鲸的肉,当然那是煮熟了的。

人们一提到吃生肉,往往谈虎色变,为之咋舌。以前也是这么想,所以第一次吃生肉时心里直犯嘀咕,生怕肚子不舒服。结果呢?吃下去之后什么事也没有,困难主要是在嘴里。因为我们和爱斯基摩人在身体构造上完全一样,只不过生活习惯不同而已。实际上,世界上所有民族的祖先都是从吃生肉中演化而来的。直到现在,许多民族也仍然有着吃生肉的嗜好,例如,日本人爱吃生鱼片,我们爱吃生虾,甚至活虾,不都是生肉吗?爱斯基摩人因为环境特殊,把吃生肉的习惯保留至今,又有什么可大惊小怪的呢?而且,由于北极的环境非常干净,极少污染,所以他们吃的生肉,要比我们的生虾、生鱼片更加保险。

257

第二站　雷索卢特国际探险者之家

　　从地图上看,加拿大的北极地区差不多是由一个个岛屿组成的,这些岛屿统称为北极群岛。加拿大的领土有将近30%是在北极圈内,政府一向就很重视这一地区。20世纪初,加拿大便对北极开展了一系列考察,全面了解北极陆地及其周围海域。

　　加拿大对北极的兴趣不外乎两点,一是它的自然资源,二是它的地理位置。

　　加拿大北极群岛的地理位置十分独特,它北靠北冰洋,东临大西洋,西濒太平洋;在岛屿之间,有一条有名的航道,叫作"西北航线",这条航道沟通大西洋和太平洋,是世界上最险峻的航线之一。它的长度为1 450千米,航道上终年被冰块堵塞,冰块的厚度在2～4米之间;夏季常常大雾弥漫,冬季则是漫漫极夜,给航海者造成很大困难。然而西北航线又是欧洲通往亚洲的捷径,历史上很多探险家为了寻找一条通往传说中的东方富国的通道,前赴后继,不惜生命的代价来到西北航线探险。最有名的是富兰克林率领的英国探险队。现在,尽管现代化的交通早已缩短了东西方的距离,但是,由于北冰洋沿岸发现了丰富的油气资源,在北极苔原上架设管道把石油输出到欧洲市场,未必是最好的方法。一些国家开始考虑用油船来海运(现代化的破冰船在冰海里畅通无阻),于是西北航线又变得重要起来。

　　为了保卫它的渔业资源和交通要道,加拿大政府加强了对北极地区的管理。在北极布置了军事力量，并且建立了许多爱斯基摩村落，让游猎的爱斯基摩人定居下来，不让他们为外界利用。离开巴罗后，经过近半个月的颠簸，我们摄制组来到了位于西北航线要道上的一个小村——雷索卢特（Resolute）。

雷索卢特位于北纬74°，它建于1950年，人口只有200人，20来户人家，居民大多数是爱斯基摩人。这里的居民不像美国的爱斯基摩人，不怎么喜欢别人称他们为爱斯基摩人，而自称因纽特人。这些因纽特人主要以打猎为主，偶尔也做些工艺品卖给游客，或用皮毛与外界做些贸易。

雷索卢特在北极探险史上很有名，不仅因为它身居西北航线的要冲，而且还因为它处于高纬度地区，是通往北极点的中转站。许多探险家都是从这里出发，开始他们的北极点探险。

听说这里有一个国际探险者之家，专门接待前来北极探险和考察的人。我们就找上门去。刚到门口时，让我们感到惊喜的是，房顶上飘扬着一面五星红旗。主人告诉我们说，他一直收藏着这面中国国旗，就是没有机会挂，今天终于如愿。

国际探险者之家主人叫贝泽尔，是一位印度人，20世纪60年代移民来到加拿大，先是在政府部门工作，后来辞职，创办了这个国际探险者之家。这个所谓的"家"，其实是一个集旅馆和旅行社为一体的北极旅游探险基地。基地里准备有各种先进的极地探险的器材和装备，贝泽尔本人又是一位富有经验的极地向导，多次到达北极点。国际探险者之家成立后，每年都有许多探险家和考察队来到这里，把这里作为进军北极点的基地。我国1995年远征北极点的科学考察，也把这里作为大本营。

贝泽尔告诉我们，他接待过来自世界各地50多个国家的北极探险队和考察队，中国人是第一次到这里，他希望今后有更多的中国人前来北极考察。他说，他创办这个国际探险者之家的目的，不仅是为了帮助人们更好地了解和认识北极，更重要的是要让人类这种勇于实践、不断进取的探险精神能够永远延续下去。当他知道中国计划进行北极点科学考察时，非常高兴，

259

向组织该活动的位梦华同志提了很多建议。贝泽尔说："我知道你们想去北极点考察，我很乐意帮助你们，这不是一件容易的事，是世界上最艰难的探险之一。你们一定要做好充分的准备。我总是一再告诫人们，假如一切都准备完善，那么你就有一半的成功希望，另一半的机会不在我们手上，是由自然因素决定的，没有人可以操纵自然。"

第三站　卡纳克极地人家

公元982年,挪威人爱力克·劳德带领一群诺曼人来到格陵兰。为了吸引更多的人来该岛居住,他把此地起名为格陵兰(Greenland),意思是绿色的土地。但事实上,这个地名是名不副实的,格陵兰大部分地区在北极圈内,85%的土地被厚厚的冰雪覆盖,根本看不到绿地。

格陵兰是世界第一大岛,属丹麦的托管地。

10月2日清晨,我们乘坐一架小飞机,从加拿大的雷索卢特飞往格陵兰。飞到中途时,我们惊喜地发现,我们正在飞跃格陵兰大冰盖。从机窗望去,雄伟的大冰盖在阳光下闪烁着神奇的光彩,非常壮观。这些冰盖平均厚度达2 300米,仅次于南极冰盖。这些积聚了几十万年的冰雪与人类的生活休戚相关,它们构成了一种白色力量,与地球上的绿色力量相互作用,影响和调节着我们这颗星球的生态环境。

4小时后我们到达了格陵兰卡纳克。卡纳克是爱斯基摩语,意思是"遥远的北方"。它的纬度是北纬75°。这里居住着一群爱斯基摩人,这些爱斯基摩人也就是极地爱斯基摩人(Polar Eskimos),他们是生活在世界最北端的土著居民。

我们到的那天,全村的人都在海边忙碌。冬天即将到来,大家都在准备过冬。我们来到海边,那儿竖立着一个个高大的木架子,上面放着许多黑糊糊的肉。肉架旁边,爱斯基摩人在把刚刚猎到的海豹剥皮、剖肚。跟美国和加拿大的爱斯基摩人相比,他们长得似乎更漂亮些,也更健康些。尤其是那些妇女，容貌姣好，体形不那么臃肿。他们熟练地剥着海豹皮，把肉切成一块块，放在木桶里，我问他们这些肉怎么吃，他们答道煮了吃。我问他们生不生吃，他们笑着说他们只生吃海豹的肝脏。说着，这位爱斯基摩人就从海豹的肚中取出肝来，切了一块放进嘴里，又切了一块递给我。看着这血淋淋的肝，我有点犹豫。但看到爱斯基摩朋友真诚的样子，盛情难却，只好接过来塞进嘴里，海豹肝咸滋滋的，虽然不能说味道很好，但是比想象的容易吃。我嚼了几下，就赶紧咽下去。他一看我吃得那么快，以为我喜欢，又切了一块递到我嘴边，这一回我是怎么也不想吃了。

卡纳克是一个新建的居民区，下面有6个村庄。居民大部分是从伊塔和图勒迁徙过来的。伊塔比卡纳克更靠北，由于那里交通实在不方便，加上格陵兰政府把那一带划归国家自然保护区，爱斯基摩人的狩猎活动受到限制，于是他们就渐渐南移了，在卡纳克定居。图勒在卡纳克以南100千米的地方，美军在那里建有北极地区最大的军事基地。出于安全考虑，格陵兰政府就把当地的居民北移到卡纳克。

卡纳克有150多户人家。沿着山坡，一座座五颜六色的房子耸立在那里，背景是蓝色的海洋和白色的冰山，整个村庄就像童话世界一样，很迷人。由于格陵兰政府的投资，这个社区已相当现代化。这里虽然没有大型机场，但有一个直升机基地，夏天天气好的话，每星期有几个航班通向图勒。这里有银行、邮局、商店、教堂、学校。

几十年前，极地爱斯基摩人还是世界上最原始的民族之一，如今他们已进入文明社会。为了看看这些极地爱斯基摩人今天的生活，我们进入一户人家访问。这户人家只有一位老妇人在家，她是第一次见到中国人，对我们的到来感到很高兴。她给我们讲述了许多往事，给我们看了小时候的照片，她的身后有一座土堆，她说这就是极地爱斯基摩人从前的房子，是用鲸骨和泥土建造的。我看了一下她现在的住房，条件已大不一样了。房子是高架式的木结构房，里面有暖气和电，有电视机和录像机。屋子里养了一些北极没有的花草，给家里增添了不少生气。从前，爱斯基摩人没有固定的用餐时间，饿了就割一块挂在房上的生肉吃，现在他们的生活已变得有规律。我们去的时候正是中午，女主人大概正在准备午饭，厨房的水池旁放着一块冻肉，我们以为是海豹肉或鲸鱼肉，但仔细一看是猪肉。看来他们的饮食结构也在变化。告别的时候，女主人对着我们的摄像机镜头向中国观众问好，还拿出一块布来，让我们签名留念，我一看，上面密密麻麻写了很多人的名字，一问，才知道是远道而来到她家做客的人。其中有一位名字很熟，就是植村直己，刚才在老妈妈的卧室里还看到植村直己的一面旗帜。植村是日本人，世界著名的探险家，他单人征服了世界上几大高峰，并只身到过北极点。可惜在攀登北美最高峰——麦金利山时不幸遇难。老妈妈说，那年植村直己为了横穿北极，在这里做适应性训练，到过她家。

长期以来，一些探险家喜欢从格陵兰深入北极点，卡纳克就成了他们的中转站。最有名的探险家要算美国人皮尔里（Peary）了。皮尔里是人类历史上第一位征服北极点的英雄，当年他带着一名黑人助手来到这里，挑选几位爱斯基摩人做向导，完成了他一生中最伟大的目标。据说皮尔里的探险队（包括皮本人）在这里留下了爱斯基摩后代。

很巧，我们虽然没有见到黑爱斯基摩人，却见到了皮尔里的曾孙子。这位戴着眼镜的小皮尔里听说我们是来自中国的北极考察摄制组，心里很高兴，和我们聊起来。他告诉我们说，虽然他的血管里流着美国人的血液，但他并不愿意离开这片土地到美国去生活，他喜欢这里自由自在的生活，打猎、捕鱼，喜欢这里的冰天雪地，也许是遗传的原因，他也喜欢探险，冬天他常常一个人驾驶着狗拉雪橇，到没有人去过的地方去生活一阵子。分手的时候，他又抱出他一岁的小女儿让我们一起合影，她当然是皮尔里的曾曾孙女了。然后皮的曾孙子在我们的旗帜上留言道：

我祝愿你们如我的曾祖父——伟大的皮尔里一样，成功地到达北极点。

R.皮尔里

1994年10月4日

第四站　斯瓦巴德·国际考察站

挪威这个国家很有意思，虽然它的大部分国土被绿色覆盖，到处郁郁葱葱，但是，它对地球两极的白色世界却情有独钟，它是世界上唯一同时对南极和北极提出领土要求的国家。这可能与挪威人生性喜欢探险有关。挪威人发现了包括格陵兰在内的许多北极地区，著名的挪威探险家阿蒙森是第一个征服南极点的人。

不过，发现和占有往往不是同一回事，挪威人爱立克发现了格陵兰，丹麦人却把它占为己有，荷兰人巴伦支第一个发现斯瓦巴德群岛，挪威把它纳入自己的版图。

十月中旬，我们来到挪威首都奥斯陆，采访挪威极地研究所和国际北极科学委员会（IASC）。

挪威极地研究所坐落在一条幽静的小街上，它成立于1959年，负责对南极和北极的研究和考察。由于挪威在北极圈内有领土存在，因此极地研究所加强对北极地区的科学研究和政策研究。

我们在极地所采访了各个学科的科学家，他们向我们介绍了北极的地理、气候、生物、冰川等一系列研究。研究所所长奥赫姆先生曾经担任过国际南极科学委员会副主席，在南极事物上与中国科学家有过多次交往。听说我们是从中国来的北极考察摄制组，高兴地接受我们的采访。并表示，愿意和中国合作开展北极研究。奥赫姆教授对着我们的摄像机说："我们和欧洲一些国家已经建立了研究网络,中国因为距离太遥远,所以我想还没有太多的合作。不过也许我想不论从政治上,还是其他因素上考虑,我们都应该合作。当然我想你们的科学家要是来这里,他们应该懂英语,或是挪威语,这是很重要的,因为会说英语就没有语言障碍,就可以直接进行研究工作。首先要消除语言障碍。然后,我们可以建立合作关系,你们可以来参加我们已有的科研项目,或者一起开辟一个新的项目,你们也可以把尚未开展的项目从中国带过来,我们一同研究。"

说来也巧,我们到了挪威,就到处找国际北极科学委员会,因为我们来之前,听说这个机构就位于这个城市,结果发现它和挪威极地研究所在同一座楼里。

国际北极科学委员会成立于1990年8月,由北极圈内的8个国家,加拿大、丹麦、芬兰、冰岛、挪威、瑞典、美国和原苏联在加拿大的雷索卢特发起成立,这是一个非政府的国际科学机构。此后有许多国家加入了国际北极科学委员会。该委员会为不同社会制度,不同国家地区的科学家们提供了活动的舞台和表达见解的机会,各个学科、各种专业的科学家都可以在这里找到共同的语言。国际北极科学委员会标志着北极研究进入了一个国际化的时代。在国际北极科学委员会的办公室里,我们向执行秘书长奥都先生了解了中国加入该委员会的途径。

问:"奥都博士,假如中国要想加入你们的组织,中国该做些什么?"

答:"要想加入我们的组织,我们有一些特定的章程,你们可以从我给你们的手册上知道这些章程。但是总的来说,在接受中国作为正式成员之前,要求你们开展一些长远规划的北极考察。也就是说,中国的北极科考要有成果,这些成果必须要通过论文在国际级的刊物上发表,连续5年都要有这样的文章,涉及的科学领域至少是两个。这是我们最基本的要求。除此之外,中国要拥有一大批从事北极科学研究的优秀科学家,这样,才能接受中国参加国际北极科学委员会。"

问:"那么,国际北极科学委员会和国际南极科学委员会有什么不同吗?"

答："你们或许注意到了,我们的章程和国际南极科学委员会不一样,任何国家只要在南极建立基地或在南极开展与科学无关的活动,都可以参加国际南极科学委员会。吸取国际南极委员会的经验,我们把科学研究放在第一位,特别重视北极的科研成果,并把它作为加入我们组织的首要条件。"

从国际北极科学委员会的办公室出来后,我们一直在想着这样一个问题:中国应该尽快组织自己的北极科学考察,对北极进行深入系统的研究,拿出高水平的成果,只有这样,中国才能在国际北极事务中有自己的发言权,来提高中国在国际科学界的地位。而我们电视工作者更应该把这个信息传递给中国的科学家和普通老百姓。

在奥斯陆停留一天后,在挪威极地研究所的帮助下,我们来到了挪威的特别行政区斯瓦巴德群岛。

对于欧洲来说,斯瓦巴德群岛是片遥远的土地。它深深地躲在北极圈内,它离欧洲最近距离也有近1 000千米。

斯瓦巴德的意思是"寒冷的海岸"。说它寒冷,的确如此,我们到达那里时,那里的温度已降到—20℃,正在进入冬季,太阳已经落到了山后,我们只见阳光,看不到太阳。斯瓦巴德群岛有漫长的极夜。从10月下旬开始,太阳就和人们告别,一直到来年的2月,才重新出现。在长达110天的冬夜里,寒风刺骨,千里冰封,只有天上的星星、月亮以及偶尔出现的北极光,带来一点点光亮。

斯瓦巴德群岛虽然地处寒冷的地带,却也有丰富的资源;尤其是这里的煤矿,不仅藏量丰富(岛上共蕴藏煤100亿吨以上),而且煤质很好,开采也比较容易。长期以来,挪威和前苏联一直在这儿开采煤矿,建立了许多居民点,还有专门的俄罗斯人居民区。

如今,斯瓦巴德群岛东侧的巴伦支海的海底又发现了石油,引起了欧洲国家的兴趣。如果巴伦支海的石油被开采出来,斯瓦巴德群岛将成为欧洲最近的石油储运基地。

斯瓦巴德的首府朗伊尔(Longyearbyen)是一个初具规模的城市,它可以算是世界上最北端的城市。朗伊尔坐落在海湾一侧，它拥有一个可以停靠大型轮船的港口。大西洋的暖流北上到达这里，影响周围的气温，即使冬天，海水也不结冰，这座海港成为不冻港，岛上的煤炭主要靠这个港口运出。朗伊尔还有一个现代化的全天候飞机场。每到夏天，来自世界各地的追求新奇的游客乘坐飞机，来到这个被挪威人称为"北极明珠"的岛屿，度过一段令人难忘的时光。

斯瓦巴德群岛与中国还有一段渊源。1920年，挪威政府向国际社会提交一份《斯瓦巴德条约》，对斯瓦巴德提出领土要求。条约规定，凡是赞同该条约的国家，都和挪威一样，可以在斯瓦巴德群岛居住，可以打猎、捕鱼，可以经商，可以开展科学考察。当年，有40多个国家表示赞同该条约，其中包括我国的北洋政府。这就给中国的北极考察埋下了一个伏笔，中国尽管在北极没有领土，但是完全可以在北极大地上建立自己的科学考察基地。

已经有许多赞同国在斯瓦巴德建立了考察基地。在距朗伊尔城200千米的新奥勒松（Ne-Alsound）有一个国际考察基地。

新奥勒松曾经是世界上最大的煤矿之一。1962年，一场大事故以后，煤矿就关闭了。由于一些设施还在，加上这里属于高纬度地区，环境独特，这里有各种北极特有的动植物，还有沉积了几十万年的大冰川，许多地方还保持着原始状态。因此煤矿产业主就把这个地方出租给外国的考察站，为各国研究北极提供方便。

目前，这里有美国、日本、德国、挪威、英国、法国等科学考察站。开展了海洋、生物、冰川、大气和地质等学科的研究。

我们采访了当地的产业主，了解中国在这里建站的可能。产业主向我们表示，他们非常希望中国能来这里进行科学考察，因为已有很多科学家在这里开展研究。北极地理位置很偏僻，不容易来。他们欢迎中国的科学家和研究人员到新奥勒松来，加入国际北极科学研究的大家庭。但是，与南极建考察站不同的是，由于这里土地的所有权是私有的，不允许别国在这片土地上自己盖房子、建考察站，而是由当地的产业主向其他国家出租房子，或根据对方的要求，替他们建造考察站，然后再出租给他们。所有的后勤工作，都由产业主负责。这种方式，对于考察国来说，其实是合算的。首先，这就给考察国省下一大笔建站的费用以及运输建筑材料的种种麻烦；其次可以不必费心供水、供电、排污等后勤事项，这对于考察国来说，要减轻很多负担，因为，在极地考察，对后勤保证所付出的代价，往往要比科学考察本身还要高。

我们离开斯瓦巴德的这一天，阳光正在消失，当地人告诉我们说，这是今年最后的阳光，明天就再也看不到它了。望着这座被余晖照亮的国际考察站，我们真心希望，有一天，当太阳重新升起的时候，这里能出现一座中国的考察站。

第五站　拉普兰回到北极圈

芬兰有四分之一的国土在北极圈内。我们从地图上查找了一番最后决定把芬兰北极城市罗瓦尼米作为我们北极之行的最后一站。

罗瓦尼米有一个著名的机构,芬兰"北极中心"。

芬兰的"北极中心"成立于1992年,从属于拉普兰大学。是一个开放式的研究机构。中心设有永久性展览,生动地展示了北极地区的自然和生命的演变过程,人类与北极的相互关系。展览厅还收集了生活在北极地区土著民族爱斯基摩和拉普人的文物,记录了他们的传统和风俗习惯。

整个大厅都是用电脑控制的,参观者想了解什么,只要戴上耳机,按一下按钮,里面就会有用5种语言的讲解供你选择;或者,你只要使用放在旁边的电脑,就可以看到每一件实物在实际生活中应用的情况,每一种标本在自然界生长的过程,你甚至还可以听到北极动物的各种叫声。可以说,北极中心是世界了解北极的窗口。

北极中心给我们的最大感受就是,中国地域辽阔,有各种民族,可是我们却没有一个可以让人们全面了解中国的现代化展览馆。

在北极中心,我们采访了主任兰格先生。兰格是一位德国人,两年前应聘来到这里工作,这位有着日耳曼血统的主任雄心勃勃,想把中心建成世界上第一流的研究机构,特别是研究北极在全球变化中的作用。谈到这一点,兰格先生希望北半球的大国中国也来加入这方面的研究:"我们目前加强对人们普遍关心的全球变化问题进行研究，我们打算建立一些数学模型以开展这项工作，我们现在正在准备之中。我认为，数学模型是一种基本手段，它可以清楚地显示环境受到的影响。因此我想，你们可以向我们提供建立数模的有关数据，或者直接参与共同来建立数模，共同研究，这是一项很基本的工作，我们肯定欢迎你们。"

在芬兰，我们还有意外的收获，我们在这里结识了北极地区的另一支土著民族——拉普人。

罗瓦尼米属于拉普兰地区。拉普兰是拉普人世代居住的家园。在北极中心工作人员的帮助下，我们驱车四小时，来到一个名叫瓦索的拉普人小村，然后在当地向导的带领下，我们穿过密密的桦树林，找到正在忙碌的拉普人。

拉普人又称萨米人（Sami），他们和爱斯基摩人一样，是生活在北极圈里的土著居民，主要生活在欧洲北部。拉普人身材不高，肤色棕黄，高颧骨，黑发，与身材高大的欧洲人明显不一样。据学者考证，拉普人在血统上既与黄种人无关，也与欧洲其他人种无关。他们的起源是一个谜，有人推测，他们是古代一支民族的后裔。

拉普人是靠放牧驯鹿为生的。驯鹿是一种大型鹿，通常有二三百斤重。驯鹿肉营养足够丰富，是拉普人的主要食物。拉普人用驯鹿皮做成衣服裤子和皮靴。拉普人也用驯鹿皮换回各种生活用品和其他物质。正如鲸鱼对于爱斯基摩人一样，驯鹿在拉普人的生活中扮演着重要角色。有人说，拉普人是骑在驯鹿背上的民族。

拉普人春季把驯鹿赶到树林里放养，秋季则把它们赶回来。现在正好是秋季，也是拉普人收获的季节，在驯鹿的交配期到来之前，他们要挑选驯鹿，作为每年一度的宰杀和选种。

挑选驯鹿的过程很有意思。拉普人分成几组，一大早便把数百头驯鹿从森林里赶出来。驯鹿在一群脖子上挂着铃铛的年老母鹿带领下，沿着栅栏，进入一个方圆100米的大畜栏。稍事休息后，拉普人站成一排，扯着一条大的麻绳做的网,再把大畜栏里的驯鹿分批赶进旁边的小畜栏里。然后,兽医、记录员、标记师便进到小畜栏里。他们要检查驯鹿的身体状况,给它们打预防针,清点幼鹿的数目,然后做上标志,决定哪些驯鹿是要留下来的,哪些是要屠宰的。做完这一切后,真正的挑选工作便开始了。宰杀的驯鹿被赶进一个通往屠宰场的围栏。其余的驯鹿进入另一个直径15米左右的畜栏,鹿的主人们便根据他们在驯鹿耳朵上的标记,把自己的鹿挑出来。通常他们是不会弄错的,因为每个主人都有自己特有的记号,每年春天他们就用刀在刚生下来的幼鹿耳上刻出他们能辨认的记号,然后放回森林。据说在罗瓦尼米注册的驯鹿耳朵标记有将近一万种。确认一头驯鹿属于自家的以后,主人便很快决定是将它留下来还是卖掉。这样的挑选工作往往要持续一两天。

从前,拉普人的生活与世隔绝,他们放牧驯鹿的方式也很原始。坐着驯鹿拉的雪橇,随驯鹿的迁徙而迁徙。今天随着时代的进步,拉普人的生活已经有了很大的变化,他们已经告别了游牧生活,定居下来,用雪橇摩托这类现代化的交通工具来放养驯鹿,他们甚至用直升机来管理鹿群。

一位年轻的拉普人告诉我说,用现代化手段来放养驯鹿不仅仅是一种时尚,而且是一种十分有效的方法,因为驯鹿是一种速度很快的动物,不仅比狼跑得快,即使我们人穿上滑雪板,也追不上它们。最快的一头驯鹿跑1 000米只用了1分1秒,这是一头名叫雷比的驯鹿创下的纪录。

罗瓦尼米的景色非常独特,它既有北极的面貌,又不完全是冰雪世界,我们一打听,原来这是一个位于北极圈的城市,我们在这次北极之行中,曾多次出入北极圈,但那都是在飞机上,我们一直遗憾没能从地面穿越一下北极圈,想不到北极圈现在就在我们脚下。我们认为这种无法预见而又必然发生的事是一种缘。推而广之,这是我们与北极的缘分,我们从穿越北极圈开始了我们的北极之行,最后我们又站在北极圈上结束了我们的行程。再推而广之,这又是中国人与北极的缘分。在我们结束的地方,将是下一个起点,中华民族将对北极进行深入的考察。

在一块竖有北极圈标志的木牌前，中国北极科学筹备考察组负责人位梦华通过我们的摄像机，满怀豪情地对中国观众说道：

"我站的地方就是北极圈，这里有几种语言表示北极圈，这是芬兰语，这是瑞典语，这是德语、英语、法语、俄语，那么我希望这个地方有一天会出现中文，来说明北极圈，我站的这个地方就是北极圈，再往北边去就是北极。这次考察我们走了很长的路线，从阿拉斯加到加拿大，再到格陵兰，然后到挪威，然后到芬兰。这是我们考察的最后一站。我们这次作为中国北极考察先遣队，也是作为先遣小组来拍片子，我们走了这么多地方，其实是做了非常重要的工作，这也是我们中国人第一次深入北极地区，用我们自己的观点，自己的眼睛来观察北极地区。那么观察的结果，我们认为北极地区确实是非常重要的，我们想借这个机会把北极地区的真实情况介绍给观众。我想这个工作是非常重要的。下一步我们希望能组成一个中国北极科学考察队进入北极地区，或者明年（1995年）或者后年（1996年）来完成我们国家历史上的第一次北极考察。"

周伟健的心愿

　　我在美国有许多朋友，有白人，也有黑人；有爱斯基摩人，也有印第安人。但是，交往最深的还是那些华人，这是因为我们有着共同的语言和文化背景的缘故。

　　而在这些华人朋友当中，除了王景川大哥一家之外，则是周伟健夫妇以及他们的父母、孩子、兄弟和亲戚朋友们。因此，我在美国有两个家，一个是在旧金山，一个是在洛杉矶。

　　实际上，我与伟健的交往是从1981年开始的。那时我刚到美国，人生地不熟，举目无亲，所以朋友就显得特别重要。正在这时，美中友协的朋友们向我伸出了热情友好之手，周伟健先生就是他们中的积极分子。说起美中友协，总是令人感动不已。这一遍及美国各地的协会，是由一些对中国怀有友好情义的人士自发组织起来的，为促进美中建交而奔走，发挥了非常积极而重要的作用。像我去过的那个小镇，人口总共不过三万人，而美中友协在鼎盛时期，其成员多达四五百人。在美国，一个自发的民间组织，在短短的几年里竟能发展成如此规模，实在是很不容易的。

　　当然，这一组织主要是由美国人组成的，但也有相当数量的华人在里面发挥着重要的作用。像王景川先生及其夫人王美龄，周伟健先生及其夫人张菲菲，就都是这一组织的骨干分子。为此，他们都上了台湾方面的黑名单，并遭到威胁，不准他们再回台湾去。但他们却毫不动摇，一直坚持到底。正

273

因为有这样一些思想背景作基础，所以我们一见如故，成了莫逆之交。我每次到美国，只要有可能，总是到他们家里住上几日，天南海北，无所不谈，痛痛快快聊上一阵子。我称王先生为大哥，伟健则称我为大哥，而我们见面也真像亲兄弟一样，他们对我更是照顾得无微不至。有时我觉得不好意思，因为我除了麻烦人家之外，是什么忙也帮不了。但他们却是诚心诚意，丝毫没有做作的表示。因此，我常常想，婚姻之道，常常讲究门当户对，而交友之道，其实也是如此。然而，若以经济实力相比较，王大哥和伟健他们虽然都不是百万富翁，最多只能算得上是中产阶级，但比起我来却是天壤之别。那么我们友谊的基础到底在哪里呢？我想，除了个人意气相投之外，最主要的就是因为有一个共同的祖国。虽然他们早就加入了美国籍，但中国在他们的心目中仍然占有至高无上的地位。

正因为如此，所以当他们听说我在推动中国的北极考察时，都举双手赞成，并且尽力地支持我，不仅竭尽所能为我提供方便，而且还语重心长，认为这是大长中国人志气的事，所以祝我一定成功。

1993年6月初，我从北极回到旧金山，住在王大哥家里。伟健知道了，则坚持一定要我去一趟洛杉矶。见面之后，他紧紧地握着我的手说："你要考察北极实在是太好了，我虽然不懂科学，但却总是认为，一个国家，一个民族，必须要有志气。北极那地方，人家能去，为什么我们就去不得呢？"几句话，说得我眼泪几乎要流了下来。

为了推动和支持中国的北极事业，伟健和菲菲真是全力以赴，他们不仅约来在美国颇有些影响的华人记者卜大中先生和曾永莉小姐专程来采访我，并且在报刊上撰文介绍和呼吁，而且还把伟健的弟弟、台湾的著名歌星周华健先生介绍给我，并力主华健到大陆来巡回义演，为中国的民间北极考察筹集资金。华健也立刻欣然同意，并说要以北极为题，谱写一首曲子。

临别，伟健把一个信封郑重地递到我的手里，诚恳地说："位大哥，真是不好意思，我现在手头紧，拿不出更多的钱来支持你考察北极，这三百美元是我们全家的一点心意，请你笑纳，虽然顶不了大用，但确是真心诚意。"我接过一看,上面写着:赞助北极探险基金会,预祝位梦华大哥马到成功! 周伟健、张菲菲致意。我久久地望着伟健和菲菲,一时想不出应该说点什么。俗话说,千里送鹅毛,礼轻情谊重。而这片鹅毛却并不轻,因为这是我收到的第一笔捐款,它所代表的是海外华人的一片心意。也许说雪中送炭更为贴切一些,因为它在我心里确实燃起了熊熊烈火。从身居美国的王景川大哥和嫂夫人,周伟健和张菲菲,到素不相识的台湾歌手周华健先生以及卜大中先生和曾永莉小姐,尽管各自的背景大不相同,但一说到北极却能如此的一致与热衷,到底是为了什么? 这只能用两个字来回答,那就是:中国!

老院士的呼吁

极地考察，无论是南极还是北极，也无论采取什么方式，是集体的还是个人的，都是一种国家行为，或者民族行为。因此，如果要组织一支具有相当规模的队伍深入到北极中心地区去考察，即使采用民间的方式，也必须得到党和国家有关领导的批准和支持。而他们又总是日理万机，作为一个普通民众，怎样才能将自己的意见转达给上级领导呢？

在我的老师当中，造诣最深，名望最高，对我的教诲最多，官也做得最大的就是马杏恒教授，他是我国著名的地质学家，老一代的中国科学院院士，国内外知名的大地构造专家。当我还在北京地质学院读书时，他便是我们的副院长，我到了地质局工作之后，他又曾经是我们的副局长。后来又当了地质所的所长，既是我的上司，又是我的老师。这些年来，我一直是在他的教诲之下，无论是做人，还是做学问，都获益匪浅。而他呢？身为领导时，从来不摆领导架子，虽为长者，却从来不以长者自居，知识渊博而无傲，平易近人而不俗，对事业精益求精，为国家尽心尽力，既有智者的风范，又有仁者的气度，既为良师，又是益友，对我的影响是很大的。

时间到了1994年，过完春节之后，才去给马先生拜年。他问我在忙些什么，我便把北极的事情跟他说了。他听完之后沉思片刻，然后严肃地说："这是一件大好事，党和国家是应该支持的。这样吧，我给温家宝写封信，看他能否批示一下。我虽为他的导师，但从来不为自己的事求他。这是对党

和国家有利的事,不妨写封信给他。"说完,他便提笔疾书,写了一封短信,内容如下:

家宝同志:春节好!

多日不见,谅一切均好!

由我所位梦华同志推动的北极科学考察活动是一件很有意义的事业,无论是对科学事业的发展,还是对民族精神的发扬,都是很有意义的。有鉴于当前国际形势的特点和国内改革开放的大好形势,现在正是进军北极的大好时机,况且他们要自筹资金,既减少国家负担,又有利于调动广大群众的积极性,可以说是利国利民的好事,望您能给予支持为盼!

致

敬礼

马杏恒

1994年2月16日

1994年3月10日,温家宝书记批转了马杏恒院士的信。3月16日,宋健主任在马先生的信上批示:赞成由科协支持民间北极考察计划,由科协定。5月6日,国家科委复函中国科协,全文如下:

关于组织北极科学考察的复函

中国科学技术协会:

你会"关于组织北极科学考察的报告"收悉。经征求有关部门和专家意见,认为这件事情非常重要,但从当前我国的实际情况考虑,由国家出面组织开展这项工作,时机尚不成熟,条件还不具备。根据宋健主任的指示精神,我们赞成由你会支持民间的北极科学考察计划,请你会研究决定。开展这项工作,涉及的问题很多,情况比较复杂,难度较大,望务必在遵守国家有关规定的前提下,严密组织,精心计划,周到安排,精心指挥,以确保科学考察和安全双丰收。

国家科委(印章)

1994年5月6日

至此,党中央和国务院就正式批准并直接关怀着中国首次北极科学考察计划,对于广大极地科学工作者来说,这是莫大的鼓舞和支持。而发挥了至关重要的桥梁作用的正是马杏恒院士。

远征北极点

YUANZHENG BEIJIDIAN

引子

细想起来，非常有意思的是，指南针永恒指着的是天之极南和地之极北，而这两个地方是确确实实存在的，那就是南极和北极。然而，历史上却从来没有什么东西永恒地指着天之极东和地之极西，而恰恰东极和西极是并不存在的，不知道这只是一种巧合，还是大自然对人类的启示。

对于首先发明了指南针的中华民族来说，对天之极南和地之极北的向往与臆测比任何其他民族都要早得多。然而，在几千年的漫长岁月里，这种向往和臆测只不过是一场漫无边际的梦想而已。直到20世纪最后十年里，这个梦想才变成了现实。先是秦大河于1989年12月12日在横穿南极的壮举中徒步到达了南极点，把中国人的足迹深深地印在了那里。接着，征服北极点则成了中华民族在地球上最后一次远征。于是，一些有志于此者便集中到了一起，其中包括：国家地震局的位梦华、杨小峰，中国科协的翟小斌、沈爱民，中国科学院的刘小汉、刘健、李栓科，国家测绘局的周良，中央电视台的张卫，《人民日报》社的孔小宁、温红彦，《科技日报》社的曹乐嘉，浙江电视台的姜得鹏，《中国青年报》社的叶研、邓琼琼和《青岛日报》社的孙覆海等。这是一个奇怪的集体，既没有明确的行政领导，也不属于任何一个单位的系统或组织，但却志同道合，为了一个共同的目的，因而能够团结合作，努力奋斗，忘我工作，从不计较个人得失。因此，大家戏称这个集体为"朋友乌托邦"。然而，就是这个"朋友乌托邦"勇敢地担当起了远征北极点的重任，并最终将这一梦想变成了现实。

北极宣言

　　沿着祖先留下的足迹,迎着西方人挑战的脚步,聆听着大自然发出的警钟,担负着人类未来的使命,是我们向北极进军的时候了。

　　北极这块神秘莫测而危机四伏的土地一直吸引着人类去探索。早在远古时代,是我们中亚地区的祖先首先踏上了北进的征途,经过艰苦卓绝的努力,终于打开了北极的大门,现在的印第安人和爱斯基摩人以及西伯利亚的各土著民族都是他们的后代,也是我们的亲戚。到了15世纪,欧洲人又吹起了第二次向北极进军的号角,但他们真正的动力确是为了寻找一条经过北极而到达中国和东方的近路。由于种种原因,我们中国却把北极忘记了,虽然我们的祖先发明了指南针,但却不知道它所指的尽头到底在哪里。直到1925年,中国人似乎大梦初醒,当时的北洋政府正式签署了《斯瓦尔巴德条约》,这一条约将位于北极深处的斯瓦尔巴德群岛的主权归于挪威,但同时又规定,所有该条约签字国的公民都有权自由出入该群岛,并可在该岛上从事商业、开矿、打猎、捕鱼等活动,只要不违反挪威的有关法律。然而,七十年过去了,却没有一个中国人到这个群岛去从事任何具有实质意义的活动。

　　第二次世界大战以后的冷战时期,由于政治和军事原因,非北极国家要进入北极是很困难的,直到80年代末和90年代初,北极的大门才又对外界重新开放。1990年,由美国、原苏联、加拿大、丹麦、冰岛、挪威、瑞典、芬兰等八个北极国家发起签署了一项条约,俗称"八国条约",并决定成立非政府的国际北极科学委员会。现在,英国、法国、德国、日本、荷兰、波兰和瑞士都已经成为该组织的正式成员,也就是说,世界上几乎所有重要的国家都已经加入到这个北极俱乐部里面去了,只有我们中国这个世界性的大国,更是北半球的重要国家,却仍然徘徊在北极的大门之外,这不仅对我们的利益极为不利,而且与我们的国际地位也是极不相称的。

改革开放以来,我国的各项事业突飞猛进,不仅经济上取得了举世瞩目的巨大成就,更为重要的是,我们中华民族意气风发,思路大开,眼界空前地拓宽了。现在,我们终于懂得了这样一个极端重要的道理:世界需要中国,中国更需要世界,一个闭关自守的民族是绝对没有前途的。因此,必须树立一种全球意识。于是我们走向了国外,我们走向了南极,我们走向了大洋,我们走向了太空,我们几乎走遍了地球的各个角落,然而只有一个地方是空白,那就是北极。

那么北极与我们到底有些什么关系呢?政治与军事诸方面意义暂且不谈,单就科学研究而言,北极就是一个宝库:这里是探测宇宙最合适的场所;这里是监测环境最理想的地区;这里是反映气候变化最为敏感的指示器;这里是观测温室效应条件最好的实验室;在这里可以探索生命之源;在这里可以研究大陆漂移;这里的海水消长影响着太阳和地球之间的能量转换;这里的大气对流控制着北半球的风风雨雨。与南极不同的是,北极地区拥有大片的森林、草原、苔原和永久性冻土带,这对全球的气候具有至关重要的制约作用;而且,北极地区居住着大量原始居民,因而在人文科学的研究上也具有十分重要的意义。不仅如此,正如中东一样,北极地区的丰富资源有可能会成为人类社会下一个能源基地。但是,开发这些资源会对人类的生存环境带来严峻的挑战。对中国而言,也许有朝一日我们需要引进北极的资源。然而,如果那里的环境发生逆转,我们将首当其冲,面临着很大的风险,因为我国的气候直接受到北极的控制,我国的大气质量和环境因子直接受到北极的制约,如此等等。所有这些,如果不去考察和研究,我们怎么会知道其中的奥秘和今后的发展趋势呢?

于是,科学界行动起来了,他们不仅多次策划和呼吁,而且还亲临北极,进行初步的考察和探索;新闻界行动起来了,他们通过电视、广播、报纸、杂志,为我国的北极事业摇旗呐喊,大声疾呼;政府有关部门和社会团体也行动起来了,中国科协于1993年3月10日正式批准成立"中国北极科学考察筹备组";国家科委于1994年5月10日正式发文同意由中国科协组织北极科学考察;广大民众也动员起来了,从领导到群众,从市民到中小学生,都在关注着中国人的北极之行,他们纷纷来信来电,表达了最热情的祝愿和支持。

肩负着领导的期望,背负着民族的寄托,中国北极科学考察筹备组以极大的热情开展了紧张的工作。1993年4—5月,同时派出两个先遣小组分别从阿拉斯加和加拿大进入北极地区进行实地考察,完成了先期准备工作。1993年6月24日召开了有孙枢、周秀骥、马宗晋、陈运泰等科学院院士和其他有关专家参加的中国北极考察与研究计划的论证会,获得一致同意和支持;1994年2月24—26日,召开了有刘东生、马杏垣、孙鸿烈、孙枢、周秀骥、陈禺、马宗晋、李廷栋等科学院院士和郭琨、秦大河等国内外知名专家参加的首届中国北极科学考察研讨会,大家一致呼吁,中国应尽快开展北极考察。1994年8—11月,中国北极科学考察筹备组与浙江电视台合作,进入美国、加拿大、格陵兰、丹麦、挪威和芬兰等国家的北极地区拍摄了《北极与人类》的电视系列片,这是中国人首次深入北极地区用自己的眼睛观察和分析,并实地拍摄了北极的真实情况和风土人情,不仅有利于广大民众对北极的了解,而且还具有一定的科学价值和历史意义。

通过上述活动,中国北极科学考察筹备组已经与美国北极考察委员会,阿拉斯加爱斯基摩北坡自治区,加拿大国际探险者之家,因纽特人北极组织,国际北极科学委员会,挪威极地研究所,斯瓦尔得大学和芬兰拉普兰大学北极中心,俄罗斯极地研究所等组织建立了良好的关系和密切联系,为未来北极考察中的国际合作奠定了有力基础。

283

到目前为止，已有15个国家加入了国际北极科学委员会，其中14个国家在欧洲和美洲，只有一个在亚洲，那就是日本，中国能不能成为亚洲第二个加入到北极俱乐部的国家呢？而要达到这一点的唯一条件，就是必须进入北极地区进行实质性的科学考察。

人类现在正面临着生态破坏、环境污染、资源短缺、人口爆炸等等难题，所有这些都与北极有着十分密切的关系。而要解决这些难题，绝非一国一族可以完成的，必须依靠全人类的共同努力。作为占人类四分之一的中华民族更是肩负着不可推卸的责任。而且，正是由于上述压力，人类的势力正在向太空、两极、沙漠、海底等处扩张。因此在极端环境下的生存能力则关系到一个民族乃至全人类的未来前途，这也是南北两极愈来愈受到人们重视的原因之一。所以，我们必须勇敢地站出来，迎接这一挑战，为人类也为自己的前途而拼搏！

时不可待，机不再来，在21世纪将中华民族的足迹延伸到北极点是落在我们这一代人身上的一项艰巨而光荣的任务。中国向北极进军的时候已经到了！

为此，中国北极科学考察筹备组决定：1995年1月，组织有志于参加中国北极考察的部分队员到我国最北端的松花江冰面上，模拟北极状况，进行一次全封闭式的适应性训练，以检验我们的人员和装备在极端寒冷条件下的适应能力；1995年3—5月，由组成6～8人的小分队，从加拿大进入北极，从冰面上到达北极点，进行海洋、气象、冰川、环境诸方面的科学考察，并为下一步大规模的北极考察培养骨干；1996年3—5月组成一支包括台、港、澳及海外华侨科研人员约12人左右的精干队伍，自我国北上，从亚洲大陆进入北冰洋，沿一条新的路线，进行海洋、大气、生物、环境、冰川、气象、地质、地球物理诸学科综合性的科学考察。这一前无古人，后有来者的伟大创举，不仅将取得极其重要的科学样品和第一手资料和数据，而具有极高的科学价值，同时必将极大地振奋民族精神，空前地扩大人们的视野和思维空间，从而大大地增强全球观念和科技意识，这对我们的未来是至关重要的。

因此，这项活动不仅对科学界和新闻界是一件大事，而且对全中国乃至全世界都具有一定的震撼力，因而具有重要的历史意义。

以前，在计划经济体制下，我国一切重大的科研项目都要由政府拨款，由科学家参与，与广大民众似乎没有多大关系，科学便成了非常神秘，可望而不可即的东西。今天，在社会主义市场经济体制下，有远见卓识的企业家已经把企业的未来发展、企业形象与企业文化同国家前途、人类命运和科技进步联系在一起，提出过"人类失去联想，世界将会怎样"的广告创意。我们今天的行动，也正是想同所有在经济改革大潮中乘风破浪的企业家、实业家一起，探索一条改革旧有科研体制的新途径，即依靠社会力量来完成这一重大的科研项目，既能减轻国家负担，又能提高广大民众对科学事业的参与意识，确实是一次利国利民的新尝试。我们相信，中国首次北极科学考察这一伟业，必将在中华民族历史上留下一个永久的印记。

中国北极科学考察筹备组
1994年12月8日

285

东风化雨

　　当然，"朋友乌托邦"推动和呼吁是可以的，但要组织一场大规模的北极科学考察，则必须要有强有力的组织机构作后盾支持，才有可能进行下去。而中国科协虽然是北极科学考察筹备组的批准单位，但却没有自己的科研队伍。因此，由谁来组织这支队伍则成了一个必须解决的大问题。正在为难之际，却突然有了新的转机。

　　1994年12月20日晚，当刘小汉和刘健向当时的中国科学院副院长（现任国家科委副主任）徐冠华同志汇报南北极工作时，谈到了北极考察的进展情况和新遇到的问题。徐副院长指示说："北极考察非常重要，中国科学院一定要支持。"当即决定，从院长基金中拨款20万元人民币作为启动经费，全力支持中国民间的北极科学考察计划。并连夜打电话，与组织昆明出差的中国科协刘恕书记协商，如何推动和实施这次考察。12月31日下午，也就是在1994年最后的几个小时里，徐副院长亲自出面，带领位梦华、刘小汉、刘健到中国科协拜会刘恕书记，共商大计。两位领导经过详细的会谈和协商后决定：由中国科协主持，中国科学院组织，共同实施中国首次远征北极点科学考察计划。从而使中国民间的北极考察事业大大地往前推动了一步。至此，也可以说，由民间推动，得到国家有关部门的批准和支持，由中国科协和中国科学院领导，并具体组织实施的这样一种构造框架和组织格局的新型模式就正式诞生了。

然而，要进行这样一次大规模的境外科学考察，所需的经费至少也在三五百万左右，在如此短的时间里，到哪里去筹措如此大的一笔资金呢？俗话说，巧妇难为无米之炊，更何况我们还只是一帮拙男人呢？那时，真可以说是万事俱备只欠东风。但是，往哪里去借东风呢？正在发愁之际，忽然传来了一个好消息，南德经济集团的牟其中总裁决定出资三百万元，赞助中国的北极科学考察事业。这无疑是一股强劲的东风，化作一场旱天的春雨，万物为之豁然复苏，打破了束缚一切的僵局。真是"山重水复疑无路，柳暗花明又一村"啊！而这一村则是遥遥数千里之外的北极点。

287

风雪松花江

如果说，温家宝书记和宋健主任的批示，为中国首次北极考察开了绿灯，国家科委的复函为这次科学考察指定了航程，科协和中国科学院的领导为这次活动扬起了风帆，南德经济集团的资助为中国首次进军北极点鼓起了东风，那么，接着就出现了这样的问题，即由谁来驾驶这艘航船去完成这次航行呢？也就是说，有没有这样的水手，能在北冰洋里乘风破浪，卧雪覆冰，并最终到达目的地呢？说实话，谁也没有底，谁也没有数，因为对于中国人来说，这确实是一项前无古人的开创性事业。虽然外国人早就到达过那里，但我们中国人行不行呢？唯一的办法就是拉出去试一试。

实践证明，要在南北极那种极端寒冷、极端艰苦、极端危险、极端孤单的极端环境中工作和生存，除了所必需的专业知识之外，每个考察队员都必须具备以下三个条件：一是必须要有强壮的体魄；二是必须要有坚强的意志；三是必须要有团队精神。实际上，这三个条件是相辅相成的，缺一不可的。因为，在那种极端艰难困苦的情况下，没有一个强壮的体魄是很难坚持下来的，而掉队或者病倒，往往就意味着死亡。但是，光有强壮的体魄还是远远不够的，因为在超常的困难和危险面前吓破了胆，精神垮了，体格再强壮也毫无用处。因此，每个考察队员都必须有足够坚强的意志和心理承受能力。然而，如果身体也很好，意志也很坚强，但就是跟别人搞不到一块儿，看着这个也不顺眼，看着那个也不服气，人家往南他往北，人家往东他往西，也是绝对不行的,这种人不仅自己非常危险,而且还会使整个队伍处于非常困难的境地。因为,在那种情况下,大家必须团结奋战,生死与共,才有可能生存下来。因此,团队精神、集体观念是非常重要的。为了检验一下考察队员的真本事,我们决定在报名人员中挑选一批年轻力壮的科研人员和新闻记者,拉到松花江冰面,最大限度地模拟北极的实际情况,进行一次全封闭的野外训练,吃住都在冰上,每人负重30千克左右,每天步行五六十千米,一上岸则失去资格,看看到底有多少人能坚持到底。

经过紧张的准备之后,1995年1月18日,20名预备队员登上了开往哈尔滨的火车。说实话,作为这一活动的负责人和组织者,我当时的压力是很大的,一是怕有伤亡事故发生,如果伤了人或死了人,不仅对家属无法交代,而全盘计划也会告吹;二是怕队员坚持不下来,如果没有几个人能坚持到底,比这要困难得多的北极考察还怎么能进行下去呢? 三是怕组织不好,出问题,因为这批队员不仅来自于不同的单位,而且职业也不同,有的是科研人员,有的是新闻记者,如果团结不好,就会影响今后的工作。特别是那些年轻的新闻记者,他们平时的工作条件都是很优越的,走到哪里都会得到很好的照顾,现在他们不仅要覆冰卧雪,忍饥耐寒,而且还要背负重物,长途跋涉,滚来爬去,十分危险,他们能受得了这样的苦吗? 而我们这次考察又是民间形式,鼓动宣传非常重要,没有他们的参与是绝对不行的。然而,出乎我意料的是,几乎所有预备队员表现得都非常突出,不仅使我轻轻地松了一口气,就连专程赶来参加训练的美国朋友也纷纷竖起了大拇指。总的情况如下:

1995年1月21—26日,中国北极科学考察筹备组组织中国首次远征北极点的科学考察队的预备队员,在松花江冰面上模拟北极状况负重步行130千米,进行了6天5夜全封闭式的野外训练。参加队员共有29名,科考队员12名,新闻记者17名。其中除7名队员由于各种原因中途退出外,其他22名队员均坚持到底。这次冬训首先得到牟其中先生的财政支持,拨款50万元才得以进行下去。而在整个冬训过程中,黑龙江省委和省政府、黑龙江省体委以及沿途各级领导和广大民众均给予热情的关注、支持和帮助。因此，这次冬训任务的圆满完成，除了各位领导的关心和广大队员的努力之外，与地方政府及广大民众的支持也是分不开的。

在这次冬训过程中，队员们风餐露宿，伏冰卧雪，背负着几十千克的重物，顶着七级大风，战胜了零下三十多度的严寒，一步三滑，许多人的手、脚和脸上出现了不同程度的冻伤，但无一个人叫苦叫累，指责埋怨。他们所表现出来的那种战天斗地的英雄气概和坚韧不拔的顽强毅力，不仅使沿途民众深深感动，就连专程赶来参加训练的美国朋友也深表佩服。对绝大多数队员来说，如此恶劣的环境和艰苦的训练确实是生平第一次，但他们都能战胜自我，超越极限，经受了考验，磨炼了意志，胜利地完成了四大训练科目，实现了两项预期目标，如此大规模和长时间的封闭式冰上训练，在中国恐怕也是前所未有的。

这次冬训，不仅检验了队员们的体能状态和心理承受能力，而且也检验了我们的野外装备；不仅为挑选远征北极点的科考队员提供了依据，而且还为下一步大规模北极科考培养了骨干，储备了人才；不仅锻炼了个人在极端艰苦和寒冷状态下的适应能力，而且还检验了我们的整体素质和组织能力。因此，这次冬训是绝对必要的。在下次进入北极进行大规模的综合性科学考察之前，还必须进行更加严格的冬训。总之，这次冬训有力地证明，我们中国人有能力、有信心，是完全可以深入北极地区进行实质性科学考察的。

冬训花絮

这次松花江冬训,对许多人来说都是有生以来第一次,因此留下了永生难忘的印象,有许多趣事值得一提。

从南极到北极

一提到郭琨同志,人们立刻就会想到南极。而一提到中国的南极事业,人们也立刻就会想到郭琨同志。也就是说,郭琨同志的名字是跟中国的南极考察事业是分不开的。因为,他不仅是我国南极事业的领导者和组织者,而且还多次带队亲临南极去指挥和拼搏。长期担任国家南极考察委员会办公室主任,直到这个委员会解散为止。他也是中国首位南极考察队的队长,第一任长城站的站长,第一任中山站的站长。总而言之,在中国的南极考察的最初十年中,郭琨同志是功不可没的。

实际上,早在20世纪80年代中期,郭琨同志就已经开始考虑中国北极考察应该如何实施。所以,1990年,当我向他提出准备到北极去考察时,立刻就得到了他的同意和支持,不仅给我解决了外汇额度,而且还提供了野外装备。因此可以说,我的北极之行只不过是郭琨同志两极之梦的延续而已,实际上,他才是真正眼睛盯着两极的人。

291

不仅如此，正当我们因缺乏经验和人手，而为冬训的组织工作一筹莫展时，刚刚因病从领导岗位上退下来的郭琨同志却挺身而出，拿他自己的话来说，就是豁上这条老命也要把中国的北极事业搞上去。于是他便担任了我们这次冬训的总指挥。他和杨亦农同志先后两次到哈尔滨出差，为冬训安排一切事宜。在这期间，得到了黑龙江省委和省政府的有关领导，黑龙江省体委的诸位领导，特别是皮主任的全力支持，并给沿江个县的领导同志专门开会，还发了专门文件。因此，我们所到之处总是得到当地领导和群众的热情关心和照顾。

总而言之，这次冬训如果没有地方政府各级领导及广大群众的大力支持是不可能完成的。而所有这一切，又首先应该归功于郭琨同志和杨亦农同志。

"生猛海鲜"

当冬训的队伍准备出发之际，却突然接到武汉测绘大学鄂栋臣书记的电话，他说他有个博士研究生，各方面的条件都是很不错的，很想参加冬训，当然更想去北极。凭我对鄂先生的了解，知道他说不错就一定会不错的，况且，未来北极考察的队伍中也正需要一个搞大地测绘的，以便利用GPS定位仪，随时测定考察队所在的位置，于是便同意了。但是，几天过去了，却不见人影，直到临上火车时，才突然跑出一个小伙子，自称刘少创，说是从武汉赶来的。看他那样子，虽然两眼炯炯有神，说起话来铿锵有力，但却有点骨瘦如柴，于是心想，他那两只大眼也许正是因为太瘦的缘故，不禁有点疑惑起来，想他这样的身子骨能顶得下来吗？但又一想，既然是老鄂派来的，应该不会有大问题。

人不可貌相，海不可斗量，结果一上冰，就显出了刘少创的真本事。他原来是个长跑运动员，在冰上也是如此，一路小跑，很快就冲了出去，过不多时，便不见人影了，使得那些看上去膀宽腰圆，实际上都是肥肉的人望尘莫及。几天下来，便得了一个绰号，叫做"生猛海鲜"。到这时，我才暗暗佩服鄂栋臣书记知人善任，慧眼识珠，并且也深深感谢他为我们派来了这样一个骨干分子。

更加令人感动的是，回到北京才知道，刘少创原来是要回天津结婚的，到了北京之后，却把新娘子遣回天津，推迟了婚期，一个人跑到冰上去大展宏图。由此可见，人们的追求竟会如此之不同，有人把结婚看得如此之神圣，以至于大肆挥霍，花天酒地；而有人却把婚礼看得如此之淡泊，为了事业而不惜推迟婚期。

冬训之后，当刘少创将他的爱妻鲁丽萍小姐从天津带来时，我们便为他们举行了一个简短的仪式，几杯啤酒，一桌饭菜，既无高级宴席，也无生猛海鲜，只是普普通通、简简单单。大家轮流祝福，祝他们新婚美满，但那感情之真挚，却是任何盛大婚礼都无法比拟的。

"摔跤大王"

蒙古族兄弟之善于摔跤是众所周知的，而中央电视台记者孟和同志又正是来自内蒙古的摄像师，且膀大腰圆，魁梧无比。因此，若说他是摔跤大王，恐怕没有人敢提出异议，不信可以试一试。那么，为什么又要在摔跤大王上加引号呢？这是因为，孟和不是在跟别人摔跤，而是在跟自己摔跤的缘故。

十分凑巧的是，在我们这批冬训队员中，很是集中了一些高个子，像张卫、张军、毕福剑、郑鸣、孟和、李拴科、连克、杨小峰等，身高都在一米八以上，以致使我这个一米七五，一向还认为自己是个高个子的人相比之下却成了一个小老头。而在这些巨人当中，除郑鸣之外，恐怕就是孟和了。更加有意思的是，与我一起训练的美国朋友总是把郑鸣叫作蒙古人，而对孟和却不

293

太注意，真是有眼不识泰山。

若从体力上来讲，孟和通过这次训练是不会有任何问题的。但是，却开始了一场摔跤比赛。结果是，爬起来，摔下去，再爬起来，再摔下去，一天走下来，据他自己说，一共摔了一百三十多跤，因此有人开玩笑地说，看见孟和躺在冰上的时间比站着的时间多得多，于是便得了一个"摔跤大王"之美称。而且他还要背着沉重的摄像器材，必须时时刻刻注意保护，如果摔坏了，就会造成几十万元的损失，真是难为他了。

问题就出在鞋上，因为没有专用装备，我们只好到国家体委去买了一批登山靴，既笨又重，且底子很硬，中间还高高突起，因此接触面很小，穿着登山当然可以，但在冰上行走就文不对题了，一步三滑，不用说走路，能够在冰上站住都很不容易的。而孟和那双靴子又是最差的，因此他得了个摔跤冠军就不足为奇了。作为一个摄像师，如果把腰摔坏了，就没有办法再抱机器。所以，为了"饭碗"，经过再三斗争和考虑，最后只好忍痛退出，去从事他的老职业，把这次冬训的过程全部拍了下来，为中国的北极事业摇旗呐喊，尽心尽力。

"满汉全席"

据美食家们说，在中华民族的饮食文化当中，"满汉全席"这道菜是很有特色的，于是很想尝一尝，但可惜没有这个口福。没有想到，在这次冬训中，却吃到了另一种意义上的满汉全席，并且可以说，这一餐所留下的记忆恐怕比任何美味佳肴都要深刻，而且也更加有意义。

1月25日，松花江上飘着清雪，北风劲吹，气温达到－30℃。已经在冰上挣扎了五天四夜，体力消耗很大，由于营养不足，不少队员手上和脸上都出现了冻伤，但大家的情绪仍然非常饱满，顶风冒雪，继续奋斗，但前进的速度已经明显地慢下来了。到了晚上，不少人显得有点体力不支。这是最后一个晚上，因放宽了要求，决定到一个岸边的小河沟里安营扎寨，以躲避风雪的吹袭。连吃了几天的方便面，胃口大倒，所以虽然饥饿难忍，但大家对于做饭却没有多大兴趣。于是有人提议，能否到附近老乡家里去弄点吃的。此言一出，立刻得到热烈响应，且有善办外交的孔晓宁和孙霞海自告奋勇，到附近一个小村子去求助。其他人则都眼巴眼望，耐心地等待着，即使肚子饿得咕咕叫，也决不肯再去光顾那些方便面，都在盼望着能有点什么好吃的，有的甚至说，若能吃上一顿东北老乡的冻饺子该多好啊！然而，几个小时过去了，却一直杳无消息。站到高处去张望，连个人影也没有。有人则半开玩笑地猜测说："那两个家伙是不是饿极了，先躲在半路上把好东西都吃了，然后拿点剩汤残饭来给我们充饥。"正说着，忽然有人喊道："来了！来了！"只见有人挑着两副沉甸甸的担子从一个小山梁上翻过来，还有几个人跟在后面，走起来兴冲冲的样子。"有戏！有戏！"人们都高兴地喊起来。待走近一看，原来是热腾腾的大馒头，桶里挑着的则是香味扑鼻的大白菜炖豆腐。原来，村里的老乡一听说我们要去考察北极，立刻动员起来，把家中最好的东西都拿了出来，请村支书夫人赶快加工制作，并派村长和村支书亲自挑上，送到我们营地里。在队员们狼吞虎咽的当儿，村长和支书还一个帐篷一个帐篷地进行慰问，握着大家的手说："你们辛苦了！祝你们北极考察成功！为国家争光！为老百姓争气！"当他们钻进我的帐篷，看到我胡子拉碴的样子吃了一惊，异口同声地问我有多大年纪。我说已经五十多了，他们便说："你老已经这把年纪，还来吃这份苦，真是不容易。"村支书的儿子十几岁，正在读书。看见他，便想起我小时候生活在农村时的情景，于是鼓励他一定要好好读书，长大了也许可以到北极去考察。他两眼紧紧地盯着我，郑重地点点头，好似决心很大似的。

等大家菜足饭饱，打着饱嗝时，天早已黑下来了。风小了，雪也停了，大家千恩万谢地送走了村长和村支书及他们的孩子，继续议论着这顿自上冰以来所吃的最好的饭食，咂着嘴，回味无穷似的。忽然，有人提问说："也许那个村里住的都是满族吧？"还没等回答，马上有人加上一句说："那我们吃

295

的就是'满汉全席'了。""对！满汉全席！满汉全席！"喊声和笑声从各个帐篷里传了出来。

其实，"满汉全席"到底是个什么样子，我们当中恐怕没有人能够说得清楚。但是，有一点是可以肯定的，即这一顿饭比任何丰盛的宴席都要好吃！

可惜的是，那个村子以及那个村长和村支书的名字都已经忘记了，实在对不起。当然，这也没有多大关系，因为所有村子、所有的村长和支书以及他们的孩子，大家的心情都是一样的。

生死合同

生命之所以宝贵，是因为每个人只有一次，如果再多一点，例如十次八次，可能也就不会看得如此神圣了。

冬训之后，立刻开始组队，因为名额有限，而大家又都想去，所以颇费了一番工夫。但是，真正困难的问题不在这里，而是万一出了问题，应该怎样处理后事。冬训期间，虽然遇到过几次危险，但都闯过去了，除了程度不同的冻伤之外，没有发生什么大问题。而且，即使万一发生了意外，除了自己的救护措施之外，还可以随时到岸上求助，因此保险系数是很大的。但在北冰洋上行走，则完全是另外一回事，几千里之内没有人烟，而脚下的大洋有数千米，万一发生意外，叫天天不应，叫地地不灵，那真是死定了，一旦沉入大海，连尸体也找不回来。因此，所有科考队员都必须做好最坏的打算。

人的生命是无价的，所以不可能也不可以用金钱来衡量一条命到底能值多少钱。但是，人们又是生活在现实之中，对于死者来说，一切都结束了，但他的一家老小却还得活下去，为他们提供一点经济上的补偿又是理所当然的。当把这一情况向中国人民保险公司的有关领导汇报以后，得到了他们的理解和支持，免费为每个队员提供了30万元的人寿保险。虽然这是在国内所能争取到的最高限额，但是，作为组织者来说，万一发生意外，总是希望能给队员家属更多一点安慰，所以尽管经费拮据，还是拿出一点钱来又在国外投了保，如遇意外，每个人可赔偿9万美元。当然，这点钱也还是无法

297

跟一个年轻科学家或新闻记者的生命相比,但对于组织方来说,却已经尽到了最大努力。

接着就是另外一个问题,尸体如何处理。当然,如果沉入大海,或者被北极熊拖走吃掉,连尸体也找不回来,也就不存在这个问题了。但是,如果发生空难或其他伤亡事故,尸体如何处理则是一个非常严重的问题。对于家属来说,自然希望能把尸体运回来,虽然活不能见人,但死了总可以见尸。然而,如果要把一具尸体从西半球的北极运到东半球的中国,技术上的困难暂且不提,那费用也将是个天文数字,是无论如何也付不起的。所以,只能有两种选择,一是将尸体就地埋葬,二是将尸体火化后骨灰运回。

那么,由谁来处理后事呢?这就需要有个明确的法律程序,因此必须签订一个协议。但是,跟谁来签这个协议呢?跟队员签显然是不行的,他死了,去找谁呢?因此必须让直系家属签字。这虽然有点残酷,但却是没有法子的事。于是便有如下的协议书:

协 议 书

我全力支持(丈夫)毕福剑参加中国首次远征北极点科学考察队,并将遵守以下规定:

第一,遵守考察队有关家属通讯的条款,服从北京指挥部有关出发欢送式,回国迎接式的时间、交通、食宿和人员安排。出发之后,不提出让亲属中途退出考察队的要求。

第二,信赖考察队的安全保障、紧急救生及社会保险措施,如遇意外伤害,将依考察队在美国和中国有关保险公司投保的索赔条例办理,不再向组织单位提出额外补贴要求,也不要求组织单位安排家属赴美国、加拿大探视。

第三,信赖考察队的急救措施,如遇意外伤亡,将依考察队在美国和中国有关保险公司投保的索赔条例办理,不再向组织单位提出其他抚恤要求。

组织单位可安排一至二名亲属赴基地处理后事,但不将遗体运回国,只在当地或安葬或火化后带回骨灰盒。

第四,本人将作为本协议的唯一授权人,处理一切事宜。

凌幼娟(签名)　　　　　　　中国科学院自然与社会
与毕福剑的关系:夫妻　　　　　　协调发展局
一九九五年三月二十九日　　　一九九五年三月二十五日

然而,说起来容易做起来难,要使自己的亲属在生死合同上签字绝非一件容易的事。其中,唯有我年纪最大,结婚已经25年,真可以说是老夫老妻,而且历经南极北极的多次磨难,生死离别已成常事。儿子已大,虽然尚在读书,但后顾之忧已经不大,我若死了,他靠那点抚恤金完成学业也不会有多大问题。所以,经过协商,终于获得老妻的签字。但是,其他队员就没有这么幸运了,他们多数都是上有老,下有小,一家三口组成一个小家庭,而且又是台柱子,如若走了,小家庭还怎么能够支撑下去呢?至于刘少创处境就更加困难,结婚刚一个月,就面临着生死离别,而且要新娘子在生死合同上签字,那心理压力之大就可想而知了。

不过还好,经过一段艰难的思想工作之后,所有的家属都在生死合同上签了字。

299

从纽约到多伦多

　　好事多磨，绝处逢生，一波三折，总算成行。直到1995年3月30日下午四点多才拿到机票，第二天便登上了前途未卜的征程，第一站是纽约，飞出机场时已是深夜十一点多钟。尽管晚点了四个多小时，但一些中文电视台的记者仍然等在那里采访，可见华人社团对这次考察的重视程度。到达旅馆时已是凌晨三点多钟，我们住在"纽约人（New Yorker）"大酒店里。其实，早在1981年我第一次来到纽约时，就注意到了这座高大的建筑。一是因为它离中国驻联合国代表团南院不远，很容易看到。二是因为它上面有一块很大的霓虹灯牌子，特别醒目。但那时觉得它非常神秘，却从来也没有想到有一天还能住进去。更没有想到的是，这家旅馆的老板娘竟是一个中国人，所以我们在这里便受到了特别的照顾，不仅服务周到，而且价格便宜，真有点宾至如归之感，虽在异国他乡，却得到同胞的关怀和礼遇。

　　我们在纽约一共待了不到24小时，一切活动都是由南德集团驻纽约的分支机构安排的。我们用了一整天的时间谈判经费问题，直到六点五十分才签了字，七点便赶去参加纽约华人社团组织的盛大欢迎会，出席者中既有各界代表、新闻记者，也有我国驻纽约总领馆的领导同志，大家轮流演讲和祝酒，共祝中国人早日到达北极点，为国家争光，为民族争气。这使我们既感到同胞的情谊，又感到身上的压力。这个欢迎会实际上也是欢送会，会议散时，一个老华侨握着我的手说："美国人早就征服了北极点，我们中国人也应该去。我们就是要证明，美国人能干的，我们同样也可以。"

晚上十一点多离开纽约，昼夜兼程，于4月2日下午三点多来到多伦多。晚上又参加了多伦多华人各界为我们举行的盛大欢迎欢送会，这里的气氛更加热烈。在我介绍了这次北极考察的目地和意义之后，侨胞则开始了当场献诗作画，接着又开始了一场争出对联的友谊比赛，于是高潮迭起，情景交融，频频举杯，阵阵欢呼，为中华民族走向世界，为中国人征服北极而祝福。其中有些对联，特别富有诗意，例如：

从纽约到多伦多，我们背负着广大华人的期望，铭记着伟大民族的寄托，又向北极迈进了一步。

哈得孙湾冰与雪

　　这次北极考察可以说分为三部曲,没有松花江上的训练,哈得孙湾是闯不过去的,而若没有哈得孙湾上的拼搏,要到达北极点也是不可能的。当我刚到松花江时,真是有点喜出望外,没有想到那里的冰面与北极的情况真还有点相似。但可惜的是,只是一条窄窄的河道,两岸则是村庄和土地,这在北极是无论如何也看不到的。而且积雪很少,冰面裸露,与北极也大有出入。而当我们辗转来到哈得孙湾时,眼前的冰雪则向外无限地延伸开去,而且起伏连片,裂缝纵横,更有点北极的味道。实际上,哈得孙湾虽然深深嵌入加拿大内陆,但却东连大西洋,北接北冰洋,是一片很大的水域。我们在这里的主要任务是学习如何驾驶狗拉雪橇和滑雪。如果没有这两样本事,在北极冰面上是寸步难行的。因此,哈得孙湾上的冰和雪就像是一块试金石,它们很想看一看,我们这些来自遥远东方的考察队员是否能掌握征服北极的本事。

哈得孙湾的来历

　　无论是过去还是现在，要在极地那种极端环境中工作和生存下去，都是一种严峻的挑战和考验，不仅每个人都要有钢铁般的意志和临危不屈的精神，而且同伴之间还必须精诚团结，密切合作，把死的威胁留给自己，把生的希望让给别人，只有这样才有可能战而胜之，也许这可以叫作极地精神。然而，并不是每个人都能做到这一点，因而就会制造出许多悲剧来。

　　1607年，英国一家公司派遣航海家兼探险家哈得孙去探索一条通过北极点而到达中国之路，虽然没有成功，却在斯瓦尔巴德岛附近发现了许多鲸鱼。1609年，哈得孙受雇于一家荷兰公司再次远航北极，探索西北航线，并为荷兰扩大疆域服务。1610年，哈得孙第三次出征，发现了后来以他的名字命名的哈得孙湾，但却献出了宝贵的生命。

　　在这最后的航行当中，开始一切都很顺利，后来他们的船被冻住了，只剩下了两个月的口粮，为了准备越冬，哈得孙立即组织船员们打猎和捕鱼。然而，就在这种生死考验面前，有人终于吓破了胆，阴谋组织叛乱。结果，哈得孙和他年仅16岁的儿子，还有3个皇家水手和4个病人被扔进一艘敞篷小船，只给他留下了很少一点食物，任他们漂流而去，其他人则乘上大船"发现号"打道回府了。哈得孙和同船的那几个人从此则杳无踪迹。

　　因此，当我们在哈得孙湾上训练时，每到一处总是觉得，我们的脚下也许就是哈得孙和他儿子的尸骨。

303

冰与雪的考验

看别人滑雪很容易，只要穿上滑雪板，两手用雪杖一撑，便"嗖"地飞了出去。驾驶狗拉雪橇也是一样，只要把狗套好，一声吆喝，狗们便齐心合力地往前冲，似乎一点也不费力。但当轮到自己时，却完全不是那么一回事。

先学习滑雪，未穿上滑雪板之前，先跟着教练模仿冰上动作，这时都还自我感觉良好，有的甚至说："嗨！这还不容易，往前滑就是了。"但等一穿上滑雪板，脚底下就像是抹了油似的，摩擦系数接近于零，刚一站起来，就会摔下去，只见队员们东倒西歪，有趴着的，有仰着的，一个个战战兢兢，哆哆嗦嗦，先前的威风一扫而光，都变成了婴儿学步，小心翼翼，一步三摔，能勉强站住就算不错了。年轻人毕竟适应得快，再加上大家都知道这是通往北极的必经之路，如果不过这一关，要进军北极就无望了。所以一个个都刻苦训练，积极努力，进步是很快的，几小时之后，年轻力壮的队员都逐渐摸出了门道，靠滑雪杆的支撑，勉勉强强可以往前移动了。

但是，我这个半老头子就惨了，不仅体力比他们差，而且反应也慢，动作不灵便，穿上滑雪板后，刚想站起来，便仰面朝天地摔了下去，屁股重重地硌在硬硬的冰块上，就像被人家狠狠地踢了一脚似的。我当然不能服老，所以想赶快爬起来，没有想到，还没等站稳，接着又来了个嘴啃地，连雪加冰，把口里塞得满满的。这时我又气又恨，怒火中烧，难道自己真不行了，这是绝对不行的。但又一想，恼羞成怒也不是个办法，必须稳住自己的情绪，于是便坐在那里稍事休息了一会,把口里的冰雪吐出来,剩下一点正好化成水咽了下去,一阵凉气沉入肺腑,就像是大热天吃了一根冰棒似的。这时情绪也稳定一些了,谢绝了别人搀扶的手,自己又慢慢站了起来,果然好一些了,竟恍恍悠悠地往前滑去,大约走了不到三米,正好遇上了一个雪坑,连思考也没有来得及,便又来了个倒栽葱,一头扎进雪坑里去了,只有两条腿露在外边,上半身子完全被冰雪所吞没。连中三元之后,我才开始冷静下来,按照教练所说的诀窍,不急不躁,就像是人生第二次蹒跚学步。

有志者事竟成。两三天之后,队员们都能正常前进了,特别是像刘少创、毕福剑、郑鸣、李栓科等,滑得就更好一些了,有点像运动员的架势了。我也逐渐掌握了要领,但速度上还没办法与他们竞争。

接着便开始学习驾驶狗拉雪橇,这要更加玩命。首先是那些生龙活虎般的爱斯基摩狗,一个个就像是在家里憋了好久刚刚放出来的孩子,一有机会就会向前疯跑,猛冲,在那崎岖不平的冰面上,拖着雪橇,风驰电掣,上下飞舞,左右翻腾,宛如一叶无系之舟,飞流直下,让人欲上生畏,欲下不能,真像是一场生与死的挑战,力与智的考验。但是,这同样也是通往北极的必经之路,这一关不过,要在北冰洋上生存也是非常困难的。正因如此,所以绝大部分队员都很快就闯过去了。但开始几天,我确实不大敢着边,因为担心我这把老骨头虽然不值几个钱,但若有个三长两短,不仅会给今后的生活造成困难,带来不便,而且更加重要的是,这次考察恐怕就要告吹了。但又一想,科海无边,回头无岸,只能是破釜沉舟,勇往直前,岂能为这一关挡住去路。于是便下定决心,拼死一试。我的第一个伙伴兼教练就是印第安人小伙子汤姆,只见他皮肤黝黑,膀宽腰粗,壮得像头牛似的,人很好,诚挚而朴实。他让我先在雪橇的后架上站稳,抓住横杠,然后一声令下,狗们便冲了出去,我虽然早有准备,但手劲还是不足,一下子从雪橇上飞了出去,重重地摔进一个雪堆里。汤姆赶紧把狗喝住,把我从雪里拽了出来,并示意我一定要抓住横梁,这是学会驾雪橇的第一步。我也接受了教训,用两只手死死地握住横杠,汤姆见我准备好了,"哈"的一吼,狗们就像离弦的箭一样飞驰

305

而去。这次我算下定了决心，就算是粉身碎骨，两手也决不松开。这一招果然奏效，竟挂在雪橇上跑了一阵子。谁知，正在得意之际，雪橇忽然冲上了一个冰堆，接着又来了个急转弯，只觉得两脚一滑，身子便横着飞了出去，正好落在一个冰沟里，两边的积雪和冰块稀里哗啦地垮了下来，把我埋了个严严实实。汤姆好不容易把狗停住之后，赶紧回头找我，却不见踪影，可把他吓坏了，以为我掉入冰缝，沉入海底，去找哈得孙父子去了，便大声喊叫起来："Help! Help!"我费了好大劲才从冰块中钻出头来，冲着汤姆吼道："I am here!"汤姆赶紧跑过来，把我拖了出来。我们俩你看看我，我看看你，笑得上气不接下气。

后来我也渐渐摸出了门道，驾驶雪橇不仅脚要站稳，手要抓住，而且两眼要紧紧盯住前方，随时注意前进的方向和冰面的形势，并且要在瞬息万变之中及时而准确地判断出雪橇有可能往哪边歪，然后采取相应措施。尽管如此，翻车还是常有的事。

当然，我真正掌握驾橇技术还是上冰之后的事。然而，无论如何，我总是非常感谢我的第一个印第安朋友，也是我第一个驾橇老师汤姆，他不仅教会了我基本功，而且，也许更重要的是，他以自己那非凡的气势，给了我战胜一切困难的决心和勇气。

秣马厉兵白铁湖

　　哈得孙湾训练之后，队员们初步掌握了滑雪和驾驶狗拉雪橇的技术，特别那些体力好的队员，更是信心大增，跃跃欲试，觉得又向北极迈进了一步。但是，实际上，为了巩固训练成果，并进一步做好北上的物资和精神准备，我们都必须南撤到美国明尼苏达州的伊利市。这也许可以解释为，大踏步地前进，大踏步地后退战略，为了跳得更远，则必须先往后退两步。4月13日，我们一大早出发，离开加拿大的温尼伯，驾车南行，一个多小时后越过了美加边境，下午便到达了目的地。

鲍尔的心愿

　　在科学界，对于皮尔里当年是否到达了北极点一直是有争论的，一是因为他当时用来定位的六分仪精度很差，很难准确地确定出北极点的位置。二是因为有人认为，他当时在没有任何空中补给的情况下要携带那么多物资，长途跋涉如此漫长的距离几乎是不可能。

　　77年之后，即1986年，又一支美国探险队，沿着皮尔里当年的路线，中途也不靠空中补给，经过近两个月的长途跋涉，终于也到达了北极点。这支队伍的领队之一，则是鲍尔·舍克。

1993年6月初,我从北极回来之后,专程飞到伊利,第一次会见了鲍尔,与他讨论了作为向导和顾问,共同带领一支中国科学考察队远征北极点的可能性。鲍尔认为,他若能帮助中国首次远征北极点科学考察队胜利到达北极点也是一种历史机遇,真是三生有幸,于是欣然同意了。从此,我们不仅成了知交,而且还共同做起了北极之梦。现在,经过几年的策划和推动之后,这一梦想终于将要变成现实,我们的心情都很激动。鲍尔的妻子苏珊和大女儿玻丽亚、儿子皮特都到过中国,所以都是好朋友,再次相见,特别高兴,只有小女儿白瑞尔刚满一周岁,是初次见面的新朋友。为了节省经费,鲍尔免费提供住宿,每天只交一点饭费就行了,因为我们的经费有限,所以他尽量地提供帮助。

鲍尔的房子建在湖边,孤零零地坐落在森林深处。这个湖很大,而且名字也很怪,叫白铁湖。虽然已是四月中旬,却仍然被冰雪所覆盖,茫茫一片,真有点与白铁相似,也许就是因此而得名的吧。环境优美而干净,真像是有点与世隔绝了似的。据说附近还有狼,所以苏珊常常为孩子们的安全担心。我们第一批队员共19个人来了以后,这里便骤然热闹起来,皮特也解放了,可以放心大胆地在周围树林乱跑。甚至连两条老狗也格外兴奋,因为对它们来说,一下子见到这么多中国人,恐怕还是第一次,所以总是跟在队员们的身后转来转去,寸步不离。但到了晚上才发现,人多也有人多的难处。原来,它们每天都睡在大厅的沙发上,现在却被人占了去,所以只好睡在地板上。这还不算,睡在沙发上的那个队员原来是个呼噜健将,只要一躺下去,很快就进入梦乡,呼噜打得山响,连那两条狗也没有办法入睡,不时地抬头看看他,大概在想:我们每天都睡得很好,怎么你一来就睡不着了呢?坚持到半夜实在没有法子,它们只好推开门出去了。第二天一早上队员们发现,那两条老狗睡到了屋檐下面。其实,我们在哈得孙湾学到的那两下子,只不过是刚刚开始,光靠这点本事就去冲击北极点,那是非常危险的。鲍尔当然深知这一点,所以要求队员们每天都要在白铁湖上坚持训练,不仅要提高技术,而且要增强体力和磨炼意志。而他自己则在抢修雪橇,挑选爱斯基摩犬,购买装备,准备食品,成天忙得不亦乐乎。我知道,他的压力同样也是很大的,因为要把中国首次北极科学考察队安全地带到北极点并非一件容易的事。而且这不仅是个历史事件,同时也是一个国际合作的范例,必须保证万无一失。所以,鲍尔每天都在默默无声地进行着准备,希望能胜利地完成任务。

湖上练兵记

我们在鲍尔家住了一个星期,大体都是这样度过的:每天早晨七点起床,除了留下做饭成员外,其他队员都要到冰上去练习,一个小时后回来吃饭,然后继续,直到中午。下午自由安排,有的人继续训练,有的人帮助鲍尔干活,还有的人写写东西。

我因为体力较差,所以增大了锻炼强度,早晨起来先在湖边的石头上奔跑,在石头尖上跳来跳去,以提高自己的反应速度和耐力。在哈得孙湾时我的滑雪速度有点慢,跟不上,为了提高速度,以免成为累赘,所以每天上午都在无雪的湖面上练习。后来发现,两臂同时后撑,可以滑得很快,飞也似的,足可以与年轻队员相比,于是又增强了信心。但一不小心,连着摔了两跤,仰面朝天,后脑重重地撞在坚硬的冰上,当时都有点晕晕乎乎,很怕摔成脑震荡,不过还好,站起来活动活动之后,觉得头脑还算清醒,又恢复了意识。下午和晚上则沿湖边散步,一面锻炼腿劲,一面独自思考一些问题。

有一天,鲍尔到湖上来看大家训练,不知是一时兴起,还是看透队员们有点自满和松懈的情绪,便来了一个即兴表演,只见他两脚一蹬,两手猛地往后一杵,便箭一样地飞了出去,速度之快,令人瞠目,而且动作和谐,手脚并舞,简直就像是在冰上滑翔似的,令大家看得目瞪口呆,方知自己那两下子实在是小巫见大巫。于是纷纷议论说:"还是赶快练吧,我们这两把刷子还早着呢。"

309

第二天下午，鲍尔一家决定带我们到附近的原始森林中去远足，然后来一顿野餐，他们把东西都准备好了。大家都很高兴，因为能到真正的原始森林中去散步，有生以来还是第一次。于是，浩浩荡荡地出发了，走不多久便不见了路，只见树木参天，遮天蔽日，枝叶繁茂，盘根错节，如果不是鲍尔带路，肯定早就迷失了方向。这时我才想到，看来鲍尔并非为了带着大家玩，而是想让队员们体验一下迷失方向的滋味。上冰之后，我才体会到，方向意识是何等之重要。因为，在极地行走，太阳不落，又没有明显的参照物，要判断方向是很难的，而一旦迷失方向，不仅走不到目的地，而且是很危险的。后来终于来到了湖边，只见森林环抱，湖面如镜，景色真是美极了。鲍尔在一块空地上燃起了篝火，面包和香肠插在树枝上一烤，立刻香气扑鼻，大家肚子也都饿了，便狼吞虎咽地吃起来，这一餐恐怕比任何高级宴席都有味道，也更有意义。

回来的路上，一时兴起，忽然唱起了歌曲。也不知是谁起了一个头，人们立刻一哄而起，竟唱起了抗美援朝之歌：

"雄赳赳，气昂昂，跨过鸭绿江。保和平，为祖国，就是保家乡。中国好儿女，齐心团结紧，抗美援朝，打败美国野心狼。"

唱完之后都哈哈大笑起来，在美国森林里，竟响起了抗美援朝的革命歌曲，确实有点滑稽。鲍尔的大女儿玻丽亚当然不知道我们唱的是什么意思，但却觉得很好听，一定要我们再唱一遍，但大家却觉得不太合适，虽然人家听不懂，但鲍尔一家对我们是如此之友好，我们怎能忍心再去骗他们呢？于是便换了一首歌："大刀向鬼子们的头上砍去！……"

伊利大会师

　　中国首次远征北极点科学考察队共有队员25名，来自全国18个单位，其中包括香港的著名摄影家李乐诗。由于各种原因，分成前后两批。第一批共19个人，先期到达，参加了哈得孙湾和白铁湖上的训练。第二批6个人，由政委翟晓斌和副领队刘健同志带领，于4月19日下午到达伊利。虽然分别只有二十天，但因实为生死之交，所以见面之后特别激动，大家你看看我，我看看你，紧紧握手，热烈拥抱，心中的感受是难以言喻的。大家互相交流了国内和国外的各种情况，研究和布置了下一步的行动计划，其情融融，其景楚楚。因为，这次活动困难之大和问题之多是可想而知的，全靠大家齐心合力，过关斩将，方才走到了今天这一地步，其中的酸甜苦辣局外人是无论如何也难以理解的。例如像政委翟晓斌同志，为此付出了多少心血，承受了多大压力，别人是难以体验的。因此，当我们见面时，四目相视，默默无语，但却比说什么话都更能表达内心的意思。

　　然而，不幸的是，由于首批队员再次进入加拿大的签证出现了问题，必须连夜赶到底特律，所以会师之后只有短短几个小时又匆匆分开了。

311

基地点将

在白铁湖畔的一个星期，既是训练，也是休整，因为无论是中国队员之间，还是我们与美国朋友之间，都需一个磨合期，以便达到互相了解，配合默契，这是完成如此艰巨而危险的任务所必须具有的条件之一。从4月20日开始，又进入了运动状态，掉头往北，第一站则是雷索鲁特基地。为了运送物质和装备的方便，中美双方共同包了一架飞机，昼夜兼程，到达雷索鲁特时已经是4月24日凌晨一点多了。

1994年的国庆节就是在雷索鲁特度过的，那次是和浙江电视台的高克明、姜德鹏和史鲁杭来此考察和拍片的。没有想到，半年多之后，我又来到了雷索鲁特，可以说旧地重游，看上去也没有多大变化，只是地上的积雪比那时更深了一些而已。当然，我也没有心思细看，因为重任在肩，生死未卜，心上的压力是非常之大的。幸运的是，在机场上又碰到了设在这里的国际北极探险者之家的主人印度的白则尔先生，去年我们就是住在他那里。见面之后很是高兴，他紧紧握住我的手说："你到底带起了一支队伍要进军北极点了，佩服！佩服！真是了不起！"我问他近来的情况，他说他刚从北极点回来，冰上裂缝很多，起伏很大，情况比较复杂，要我千万小心，一定要谨慎行事。听了以后，更增加了我心头的忧虑。

冬训以后，如何确定队员曾经是个非常困难的问题，因为合格的人很多，名额又很有限，颇费了一番周折，也得罪了一些同志。现在，考察队员虽然确定了,但又面临着一个让谁上冰的问题。在这关键的时刻,为了祖国和民族的荣誉,谁不想到冰上去拼搏一番呢？就是死了也是值得的。但是,同样的,上冰的人员就更少了,只有七人。首先要保证科学家去完成他们的科研项目。此外还必须有两个摄像记者,以便把整个考察过程拍下来,不仅为了新闻宣传的需要,更重要的是作为一种科学资料。经过反复分析和研究之后,由考察队领导集体决定的上冰队员名单如下：

位梦华　国家地震局地质所研究员
　　　　地球物理与极地考察专家总领队

李栓科　中国科学院地理所副研究员
　　　　环境地理极地考察专家
　　　　队长

赵进平　中国科学院青岛海洋研究所研究员
　　　　物理海洋学专家

刘少创　中国测绘大学博士研究生
　　　　大地测量与遥感专业

效存德　中国科学院兰州冰川冻土研究所
　　　　博士研究生

毕福剑　中央电视台记者
　　　　导演与摄像

张　军　中央电视台记者
　　　　摄像

应该特别说明的是,香港的摄影家兼极地考察专家李乐诗女士上冰的经费是由她自己交的,但为了祖国的北极科学考察事业,她决定将名额连同经费都让出来,让给科学家去完成他们的科研项目,在如此关键的时刻,在如此事关重大的荣誉面前,竟有如此的情操和胸怀,感人至深,令人佩服,其爱国之心昭然生辉,历史是不会忘记的。

另外还有沈爱民同志,是一个既有理想又能执着追求的人。在这次北极科学考察活动中他不仅是元老之一,1993年就与我一起,作为先遣组成员进入北极考察,为这次远征北极点做了大量宣传、推动和先期准备工作。然而,到真要向北极点进军的时候,他因经费所限而不能上冰,这正如一名战士,冲锋号已经吹响,他却不能去冲锋,其心情是可以理解的。尽管如此,他却仍能顾全大局,公而忘私,衷心为上冰队员祝福。他的精神和品格同样值得提倡和学习。

总而言之,最后确定上冰队员这一难题就这样解决了。于是投入了紧张的准备,真是养兵千日,用兵一时,以前所做的所有努力,都是为了这最后的冲击。

北飞 88°

实际上，我们在雷索鲁特基地只待了几个小时。4月24日早晨8点，七名上冰队员和部分记者，分乘三架双水獭型小飞机从雷索鲁特机场起飞，很快升入万里晴空，继续往北飞去。经过几天连续奔波，住无定所，吃无定时，队员们都已疲惫之极。所以，任凭蓝天在头上延伸，冰雪在脚下飞驰，大家都已无先前那样兴奋，而是默默地蜷缩在座位上，各自想着心事。因为等待他们的是祸是福，谁也无法预料的。这时，我又忽然想起了出发之前签定生死合同时的情景，许多队员的亲属坚决拒绝在上面签字，他们的心情是完全可以理解的。现在他们天各一方，也许就是生死离别，人心都是肉长的，有谁能无动于衷呢？

正在沉思之际，突然觉得飞机开始下降，赶紧往外望去，只见光秃秃的群山迎面飞驰而来，就在一个山谷之中，飞机打着呼啸，降落在一个简易机场上，这就是尤里卡避难所，正好位于北纬80°。飞机在这里加油，人则在这里放水，也顺便活动活动身子。这时，跑出来了一只北极狐从远处往这边张望，只见它皮毛蓬松，洁白如玉，闪亮的眼睛像两颗黑色珍珠，小心翼翼地观望了一阵之后，很快就消失了。而在远处的山坡上，则有几个黑点在活动，那原来是一群麝香牛，但因离得太远，即使用照相机的长镜头也还是看不太清楚。

重新起飞后，山上的积雪更厚，谷里的冰川更多，且闪闪发光，像蜿蜒的冰河,但却并不游动,只是凝固在那里。一个多小时以后,再次降落,这个机场更小,只有一块绿色牌子竖在那里,上面注明这里是伊尔斯米尔岛上的国家公园自然保护区,但向四周望去,却什么动物也没有看到,不知到底保护什么。这时已经12点多了,大家的肚子都有点饿,便沿着几排圆顶的平房逐个敲门,想找点吃的。但所有的房子都空无一人,门倒也没有上锁,大概也不会有人到这里来偷东西。正在失望之际,忽然从远处的房子里走出一个人来,手里托着一个纸盒子。大家喜出望外,赶紧迎上去,走近一看,原来是个女的,非常友好地将我们迎进她住的那栋房子里,从纸盒子里拿出了几个三明治。一面吃饭一面和她聊天,她说这里只有她一个人,唯一的伙伴就是那台能说话的对讲机。我问她,碰到北极熊怎么办。她笑笑说:"那就只好听天由命了。"我为她的精神所感动,不禁升起了几分敬意,心想,她也许是世界上最靠北的工作人员了,而且又是独身一人,真令人佩服。于是很想跟她多聊一会,但飞机马上又要起飞,只好匆匆离去。

又飞了两个多小时以后,伊尔斯米尔岛上的群山渐渐向后退去,可是进入北冰洋上空,已经到了北纬83°多了。通过舷窗,往下看去,只见地面似乎一马平川,没有什么太大的起伏,于是又高兴起来,心想,如此好的冰情,一天还不干它几十千米,用不了几天就可以到达北极点了。但却有许多黑色的冰缝,纵横交错,漫延无际,又觉得惴惴,这些家伙,就像张开的大口,弄不好就会被它们吞下去。

下午四点多钟,飞机开始降落,钻出机舱,一下心里又凉了半截,原先在空中看上去只是一些小小的雪堆,现在却变成了高耸的山脊,而且起伏连绵,无边无际,要想绕过去绝无可能,而要翻过去也绝非一件容易的事。

大家七手八脚地把装备卸下来,乱七八糟地堆了一地。记者们忙着拍照、采访,机组人员忙着维修机器,队员们忙着检查装备,只有那些爱斯基摩狗兴奋得不得了,它们乱蹦乱跳,乱吼乱叫,吵成一锅粥,扭打在一起。半个小时之后,飞机载上记者重新上空,扬起了一阵飞雪,我们拼命地挥舞着双手,与渐渐远去的飞机告别。等它们消失之后,转过身来一看,在茫茫无垠的北冰洋上,只有我们几个活物,这时才感到一阵失落。于是,空旷、寂静、孤单,一股脑袭向了心头,造成了一种难耐的压迫感。正在这时,只听刘少创喊到:"现在的位置是北纬87° 59′ 12″!"

这是一个新的起点!

这也是我们中华民族有史以来第一次要将自己的脚印踩在北极的中心地区!

万事开头难

　　若用天气的好坏来占卜我们未来的命运,那么应该说,兆头还是相当不错的,因为老天爷确实给了我们一个好天气。蓝天白云,风和日丽,据鲍尔说,能在北冰洋上碰到这样的好天实在难得,因此他开玩笑地说,这都是毛主席保佑的结果,于是,我们抓紧时间上路,一分钟也不敢耽搁。

　　但是,万事开头难,先是把那些激动万分的爱斯基摩狗牵到一起,套上绳索,并使它们各就各位,分工负责,就很是费了一番周折。然后再把东西装上雪橇,仪器设备检查好,穿上滑雪板,弄好滑雪杆,即一切准备妥当,可以整装待发时,又用了一个多小时。

　　我们体力有限,滑雪跟不上去,便决定驾驶狗拉雪橇,心想,只要死死抓住不放,拖也会被拖到北极点的。谁知上路之后才发现,原来根本不是那么回事。

　　待一切就绪之后,鲍尔一声令下,队伍开始进发。我们共有20条爱斯基摩狗,十条一组,拖着前后一大一小雪橇。美国人肯尼是个大力士,他驾驶前面的大雪橇,我负责后面的小雪橇。根据哈得孙湾的经验,最重要的是不能让雪橇翻倒,因为一翻倒就得停下来,弄不好还会伤人。所以,一开始我便紧紧地把握住方向,两眼死死地盯住前面的形势。但是,经验总也不够用的,走不几步,一道由冰块堆成的山脊横在前面,挡住了去路。我一下子就惊呆了,站在那里束手无策,不用说要把五六十千克的雪橇运过去,就是空着手爬上去也几乎是不可能的。正在犹豫，鲍尔赶了上来，二话没说，就用滑雪杆猛敲狗的屁股。狗们本来就很兴奋，再加上几分委屈，于是汪汪叫着，不顾一切地向上冲去，肯尼顺势一拐，雪橇上了山岗。然而，上山容易下山难，翻到山顶往下一看，陡峭的冰壁足有五米。而这时的爱斯基摩狗怒气未消，又突然感到毫不费力，便顺坡而下，飞驰而去，雪橇一下子失去了控制，从高高的悬崖上摔了下去。由于这样突然一拽，后面的小雪橇跟着飞了起来，还没等我清醒过来，已被甩出去了十几米，重重地落在冰块上，只觉得两眼放花，腿脚麻木，腰椎酸痛，动弹不得。稍事休息之后，我试着慢慢站起来，虽然疼痛难忍，但还可以活动，于是松了一口气，知道腰间盘还没有突出。只见两个雪橇翻倒了一对，狗们站在那里两眼相观，肯尼躺在那里喘着粗气。我们两个齐心合力地将雪橇扛起来，还没等站稳，狗们则猛地往前冲去，结果，我来了一个倒栽葱，他来了一个嘴啃泥。当然，因为这里只有冰雪，所以他也啃不了泥。

就这样，第一天我们足足挣扎了大半天，辛辛苦苦地走了七个多小时，但停下来时用仪器一测量，若以直线距离来算，仅仅往北移动了不到4千米。如此算来，如果每天走12个小时，也只能前进五六千米，而到北极点的直线距离是222千米，那要多少天才能走到呢？而且，我的腰痛得厉害，一行一动都极端困难，连翻个身都非常吃力。但又不能说，怕影响队员们的士气。实际上，无论是体力好的还是体力差的，大家都是在极限情况下挣扎，就是说了也没用的。当然，也不能打退堂鼓，即是想退也没有地方可退，队伍不可能停止前进，飞机也不可能飞回来接你，真是苦海无边，回头无岸，只能咬紧牙关，硬撑下去。

因为太阳不落，所以夜里和白天没有什么区别。我好不容易钻进睡袋，心情沉重，闷闷不语，没有想到出师不利，第一天就来了个下马威，真是万事开头难，往后的日子将会更加艰苦。于是，仰面朝天，默默地祷念着："老天爷，请放我一马吧！只要我的腰不痛了，能让我们走到北极点，回去之后就是瘫痪了，坐轮椅也没关系！"

319

冰上吃、住、行

　　人首先要能够活下去，才能谈得上事业和追求。在北极冰上也是如此，活命是第一位的，然后才有可能到达北极点，完成这次科学考察的任务。

　　那么，怎样才能活下去呢？若就人的日常生活而言，维持生命的延续无非有如下几大要素，那就是喘、喝、吃、穿、拉、撒、睡七件大事。首先，呼吸是维持生命的第一需要，也是生命的重要标志，呼吸一停，生命便终止了。其次是吃喝，一日三餐是不可少的。但若比起来，几天不吃饭还可以忍受，但几天不喝水就很难活下去，既要吃喝，就得排泄，拉撒则是不可避免的，这叫做新陈代谢，也是生命所必须的。若要维持正常的代谢，则就必须有劳有逸，睡觉则是不可或缺的，即所谓的三饱两倒，至少也得一倒。当然，也许有人会说，不穿衣服也能活着，原始人不就是如此，这倒也是对的。然而，此一时彼一时，对现在的人类来说，成天赤身裸体已经难以在社会上立足。况且，对于生活在热带地区的居民来说，少穿一点也许问题不大，但若到了北极，谁能不穿衣服出去试一试？这也就是说，到了寒冷地区，穿衣服也是维持生命所必需的。

　　当然，除了这七件大事之外，住、行、洗也是日常生活所必需的。虽然无家可归也可度日，瘫痪在床者也能苟延残喘地活下去，至于常年不洗脸、洗手、洗澡、洗衣服更是问题不大，不会马上死人。但对正常人来说，这种活法毕竟有点不大舒服。

那么，像在北极这种极端环境之下，维持生命的诸多因素是怎样保证的呢？现在就让我们来看看，在冰上时我们是怎样活下来的。

　　在维持生命的诸因素中，呼吸是第一位的，也是最廉价的，既不用花钱去买，也不用费力去取，只要喘气就是了。而且人人平等，不论是达官贵人，还是芸芸众生，也不管你是百万富翁，还是贱民百姓，人人都有自由呼吸的权利。不仅如此，大家所呼吸的还是同一个大气，既非权贵所专有，也非富豪所私之，在这一点上，上帝是绝对公平的。而在北极考察中，这也是唯一一比其他地方更好一点的生活要素。因为这里空气干净，极少污染，每天都可以大口大口地呼吸着新鲜空气，不仅没有灰尘，连个细菌也少有，真是一种难得的享受。

　　至于其他要素可就不一样了。就拿吃喝来说吧，高级宴会，花天酒地，固然活得潇洒，就是粗茶淡饭，四菜一汤，也是一种享受。即使吃糠咽菜，却能一家团聚，油灯土炕，暖暖和和，也是人生一大乐事。然而，在北极冰上，无遮无盖，冰天雪地，把灶支在冰块上，点上汽油炉子，先把雪化成水就得一个多小时，然后将蔬菜、大米、香肠、果汁、酸奶酪、巧克力等一股脑儿倒进去，再烧一个多小时才能烧开煮出一桶稀粥来，什么味也没有，像是猪食似的，每人分上一碗，拼着命也要吃下去，因为这是唯一的能量补充，如果不吃饱，第二天就撑不下去。而且，每天只能吃上两顿热饭，中午则只能吃一点肉干、果仁、巧克力等充饥。但是，每天消耗的体力却是非常之大的。由于营养跟不上，每人每天都要掉一斤多肉，若要减肥，北极那实在是个好地方。当然，我们喝的都是纯净的雪水，这在其他地方也是享受不到的。

　　至于穿的，同样也大有学问。1986年美国人进军北极点时，穿的都是羽绒服。结果发现，由于天气太冷，所以人身上冒出的汗气一进到羽绒服里就结了冰，根本散发不出来，过不了几天，羽绒中就充满了冰粒，硬邦邦的，像个盔甲似的，放在雪地上它便站在那里，很使他们吃了不少亏。自那以后，鲍尔则专门研制了一套适合北极考察的衣服，里外三层，贴身的一套是人造纤维的棉毛衫，出汗之后很快就散发掉了。若用纯棉，刚穿上去虽然舒服，

321

但一出汗就会变得湿漉漉的，要靠身体的热量把它烤干，这必须消耗很大的体力。中间一层是厚绒织物，轻而保暖，而且透气，主要是用来防寒的。最外面一层则是单衣，薄而微密，可以挡风。这样的衣服非常适用，既轻便又保暖，风吹不透，身上的汗气却很容易散发出去。

谈到拉撒，虽然难以启齿，却是一大难题。在零下三四十度的气温之下，在风雪弥漫的冰天雪地之中，要把身体的一部分露出来，那滋味是可想而知的。小解还好办一些，毕竟时间短而且操作容易。大解就非常困难了，几分钟就失去了知觉，到事情完毕已经全身麻木，不仅裤子提不上，而且站也站不住。但这种事情又总是每天都要办的，真是苦不堪言。所以总是拖了又拖，忍了又忍，直到坚持不住时，才去搞一次突击。那时，我常常想起家里的厕所，总是搞得干干净净，舒舒服服，坐在里面简直是一种享受。这是很对的。实际上，厕所与厨房具有同等的重要性，但人们往往忽略了这一点，这种人最好到北极去试一试。

平时睡觉，本应是一大享受，床软被暖，高枕无忧，人生的三分之一就是这样度过的。但在北极，睡眠却成了一大难题。帐篷主要用来挡风，但与此同时却也带来了一个问题，就是在风力的作用下哗哗作响吵得要死。当然这也问题不大，因为每天累得要死，而且只能睡三五个小时，所以只要一躺下去，就是天塌下来，照样也能进入梦乡。每人一个睡袋，上面再盖上一层塑料布，由于气温太低，跟外面差不多，所以呼出的水蒸气很快就变成了雪花，所以外面刮风，里面下雪，第二天起来，身上则有一层白白的雪。更加难受的是，因为帐篷就搭在冰雪之上，睡袋下面只垫了一层薄薄的气垫子，所以身子下面总是凉的。睡了半天，刚刚有点热乎气，又该起床了，那时的思想斗争是非常激烈的。

另外，睡觉时必须把绝大部分衣服都穿在身上，随时准备逃命。因为，身下的冰层有时会突然裂开，那时就必须赶快转移，动作一慢就没有命了。如果穿得太少，或脱得精光，一钻出来很快就冻成冰棍了。

至于洗就更谈不上了，不仅无法洗澡，就连洗脸、洗手也不可能，一是没有水,因为燃料极其有限,而且还得随时提防意外事故,例如冰裂的阻挡,暴风雪的袭击,都有可能使计划延误。因此每天带的水只供饮用,连刷牙也不供给。再说,每天累得半死,一停下来就像是一滩稀泥,谁还有心思去讲究这些呢?只要能活着就已经心满意足了。因此,大家都是蓬头垢面,彼此彼此,好在空气中灰尘很少,所以模样都还是认得的。但是,一星期之后,身上的味道就散发了出来,而且愈来愈浓,好在大家都一样,乌鸦莫欺猪黑,不用去指责别人。

因为我自始至终驾驶狗拉雪橇,所以自有一番格外的体会。其他的苦处暂且不提,开始几天光是狗屎就把我熏得要死,因为有十条狗在前面走,它们轮番作战,一路上不停地拉下去,所以被熏得头昏脑涨,恶心得想吐,弄不好还会沾到身上、睡袋上或帐篷上,又无法洗,连吃饭时也只能睁一只眼闭一只眼,有时只好捂着鼻子。然而,过了几天之后,这种可怕的味道渐渐闻不到了,于是心中暗喜,以为狗屎的味道可能已经变了。有一天晚上,我钻进睡袋之后才发现,原来我身上也散发出一股刺鼻的味道,跟狗屎的味道已经差不多了,这才恍然大悟,入鲍鱼之市,久而不闻其臭,自己身上都是如此,鼻子早已经习惯了。

可爱的爱斯基摩狗

人类与动物的关系也是随着历史的推移而改变的。原先，人和动物本来是一家，只不过是动物大家庭中的一分子，后来，人类从动物中分离出来之后，便觉得高动物一等，于是关系紧张了起来，变成了你死我活，誓不两立。再后来呢，人类学会了驯养动物，将动物变成了自己的帮手和劳力，这也是人类观念上的一大进步。到现在，人类终于开始发现，人和动物共有一个地球，本来就应该和平相处，于是便提出了保护动物的口号，向往着回归大自然，开始有一点返璞归真的味道。

同样的，狗从狼中分离出来之后，它与人的关系也有一段变迁的历史。起先，人把狼驯养起来，主要是为了用来打猎，而在需要时同样也杀来吃。但与牛马猪羊不同的是，那些家伙只知道傻干，而不知道去讨人的欢喜，所以始终只能为人所用，任人屠杀和驱赶。而狗却聪明得多了，在为人出力的同时，还善于察言观色，投人所好，讨得人类欢喜，渐渐成了朋友，不必再去卖苦力了，反而成了形影不离的伙伴，现在，狗们一个个都成了宠物，住上了高楼，坐上了汽车，既不必看门，更不用打猎，饭来张口，养尊处优，除了偶尔逗人一笑之外，实际上已经失去了继续存在的价值。当然也有例外，那就是爱斯基摩狗。

说实话，在去北极之前，对狗并无好感，除了吵闹之外，还能造成环境污染，而它们那种狗仗人势，恃强凌弱的媚态，更是令人不舒服，因而总是避而远之，不曾有过深接触。只有上冰之后，与狗朝夕相处，对它们渐渐了解，才有了新的认识。

开始几天，我对那些爱斯基摩狗也并不怎么太喜欢，虽然它们很卖力气，但却非常难以控制，不仅吵闹不休，大咬出口，而且总想往前冲，常常被它们摔成狗啃地。后来很快就发现，要想很好地驾驭它们，就必须首先摸透它们的脾气。

爱斯基摩狗看上去很凶，叫起来也常常是仰面长啸，像狼似的，这是因为它们是由狗与狼交配而成的，所以与狼的亲缘关系很近。但是，它们最大的脾气，或者说优点，就是不咬人。无论是在野外还是在家里，爱斯基摩狗对人总是非常温顺，不论是生人还是熟人，它都一视同仁，绝不会咬你。在冰上时，有时实在气极了，踢他们两脚；或打它们俩下，它们只是委屈地叫两声，或者痛得缩成一团，但绝不会有反抗的表示。据说，这是因为爱斯基摩人长期培养和选择的结果。因为在过去，狗是爱斯基摩人唯一的牲畜，不仅用来打猎，也用他们拉雪橇和驮东西，可以说是朝夕相处，形影不离，所以脾气不好的狗都被杀掉了。久而久之，便在爱斯基摩狗的心目中形成了一个强有力的概念，那就是，无论如何不能咬人，否则就有生命危险。

但是，这并不是说爱斯基摩狗是和平的天使，恰恰相反，它们实际上也是很凶的，不仅连强大的北极熊都望而生畏，怕它三分，而且它们之间也经常发生争斗，群起相向，咬作一团。这时候，你千万不能站在其中，因为它们已经丧失了理智，把不咬人的禁令早已忘得一干二净。更不能把手伸入其中，因为在那种情况下，它们是无暇区分哪是狗腿哪是人手的。唯一的办法就是用滑雪杆猛抽打它们的脑袋，只有这样才能使它们冷静下来。然后把它们分开。

不仅如此，爱斯基摩狗之间也有敌友之分。有些狗之间脾气相投，见面之后便亲亲密密，卿卿我我。而有些狗之间则脾气相冲，见面之后则怒目相视，大打出手，稍不注意就会咬作一团，要费很大的劲才能把它们分开来。因此，在套狗时必须首先弄清楚谁跟谁能够合得来，尽量把它们套在一起，

325

以保证工作顺利进行。如果你不管三七二十一,把它们随便套上去,那么一路上净劝架了,根本无法走下去。

除此之外,公狗和母狗之间合理搭配也是非常重要的。一般说来,母狗个子比较小,力气也差一些,但却比较聪明听话,常常可以做头狗,能比较正确地理解人意,把握前进的方向和控制行进的速度。而且,更加重要的是,母狗的存在可以起到很好的精神调节作用,只要一个队中有几条母狗,公狗们干起活来就要带劲得多,而且也容易控制得多,足可以补偿母狗们力气小的缺憾。如果一个队中只有公狗,虽然力气大些,但却风波迭起,撕咬不休,寸步难行,非常难以驾驭。

当然,爱斯基摩狗最可爱之处还是它们的英勇善战和坚韧不拔。只要一声令下,它们就会奋力往前冲去,过雪地,爬冰山,顽强拼搏,一往无前。愈到危难之际,愈加拼命冲刺,耳朵直力,身子匍匐,齐心合力前行,决不畏难犹豫,那种场面真是终生难忘,令人感动不已。尽管它们非常辛苦,还经常吃不饱,总是饿肚皮,但它们依然精神抖擞。因为我们携带的东西非常有限,都是一斤一两计算出来的,而且前途难以估量,万一碰上暴风雪、大裂缝,或发生意外事故,行程就得延误,所以食品和燃料必须留有余地,否则是很危险的。人当然没有办法定量,尽量要保证吃饱。狗就只好受点委屈,每天早晚两餐,每顿只有两茶缸的狗食,这是远远不够的,总是处于饥饿状态,从纸片到背带,逮着什么吃什么。因此,晚上营宿时必须将它们拴好,紧紧地固定好铁链子。不然的话,如果让一只狗跑了,就会把所有的食品吃掉或毁坏,整个考察就只好放弃,那结果是很严重的。出于同情和怜悯,我多次建议鲍尔中午给狗一点吃的,但鲍尔就是不肯,当然也是不得已而为之,必须从全局考虑。有一天,鲍尔严肃地对我说:"你可怜它们,我是完全可以理解的。其实,这些狗都是我的,我把它从小养大,又何尝不是如此。但是,我们必须明白,现在的处境是极端艰难而危险的,如果我们被暴风雪所围,或被裂缝挡住去路,一等就得好几天,食品有限,飞机又来不了,必将陷入非常危险的境地。如果东西吃光了,最后没有办法,就只有杀狗来充饥,到了那时候，倒霉的还是它们。所以还不如艰苦一些，争取早一点完成任务，平安回去以后，再让它们好好地补一补。你说呢？"我同意地点点头，但内心还是过意不去，走在路上，常常偷偷地扔点吃的给它们。或者同情地摸摸它们的脑袋，说："你们干得不错，真是太辛苦了。"它们居然也能点点头，或汪汪叫几声，似乎听懂了我的话似的。

当然，实际上它们听不懂中文，但却知道一点英文和爱斯基摩语。出发时先喊一声："ready！（准备）"，它们立刻就站起来，竖起了耳朵，然后说："go！（走）"，它们就会像箭一样冲出去。快走则喊："hup！ hup！"停时则喊："stop！"实际上，它们可能并不懂得这些单词的真正含义，只是习惯了这些声音信号而已。有个队员不懂英语，他站到雪橇以后，便大吼一声："嗨！"狗听了一愣，也都站了起来。他一看还行，便接着叫道："走啊！走啊！"只见那些爱斯基摩狗们你看看我，我看看你，却不知道什么意思。他急了，冲着它们骂到："他妈的！你们怎么不走呢？"狗更加莫名其妙，干脆又趴下了。

经过仔细观察以后，我发现爱斯基摩狗的精神生活还是蛮丰富的。在我那个狗队当中有只黄狗，这种颜色在爱斯基摩狗中是很少见的，可能是一个变种。他体格很壮，身材魁梧，虽不算很聪明，却舍得卖力气。它看中了一只花母狗，在另一队里当头狗，只要一有机会便拼命凑过去想跟她打个招呼。那只花母狗看来也喜欢它，很愿意跟它亲热亲热，但她旁边的公狗却不干，总是紧紧地看护着，只要那只黄狗想来染指，它们就毫不犹豫地冲上去，如果不及时拉开，就会来一场恶战。有一天，那只黄狗终于发情了，夜里睡觉时也不休息，嗷嗷地叫个不停。我还以为它受了伤，检查了半天发现它身上好好的。后来鲍尔告诉我说，它是在招唤它的女朋友，我这才恍然大悟，但也毫无办法。每天都在拼死挣扎，哪有可能成全它们的好事呢？

随着时间的推移，狗的体力消耗很大，明显地消瘦下去，冲劲大不如以前了。特别是最后几天，它们一遇机会就赶快趴下休息，呼喊半天也不愿意站起来。晚上一停下，马上在冰雪上缩成一团，很快就睡了过去，甚至连吃东西都不如以前那样着急了。摸摸它们的身上，只剩一把骨头。虽然看上去仍然绒乎乎的。到达北极点时，它们都已筋疲力尽，如果再走十几天，它们大部分都会死去。此行的成功，固然是由于全体队员的艰苦努力，但若没有它们，那几百千克的仪器设备、日用物资是无论如何也拖不动的。对人来说，无论如何总算完成了一番事业。但它们呢？有的身上负了伤，有的脚掌磨出了血，又能得到什么呢？至多也不过是回去休息一阵之后，再投入下一次的拼搏。我一个个地摸摸它们，连声说："谢谢！谢谢！"它们也纷纷扑过来，站立起来，用两条前腿扶着我。有一只狗脾气不大好，总是喜欢寻衅滋事，招惹是非，不是跟这个吵架，就是跟那个咬嘴。有一天我实在气不过，一时性起，便瞄准它的肚子狠狠地踢了一脚，它疼得汪汪叫着，趴在地上，半天动弹不得。我当时后悔莫及，悔恨自己太粗野，赶快过去扶着它，小心翼翼地给它揉肚子。只见它眼泪汪汪，满腹委屈，但却没有任何反抗的表示。越是这样，我反而更加内疚，那一幕便深深地印在脑海里。现在，我又把它抱了起来，将自己胡子拉碴的面颊，紧紧地贴在它的脸上，想用这样的方式，来表示自己内心的歉意。

当接我们的飞机降落的时候，那些可爱的爱斯基摩狗一个个却显得格外兴奋，它们叫着、跳着向飞机扑去，因为它们知道，回家的时刻终于到了。

当它们排着队，一个个跳上飞机的时候，我却突然心头一沉，觉得有点恋恋不舍。对于人来说，分开之后还可以通信，但与它们，这却只能是永别。

再见吧！那些可爱的爱斯基摩狗！

再见吧！那些永远的朋友！

直到现在，我仍然认为，那些爱斯基摩狗才是世界上最勤奋、最勇敢、最善良、最友好、最坚韧、最耐寒、最忘我、最忠诚、最聪明、最通人性的狗。而且也是付出最多而索取最少的狗。因此，它们才是真正的狗。

生死只在一瞬间

除了给每个人以呼吸的权利之外，上帝还有一件事情是很公平的，那就是生命，不管高低贵贱，每人只有一次，而且相当有限，少则几年，多则几十年，能超过百岁者实在算是寥寥无几。只有他自己是例外，不仅高高在上，而且生命永生，大约正因如此，所以没有人知道他到底是什么样子。

正因为生命只有一次，所以也就特别宝贵，如何把握它就是一个很大的问题。如果生命能有十次八次，人们也就不会如此怕死，许多事情就会好办得多了。像这次北极考察就是如此，又是签合同，又是立文书，如果每个人都有十次八次的生命，又何必如此大费周折呢？

但是，话又说回来，既然有了生命，就得好好地去利用，不去利用，留它何用，反正到时候总是要死的，这叫作有权不用，过期作废。

那么，怎样才能利用好自己的生命呢？这可以有各种各样绝然不同的选择和解释，但有两种心态是普遍存在的：一是在有生之年，每个人总得干点事；二是如有可能，每个人都想多活些日子。这也就是为什么医院里总是人满为患的缘故。

于是便出现了一个矛盾，就是，既要做事就得担风险，这又可能促使生命早一点结束。但是，如果什么事也不干，又会觉得碌碌无为，白白活了这一辈子。因此，每个人都需要对自己所从事的工作做出判断和选择，看看值不值得豁上自己的生命去拼搏。

329

　　这次北极考察就是如此,既非国家派遣,也非单位组织,完全是自觉自愿,而且还得自己努力去争取。放着舒舒服服的日子不过,却偏要跑到冰天雪地里去受苦,这到底为了什么呢? 我想,最根本的原因就在于,大家都觉得这件事值得一干,就是付出生命也在所不惜,因此才会有如此大的决心,如此强的毅力,如此团结奋斗,如此义无反顾。特别是冰上队员,更是危机四伏,艰苦危险,每时每刻都要经受着生与死的考验。

　　就拿驾驶狗拉雪橇说吧,这是一桩玩命的事,随时都有摔伤、撞死的危险,至于断腿折胳臂,就更加容易。刚开始的时候我确实有点害怕,因为不论是死还是伤,都不仅仅关系到个人的命运,而且整个考察计划都会泡汤,后果是极端可怕的。因此,我倍加注意,处处小心,提心吊胆,甚至有点缩手缩脚。尽管如此,仍然危险丛生,防不胜防。有一天,我忍着腰椎的剧痛,好不容易将雪橇扛上冰背,突然,脚下一滑,便连人带撬滚了下去,几百千克重的东西从我身上轧了过去,幸好我躺在两冰块的夹缝之间,才免于一死。当我挣扎着爬起来时,狗拉着雪橇已经跑出了好远,我拔腿去追,跑不几步,双脚则陷进冰缝里,我赶紧俩臂一伸,用力撑住,才没有遭到灭顶之灾。但脚腕已经受了伤,手掌也擦去了一块皮。但是,无论如何也不能掉队,如果一个人落在后面,那将是非常危险的。当我一瘸一拐好不容易追上雪橇时,真想放声号啕大哭,费了好大的劲才使自己平静下来,跳上雪橇,继续赶路。自那之后,我干脆横下了一条心,反正只有一死,不如放开算了。于是,无论在何种危险的情况下,我都死死地抓住雪橇不放,在冰雪之间上下翻滚,在生死之间奋力搏击,反倒觉得更加轻松,没有那么多思想包袱。有一天,在飞越一条冰缝时,情况十分紧急,毕福剑驾着前面的雪橇过去之后,赶紧回来接我,因为我肯定被摔了下来,弄不好还会摔进冰缝里,没想到我却牢牢地站在雪橇上,从他身边飞驰而过,他开心地笑了,连连竖起了大拇指。

　　当然,驾驶狗拉雪橇不过是一个技术性的难题,最大的威胁还是来自冰缝,弄不好就会全军覆没。

　　北冰洋上的裂缝千姿百态,奇形怪状,蜿蜒曲折,冰崖雪壁。有的直接张着大口,海水裸露,翻滚流淌,像一头饥饿的野兽,恨不得把一切吞食;有的刚刚结了一层薄冰,陷阱密布,危机四伏,像一个阴险的魔鬼,等着你误入歧途;有的刚刚破裂,嘎嘎作响,冰碎水涌,像在施着可怕的魔法,使你望而生畏;还有的早已固结,宽阔平坦,延伸数里,像是一条笔直的路,给你一个意外的惊喜。然而,所有这些都在变化之中,固结的可能破裂,裂开的又会重新被冻住。因此,无论何时何地,都要倍加小心,随时准备应付不测,千万不能麻痹大意。

4月25日,一条冰缝挡住了去路,幸好不算太宽,大约只有数米,狗拉着雪橇,奋力冲了过去。然后人再踩着滑雪板,小心翼翼走过去。但是,由于雪橇一过,冰已经压破,所以我绕到旁边,心想也许更保险一些。谁知刚走到中间,右脚却陷了进去,水"哗"地涌了上来,溅了一裤子。幸好左腿踩的冰块还算结实,没有垮下去,否则双脚悬空,必然落入水中。而脚上的靴子有八九斤重,水一灌进去,更像是两块石头,很快就会沉下去。而且,水温在零下两度左右,气温在零下三十多度,即使能够爬上来,也马上会冻成冰棍,很快休克过去。说时迟,那时块,我一看大事不妙,拔腿就往外跳,三蹿两蹦就逃到对岸去了。虽然靴子里进了水,但很快就结了冰,我把那些冰块抠出来,又上路了。后来想起来,真还有点后怕呢!但是,实际上,这不过只是一个小小的警告而已。

4月26日,我们遇上了真正的考验。

上冰以后,一连三天,万里无云,风和日丽。据鲍尔说,在北冰洋上能连续地碰上这样的好天气是罕见的,并把这一切都归功于毛主席,他多次提醒说,这都是毛主席保佑的结果。但到26日上午,天阴了起来,接着雪花飞舞,天昏地暗,四处茫茫,混沌一片,能见度极低,几米之外就看不到任何东西了。这时,我心头一沉,似乎有一种不祥的预感,觉得可能要出问题。果然,走不多远,便遇到了一条冰缝,犬牙交错,宽窄不一,海水乌黑,深不见底,果然是刚刚裂开的。我们沿着它走了很久,想找一个地方跨过去,但都没有成功。看了这种情况,鲍尔有点着急,他把我拉到旁边商量说:"这种情况只

331

有两种选择,一是住下来等,等着冰缝重新冻起来,重新愈合。但这往往需要好几天,弄不好还会愈裂愈宽。而我们携带的食品和燃料都很有限,时间一长,就有走不到北极点的危险,万一有人落水,或者物质沉入海中,结果不堪设想。"说完后他两眼紧紧地盯着我,希望我能表示一点意见。

我虽然知道这是生死成败的关键,但却心中无底,因为实在没有经验,于是沉思片刻,便又反问一句:"你觉得利用浮冰作桥,能有多大把握?"

鲍尔摇摇头说:"把握很难说,但我想应该试一试。"

说实话,自从上冰后,鲍尔和他的副手瑞克则成了我们的灵魂和希望,因为他们不仅是我的朋友,而更加重要的是,亏了他们密切合作,才能胜利达到北极点。特别是鲍尔,这是第三次带队向北极点进军,他在冰上眼观六路,耳听八方,周密指挥,前后关照,烧火做饭,修理雪橇,无所不干,无所不包,走的路比别人多得多,干的活比任何人都要好。每逢危险的时候,他总是冲在前面;每逢困难的时刻,他总是奋不顾身。特别是滑起雪来,更是大展雄风,两臂飞舞,脚下生风,左冲右突,上下跳动,转眼之间,便会消失得无影无踪,使人看了瞠目结舌,觉得他的滑雪不仅是一种生存手段,而且也是艺术表演,真可以说是登峰造极,炉火纯青。再加上他那强壮的体魄,顽强的意志,乐观的精神,诚恳的态度,每到危难的时候,他便哼起了小曲,使你觉得信心倍增,无所畏惧,只要他在场,就没有什么东西能够挡住前进的去路。想到这里,我便点了点头说:"那就干吧!"但心里仍然在嘀咕:"亲爱的鲍尔,这次就看你的了。"

鲍尔找到了一块浮冰,也不过几平方米,一下子跳了上去,利用滑雪杆作浆,就像撑船似的,使那块浮冰移动起来,向另一块更小一点的浮冰靠近。这时,瑞克也跳了上去,他们将拴狗用的螺丝钉拧进冰里,把两块浮冰用绳子连接起来,以免它们漂走。慢慢地,两块浮冰便按照他们的摆布,搭成了一座浮桥,但却不够宽,两边都有一段距离。这时,刘少创、李栓科、赵晋平、毕福剑也都跳了上去,浮冰立刻沉了下去,他们双脚都已浸到水里。刘少创眼快手疾,几步窜到了对岸,用绳子将浮栓拉住。毕福剑跳了过去,用电影摄像机拍下了这一惊心动魄的场面。然而,我们把狗卸了下来,它们一看这阵势,一个个吓得死也不肯往前走,只好连拉带拽,把它们扔上去,运到了对岸。

关键的时刻到了,那么两块小小的浮冰,站上几个人就往下沉,能浮得起几百千克重的雪橇吗?如果雪橇落水,不仅食品、帐篷、枪支都在上面,而且,更加可怕的是,唯一能与外界取得联系的无线电台也将沉入海底。那时候,吃没吃,住没住,外界又不知道,所以也不可能来援救,真是叫天天不应,叫地地不灵,那就是只有死路一条了。因此,每个人心里都七上八下,但谁也不愿意说出自己的顾虑,因为已无道路,只有拼死一试。于是大家齐心合力,首先把浮桥固定好,然后便慢慢地将雪橇推了上去。这时,浮冰迅速地倾斜起来,雪橇眼看就要滑了下去。就在这千钧一发的危急时刻,几个队员急中生智,赶快跳到浮冰的另一头,虽然脚都浸到了水里,但浮冰却渐渐地恢复了平衡,就在这短暂的一瞬,大家一拥而上,把雪橇一个个飞快地拖到对岸去了。刚要松一口气,队伍中唯一一名来自南美洲委内瑞拉的青年队员瑞卡多慌忙一跳,一下子掉到水里去了,幸好他抓住了一块浮冰,才没有沉下去,李栓科和刘少创几步蹿了上去,一把将他拽了上来。只见他脸色苍白,吓得半死。

当最后一名队员张军也平安的渡过来时,大家高声欢呼起来,终于闯过了鬼门关,一块石头终于落了地。

然而,更严峻的挑战还在后头呢。

4月29日早晨,我们的位置是在北纬88°57′45″。按照计划,我们今天要跨过89°大关,也就是说完成路程的一半,那时将有飞机来补充给养,并有记者来采访。然而,天却愈来愈阴,风也越刮越大,并且飘起了清雪,打在脸上,针扎似的。冰情也越来越坏,起伏很大,冰堆如山,裂缝纵横,破碎得很厉害。经过一阵艰苦努力,到下午我们已经接近了89°,正在高兴之际,鲍尔却突然紧张起来,只见前面很昏暗的天空,出现了一道黑黑的乌云,直接与海相连,像一堵铁壁。他先是爬上了一个高高的冰山,向远处张望了一阵子,然后下来告诉我说:"你看到那条黑色的乌云带了吧,那就是watersky,即水色天空,我们已经走到剪切带了。那乌云就是海水蒸发而成的。你们在这里等着,我先到前面去探探路。"说完便匆匆而去。

过了大约不到一刻钟,只见鲍尔从冰山丛中左冲右突,急驰而回,还未到跟前,就喊了起来:"不好!我们已经陷在剪切带里了,冰层破碎厉害,运动很急,北面向东,南面向西,随时都有裂开的可能,我们的处境是很危险的。必须赶快后撤!"听到这里,大家的心都凉了半截,每走一步都要付出全身的力气,好不容易来到89°,又要后撤,那沮丧的心情是可理解的。但是,鲍尔的态度却很坚决,大声吼道:"再不后撤,我们就会全军覆没!"看来没商量的余地。于是,队伍马上掉头往后,大家吃惊地发现,我们刚刚踩出的脚印早已无影无踪了,这才感到问题的严重,同时也感激鲍尔的英明。这时,只听到周围的冰层挤得嘎嘎作响,眼看着在我们的面前就堆起了一道冰层。看到这种情况,一个个目瞪口呆,慌忙逃窜,我和雪橇刚刚翻过冰堆,脚下的海水便哗哗地喷了出来,当时,也说不上是什么原因,是惊讶?是着急?是庆幸?还是怕死?只觉鼻子一酸,眼泪再也控制不住,只好赶紧回过头去,迎着刺骨的北风,把涌出的眼泪冻住。

那天晚上,我们在北纬88°57′45″的地方安营扎寨,后来撤了直线距离差不多有4千米。晚饭的时候,鲍尔告诉大家说,这一带有北极熊,他在前面看到了它们的脚印,要大家睡觉时要提高警惕。另外,因为我们的位置离剪切带还相当近,冰层很不稳定,很容易出现裂缝,所以黑夜千万注意,一旦冰层裂开,要赶快起来逃命。

就这样,那一夜是在沮丧、难过、痛苦、忧虑中度过的,谁也不知道,我们是否能冲过这一关;谁也不知道,我们还能否到达北极点。

果然,第二天醒来一看,我们的旁边出现了一条很大的裂缝。有一只海豹从水里探出头来,远远地往这边张望。这是我们在北极冰上所看到的唯一活物。在那个冰雪世界里,天上没有飞鸟,地上没有小草,连个小虫子也没有,除了我们十几个人和二十条爱斯基摩狗之外,完全是一个死寂的世界。正因为破碎带中有海豹出没，所以才招来了北极熊。于是便对队员们的生命构成了另外一种潜在的威胁。虽然北极熊害怕爱斯基摩狗，听到狗的声音或嗅到狗的味道它们会远远躲开，而我们在行进时往往会与狗落得很远，驾驶雪橇的人当然可以不必担心，但落在后面的队员就会遇到危险，万一有头北极熊从冰堆后面蹿出来，恐怕无论如何也逃不出它的熊掌，那就必死无疑了。值得庆幸的是，我们还没有遇到这样的情况，这大概也是毛主席保佑的结果吧！

4月30日，我们沿着剪切带的南缘，往东走了很久，终于找到了一条由浮冰构成的通路，便以最快的速度穿了过去。回头望去，那条可怕的乌云带终于被我们甩在了身后，于是再一次死里逃生，大家都深深地舒了一口气。

最后的冲刺

　　古人云,百步行,九十则半。也就是说,无论办什么事情,愈到最后,就愈不能松懈麻痹。

　　冰上的最后几天,冰面相对来说比较平坦,但因人狗困乏,都已经到了极限,所以前进的速度也慢了下来,平均每天可以往北挺进12′左右,其直线距离大约为20千米。五月的北京正是春暖花开,万物复苏的季节,但我们每天却必须挣扎在零下三四十度的寒风中,还要不时地应付暴风雪的袭击。所以,每个人都在极坏的状态下默默地忍受着、挣扎着、奋斗着、企盼着,希望能够平平安安地尽快到达目的地。

　　时间到了5月4日,经过一天艰苦跋涉,终于从北纬89°37′走到了89°49′,只剩11′的路程,如果不出意外,明天就可以到达北极点。大家都喜形于色,就像是经过了漫漫的长夜终于看到了鱼白色的黎明。因此,这很可能就是冰上最后的一夜了,不知为什么,大家都很兴奋,似乎在冰上还没有睡够,对这冰雪之夜,还有点恋恋不舍。于是便聚在一起,南腔北调地唱起歌来,中国人和美国人,东方人和西方人,黄种人和白种人,男人和女人(美国队员中有一个十六岁的女孩子),虽然语言不同,心境也不完全一致,却能无拘无束,领会贯通,彼此之间是一点隔阂也没有了。后来,我们中国人又钻进一个帐篷里,自导自演了一场小闹剧,什么"西边的太阳怎么也落不了,北冰洋上静悄悄,想起了遥远的祖国哟,唱起了自编自演的歌谣……",那歌声从帐篷里飞出来,回荡在北极中心的上空。

老天真是作美,连续几天的阴云风雪之后,5月5日却突然给了我们一个好天气,阳光普照,微风吹拂,明显转暖,气温升到－16℃。早晨七点半钟,起来生火做饭,平常总是拖拖拉拉,这天却起得特别齐。十点半拔营起寨,开始向北极点冲击。我的心里仍然惴惴不安,暗暗祈祷着,希望毛主席和上帝保佑千万不要出事。

走着走着,前面又横着一道裂缝,大约有四五十米那么宽,上面浮着一层薄薄的冰。鲍尔让大家停下来,他先上去试一试。结果,他刚刚向上一迈步,冰层则忽悠忽悠地上下颤抖,有些地方开始冒水。大家都为他捏着一把汗,但鲍尔却昂首挺胸,镇静自如,走过去之后,又走了回来,告诉大家说:"虽然有点危险,但必须冲过去。"于是,他指挥大家,分散开来,一个个小心地滑过去。而他自己却赶上狗拉雪橇,大声呼喊着,扬起滑雪杆,猛揍狗的屁股。那些可怜的爱斯基摩狗虽然已经疲惫至极,但可能也知道已经到了关键时刻,否则的话,他们的主人不会如此发怒,于是便竖起耳朵,狂叫着,拼命往前冲去。只见雪橇所到之处,明显地压出一个坑,但鲍尔毫不犹豫,向对岸飞驰而去,刚刚越上坚冰,背后的海水则喷射出来,漫了一地。

大家顾不得背后发生的一切,只管往前进发,走不多远,又是一条裂缝挡住了去路。这是一条正在活动的裂缝,边上已经固结,中间还没有完全冻住。还是老办法,只能飞驰过去,千万犹豫不得。但在一个急转弯处,雪橇翻了,毕福剑却仍然抓住不放,眼看着就要被拖进水里,我和郑鸣在后面大叫:"放开! 放开!"小毕两手一松,雪橇飞驰而去,他躺的地方离水面近在咫尺。

加拿大中部时间5月5日晚上,我们终于来到了北纬89°59′的地方,前面不远处就是北极点了。这时,美国人所带的两台GPS王星定位仪都已冻坏,只有刘少创带的那台仪器还能工作。于是,寻找北极点的光荣任务就落在刘少创的肩上。大家都停下来稍事休息,只派刘少创前去确定北极点的位置。刘少创接受了这一光荣而神圣的任务,穿好滑雪板,带上GPS,显得

337

斗志昂扬，神气十足，脚下一蹬，便兴冲冲地往前滑去。只见他一边滑一边不时地盯着手中的GPS定位仪，就像是在冰上寻宝似的，生怕北极点在自己脚下溜过去。而大家则以急切的目光，盯着他的背影，似乎把一切希望都寄托在他身上似的。

然而，冰是漂的，风是动的，仪器也有一定的误差范围，所以，要精确地确定出北极点的位置并不是一件容易的事。只见刘少创在前面东跑西颠，转来转去，一会儿出现，一会儿消失，足足折腾了大半天，大家都等得不耐烦了，高声叫道："你在那里干什么呢？"

终于，刘少创从地上站起来，向这边招一招手，大家则不约而同地向他冲去。那距离越来越短，那心情愈来愈急。突然，"叭"的一声枪响，三颗红色的信号腾空而起，大家欢呼、跳跃、拥抱、祝贺，有的热泪盈眶，有的喜形于色。这就是历史的一瞬，这就是公元一九九五年北京时间五月六日上午十时五十五分这一永远难忘的时刻。

这一时刻标志着中华民族的足迹终于延伸到了地球的顶端！

这一时刻宣告了中国人在北极以外徘徊的历史已经永远结束！

这一时刻证明了世界上一个最大的民族终于走向了全球！

这一时刻也昭示着全人类必须共同关心我们所赖以生存的这个星球的未来和前途！

就这样，在21世纪到来之前，我们终于完成了中华民族在地球上的最后一次远征，下一个宏伟的目标则应该是飞向太空，对整个宇宙进行探测。因而有诗曰：

雪封大洋冰连天，

脚下步步是深渊。

裂缝纵横危机伏，

生死只在一瞬间。

飞橇直下九百里，
人困狗乏对愁眠。
梦来忽复百花开，
醒时更觉饥肠寒。

万般思虑皆冷漠，
只有冰柱挂嘴边。
四顾茫茫何处去，
忽闻已到北极点。

炎黄子孙齐欢呼，
小小环球已踏遍。
昂首未来望太空，
吴刚嫦娥盼飞船。

男儿有泪不轻弹

北极点终于到了，一阵狂欢和激动之后，我冷静下来往四处一看，仍然是冰雪一片，既无什么特殊的标志，也没有什么明显的区别，如果不是仪器测量，有谁能够相信，这个地方就是北之尽头呢？真可以说它是，它就是，不是也是。说它不是，它就不是，是也不是。这就是为什么皮尔里当年是否真正到达了北极点，到现在仍然争论不休的原因。而且，与南极点不同的是，这里的冰雪是在不停地移动着的，你现在站到了北极点，过不了几个小时，已经漂到别处去了。想到这里，不禁一阵茫然。然而，转念又一想，其实也无非如此，想象中的东西总是非常美好的，而现实中的东西总是非常一般的；追求的东西总是无限完美的，所得到的东西却总是具有缺憾的；奋斗的目标可能是很宏大的，所达到的程度却总是有限的；理想的境界可能是很单纯的，现实的存在却总是非常复杂的。因此，北极点也就不过如此而已，又有什么可以大惊小怪的呢？但是，为此付出的代价却是非常之大的。对整个人类来说，为此奋斗了几万年；对中华民族来说，为此梦想了数千年；对我们这个群体来说，为此奔走呼吁了五六个春秋；而对冰上队员里来说，则为此拼搏了十三天。

因此，李栓科，这个一米八几的刚强铁汉，在困难面前，他从没有动摇过；在危险面前，他从没有畏缩过。但是现在，当终于把北极点踩在脚下的时候，他却流下了热泪，哽咽着说："位老师，我们为之奋斗的目标终于实现了，我们国家的北极事业终于有了一个良好的开始。"

"是的。"我竭力控制住自己的感情，不知是在安慰他还是在安慰自己，"我们总算到了这里，但这才刚刚开始，回去之后恐怕还会面临着更大的困难和考验。"

于是，我又想到了北京机场送别的一幕：栓科五岁的儿子，紧紧搂住爸爸的脖子，哭喊着："爸爸！我不让你去！爸爸！我不让你去！"旁边，刘少创新婚的妻子也在流着热泪，默默不语。

同样的，在纽约，欢送宴会结束之后，一个老华侨，紧紧拉着我的手，嘴唇颤抖着，为我们祝福。泪花在他眼圈里打转，似乎有千言万语，他的经历我虽然无法了解，但他的心情我却完全可以理解。最后，他终于迸出了一句话："中国人站起来了，但中国人不应该忘记过去。"

到了温尼泊，形势出现了危机。签证遇到了麻烦，因为加拿大人不相信，我们中国人能去考察北极。与此同时，经费也出了问题，不知什么原因，迟迟不能到位。而美国方面则下了最后通牒，如果再不拿钱，整个计划就得告吹。真可以说是三面楚歌，只有一条活路，那就是无论如何也得走向北极。那时，我也曾流下过热泪，因为心理上的压力实在太大了，千言万语只能化作眼泪流出。

雷索鲁特机场。当冰上队员乘机而去之后，沈爱民同志也流下了热泪。从1993年开始，他就投入了北极事业，从筹备组的成立到先遣组的落实，从计划的提出到路线的确定，从冬训到组队，从哈得孙湾到白铁湖，他都付出了心血，做出了很大的努力。但是现在，到了最后关键的时刻，就是因为经费问题，他却不能上冰去拼搏，对这样一个曾经当过侦察营长的铁汉来说，就像是看着人家在打仗而自己却不能上阵杀敌一样，其痛苦之大是可想而知的。

北极冰上，寒风刺骨，一天走下来，几乎就要脱一层皮，当张军扛着机器、采访毕福剑时，这个当过七年海军，自认为吃过不少苦的小伙子，无论是松花江还是哈得孙湾，无论是白铁湖还是北极冰面，总是冲在前面，丝毫不曾含糊过的勇士,却突然不能自制,情不自禁地流了热泪,那情那景,有谁能够体会呢?

当然,为北极而流过泪的,还大有人在,真是:男儿有泪不轻弹,只因未到动情时。

因此,北极之路是一条撒满了汗水和泪水、铺垫着热血和生命的路。

生死之交

纯洁的友谊固然可贵,但生死之交就更是难得,因为这不仅要有共同的基础,而且还要有恰当的机遇。

在我这一生当中,朋友是很多的,但生死之交却只有少数几位,这倒不是因为友情不深,而是没有机会共同经受生与死的洗礼。只有在推动北极考察的过程中,逐渐形成了一个"朋友乌托邦"。而在这个邦之中,有一些朋友真可以算得上是生死知己。

当我站在北极点上时,首先想到了刘小汉博士。人是要讲究一点缘分的,而我跟刘小汉博士的缘分首先就在于我们都搞地质。他在中国科学院地质研究所,我则在国家地震局地质研究所,而这两个单位原来本是一家子,所以有一阵子,他办公室就在我的隔壁。当然,离得近也不一定有缘分,有些人即使在一间办公室也是老死不相往来。而我和小汉,虽然年龄相差很大,经历又各不相同,但接触之后很快便成了知己。而我们共同的兴趣则在南北两极。第一次合作则是出版了《南极之梦》一书,这是我们完成的第一个梦。接着,便把兴趣转向了北极。在推动这次北极考察中,刘小汉可以说是不遗余力。按理说,他是最有资格来参加这次北极考察,但他却把名额让给别人,自己甘做幕后英雄。我们出发之后,他则担当起北极指挥部主任的重任,运筹帷幄,倾尽全力。我站在北极点,他留在北京城,虽然相距遥远,但我们的心却息息相通。

343

另一个幕后英雄则是杨小峰，他的本职工作是在人事处，但却也成了朋友乌托邦中的一分子。办展览、拉赞助、当联络、管杂务，费尽心血，倾注全力，把工作做得井井有条，从不计较个人得失。作为一名行政人员，北极与他相距十万八千里，本可袖手旁观，不管不顾。但他却觉得这是有关国家尊严和民族利益的一件大事，岂能事不关己，高高挂起？于是便满腔热情地投入了这一工作。作为北极考察办公室主任，他担负起后勤保障和行政管理的一切重任，除了做好本职工作，便不分昼夜地投入到北极事业。作为北京指挥部副主任，他全力以赴地配合刘小汉运筹帷幄。而所有这一切，既无任何报酬，更无什么待遇，甚至还招惹了许多是非，引火烧身；遭到了人家非议，说他发了大财。而他却胸怀坦荡，一笑置之。虽然做了这么多工作，受了这么多委屈，但在任何新闻报道中却从未出现过"杨小峰"三个字。因此，当我站到北极点时，真想高呼他的名字。

还有张卫，这个一身正气的年轻人，我们的认识更是戏剧性的。1993年夏天某日，我第二次北极考察归来不久，忽然有个中央电视台的同志来找我，说要拍一期"焦点时刻"，那就是张卫，他担任这一期的编导工作。当时他只有二十五岁，看上去还只是一个毛头小伙，但接触之后却觉得，他虽然还有点学生腔，但谈吐不俗，那观点和思路也颇为清新而敏捷，于是便成了忘年之交，他也就成了朋友乌托邦中最年轻的一个。从那以后，他到处摇旗呐喊，北极考察成了他竭尽全力去追求的事业。为此，他废寝忘食，出谋划策，多方张罗，因而得一绰号叫做孙悟空。特别是出国之后，他更是不离左右，以他那流利的英文，担当起重要的角色，办签证、搞联络、订机票、找住所，给我减轻了不少的压力，如果没有他，我的日子会更加难过。作为一个年轻人，他为中国首次北极考察事业付出了太多的心血。然而，当我站在北极点上，盼望着能见到张卫时，他所乘坐的那架飞机因为中途出了故障而返回了。遥望着铅灰色的天空，我感到无限惋惜，虽然张卫一再声明，他到不到北极点都无所谓，但我却觉得，这是他唯一能够得到的回报与补偿。然而毫无办法，只能对天长叹，此时此刻，忽然又想起了毛主席的诗句："僧是愚氓犹可训,妖为鬼蜮必成灾,金猴奋起千钧棒,玉宇澄清万里埃"。

看着一架架降落到北极点的飞机,我思绪起伏,心潮澎湃,谁能说得清楚,为了这一时刻,多少人付出了努力。现在的这一时刻,还吸引着多少人的关注。当刘健、孔晓宁、卓培荣、叶研、孙覆海、王卓、刘刚、吴越、智卫、王迈等同志一个个从飞机上跳下来时,我们紧紧地拥抱,相对而视,却一时不知道该说点什么。本来,我们计划得很好,当到达北极点以后,中国25名队员全部到这里聚齐,那该有多好啊!然而,万分遗憾的是,那架该死的飞机,半路上却出了毛病,只得中途返回,致使翟晓斌、沈爱民、张卫、李乐诗、张军、刘鸿伟、方精云、牛铮等八位同志无法到达北极点,真是"天有不测风云,人有旦夕祸福"。看来,一件事要想搞得完美无缺,虽不能说绝无可能,但也是相当困难的,因为除了主观努力之外,还有客观因素的制约。

于是,我便想起了我们的政委兼副领队翟晓斌同志,《中国科协报》副社长,是朋友乌托邦中官位最高的一个。作为北极考察组的副组长,对北极事业也倾注了不少心血,宣传推动,出谋划策,即使在最困难的时候,也从来没有动摇过。无论是松花江冬训,还是在雷索鲁特基地,他都在组织运筹,做了大量政治思想工作。本来我们约好,要在北极点上好好庆祝一番,为此,他还专门准备了一篇演说。现在,计划完全被打乱了,真是令人恼火!

然而,我仍然抱着一线希望,也许那架飞机修好之后还会赶过来的。可是,时间一分钟一分钟地过去了,始终望不到第四架飞机的影子。最后,我绝望了,也许这是天意。真是:天意不可违啊!

当然,要说是生死之交,冰上队员就更是如此。例如像张军,已经从88°走到了89°,自然很想再加一把劲,一直走到北极点的。但是,由于工作需要,因为他有极好的航拍技术,所以决定派他回去,以便跟着飞机来拍到达北极点时的空中镜头,他虽然恋恋不舍,但却坚决服从。而恰恰他乘坐的飞机中途又出了故障,对他来说,真是终生遗憾。但他却能以事业为重,而把个人得失置之度外⋯⋯

又如李栓科,作为队长,不仅要完成自己的工作,还得左右关照,前后组

345

织，比别人要付出更多的努力。但他决无懈怠，总是竭尽全力，对我更是关心备至。一路上，他把方便让给别人，困难留给自己，危险冲在前面，休息落在后头。在过那条危险的冰川时，他第一个跳上浮冰。当看到有人落水时，他奋不顾身地冲了上去……

还有毕福剑，同样也是如此。如果说，科学工作者因为常跑野外，有所锻炼的话，那么作为一个新闻工作者，却没有这样的条件。因此，同样的冰上生活，他们却必须付出更加艰巨的努力。不仅如此，他们还必须扛着沉重的设备，沿途一直拍下去，常常被落在后面，那是非常危险的，毕福剑却视死如归，毫不含糊，而且在别人休息之后，他还常常在外边连续工作，拍下了许多宝贵的镜头，真可以说是功勋卓著。

至于刘少创，更是生猛，不仅体力过人，而且钢筋铁骨，他看到有几个美国人睡在外面，自己便决定比试比试，所以自始至终他都是睡在冰天雪地里，一天帐篷也没有住过。每天早晨，他总是第一个起床，报告我们所在的方位。每天晚上他又总是最后一个睡觉，因为他必须观测出我们进行的路线和所在的位置。对一般人来说，新婚别离自然会牵肠挂肚，但刘少创却开朗乐观，哪里有困难他就往哪里跑，哪里有危险他就往哪里上。没有人烧水他就去烧水，没有人做饭他就去做饭……

同样的，赵进平和效存德，也都肩负着繁重的科研任务。特别是赵进平，一天走下来，实在是精疲力竭，但在人家都钻进帐篷之后，他还留在冰上继续工作，一干就是大半夜。而存效德是冰上队员中最年轻的，只有二十三岁，但却以坚韧不拔的毅力，英勇顽强地拼搏，每天坚持取样，工作兢兢业业，我们三个睡在一个帐篷，他们把我夹在中间，给以无微不至的关心和照顾……

最后是郑鸣，他是89°才上来的，铁搭一般，力大无比。每次雪橇翻倒，他只要双手一拽，就可以拉起。碰到冰山缝，他用肩一扛，雪橇便翻了上去。有一次过冰缝，他自告奋勇地给别人送滑雪板，来来回回地走了好几趟，脚下的薄冰"叭叭"作响，裂缝中的海水"哗哗"地喷出，我因为担心，对他大喊大叫，发了脾气，他却泰然自若，按部就班，终于完成了任务。所以，只要他在场，我便有了依靠，只要站在他的旁边，我就感到安全得多了。虽然他只走了5天，劲还没有使完，但却和小毕一起，拍摄了大量素材，留下了宝贵的资料……

就这样，我站在北极点上，想起了许多往事，一件一件，一幕一幕，日日夜夜，风风雨雨，苦在一块，乐在一起，有事抢着干，主意争着出，无干群之分，无上下之虑，一帮理想朋友，一群热血斗士，大家走在一起，共同完成了这样一件大事，说是生死之交一点也不过分的。

当然，值得提及的人和事还很多，不可能一一记述。不过，应该说明的是，北极考察绝非我们几个人的能力所能及，而是一种国家行为，也是整个中华民族的历史使命，我们这个小小的群体只不过是一个先遣队，几个马前卒而已，有幸来到此地，真是天赐良机，幸运至极！

思念着远方的亲友，牵挂着周围的同志，相处可能是短暂的，天下没有不散的宴席。但友谊应该是长久的，因为经过了冰雪的磨难，但愿这些生死之交的朋友们永远能在一起！

极点反思

北极点,虽然同样是茫茫一片,但却很不一般,这是地球上唯一没有北西东,所有方向都是南的地方。因此,站在这样一个极特殊的位置,一时间似乎是挣脱了时空的羁绊,冲破了世俗的约束,思绪空前活跃,所思考的问题在这里重叠、碰撞、摩擦、升华,产生了许多新的想法和反思。

关于纯洁之可贵

纯洁,历来是人们追求的目标,崇高的圣物,但以我过去的实践经验而言,在人世之间,真正的纯洁几乎是不存在的。例如,在精神上,人们常常追求"纯洁的爱情",但实际上,谁曾见过"纯洁的爱情"是什么样子?而是恰恰相反,不纯洁的爱情却比比皆是。或者标榜"纯洁的友谊",但同样的,同床异梦,尔虞我诈,却常常发生在爱情和友谊的招牌之下。而在物质上,"赤金"和"洁玉"都是人们梦寐以求的,但在实际中同样也是很难找到的,以至于古人早就发出了"金无足赤,人无完人"和"白玉岂能无瑕"之感慨。

然而,只有到了北极,才真正见到了纯洁,纯洁的冰雪,纯洁的空气,纯洁的蓝天,纯洁的大地,就连人与人以及狗与狗之间的关系也变得相对纯洁起来,因为这里既没有权利之争,也没有感情冲突,大家方向相同,目标一致，生也生在一起，死也死在一起，这样的纯洁在其他地方是很难找到的。因此，如果说这就是友谊的话，那么这也许就可以算得上是纯洁的友谊了吧？

但是，不无遗憾的是，人走到哪里，纯洁也就随之消失，当我们在冰上行进时，人喊狗叫，炊烟垃圾，虽然做出了很多的努力，但纯洁的环境还是被污染了。

当然，尽管如此，周围还是非常纯洁的，我们穿行在纯洁之中，每天享受着纯洁的沐浴。友谊如金，可谓足赤；冰雪如玉，毫无瑕疵。因此可以说，在北极期间，是我一生中度过的最为纯洁的日子。

关于生命之价值

人的一生到底有什么价值，这恐怕是一辈子也很难回答的问题。经冰上的一番磨难，虽不能说茅塞顿开，却也有了一点新的认识。

我在冰上期间，与外界联系的唯一渠道就是那台看上去相当普通的收发报机。这就是我们的生命线。如果与外界失去了联系，那么，无论我们活着，也好似从地球上消失，不会再有人知道，因此也就变得毫无意义。这正如一个宇航员在太空中行走时，必须要有条绳索把他和飞船牢牢地连在一起。只有这样，他的工作才会有价值。如果绳索断了，他就会飘然而去，成为茫茫宇宙中的一个不明飞行物。那时候，无论他活着，还是死了，都将无人知晓，因此也便失去了任何意义，至少对于人类社会是如此。

由此可见，人们常常追求的所谓"个人的生存价值"实际上是并不存在的，要使自己的生命真正有价值，则必须将它与周围的社会或集体紧密地联系在一起。正如身体是灵魂的躯壳一样，社会或集体则是生命的载体，如果没有载体，生命便失去了依托，也便失去了存在的价值。

349

关于想、说、做

要干成一件事情，往往需要三部曲，那就是想、说、做。当然，若是一件小事，无须别人帮助，则可以不说，想好后只做就是了。但若是一件大事，需要许多人共同努力，说则是非常重要的，以便唤起民众，寻求支持者。

由此看来，无论干什么事，想则是第一步，如果连想也不敢去想，则将是一事无成，成功的希望绝对等于零。当然，想也要想得尽量正确一些。所谓正确，就是要使自己的想法尽量合乎客观的可能。如果想入非非，不着边际，则会误入歧途，浪费了时间与精力。

但是，最重要的还是做。如果想得再好，说得再多，却不敢去实践，或者一遇到困难就往后缩，也是不行的。因为，无论干什么事情，都不可能一帆风顺。一般来说，事情愈火，困难愈多。而且，也不应该期望什么事情都一帆风顺，如果一个人一辈子都一帆风顺，那就成了"饭来张口，衣来伸手"的笨蛋一个。

当然，想也想得很好，说也说得不错，也不一定就能成功，因为客观情况往往是复杂多变的。这就叫做谋事在人，成事在天。天，即客观条件也。如果客观条件不允许，即使再努力也是没有用的。

这次北极考察之所以能够成功，我们之所以能够到达北极点，就是不仅我们想、说、做这三部曲都完成得很好，而且客观条件也比较成熟的缘故。当然，好事多磨，这期间也克服了许多困难，经历了不少风风雨雨。因此，我们有一句口头禅："如果没有困难和危险，还要我们这些人干什么？"

想起了毛主席

我们这一趟北极之行，虽然也遇到了许多危险和困难，但却终于顺利地到达了北极点，小伤是有的，并无大的伤亡。鲍尔一路上总是半开玩笑地说："这都是毛主席保佑的结果。"有时我也想，也许真是如此。因此，当我站在北极点上的时候，自然而然又想起了毛主席。

毛主席不仅是一位伟大的革命家、政治家、军事家，而且也是一位伟大的诗人。他的诗句不仅是这中华民族文学宝库当中的一笔重要财富，而且在世界文坛中也熠熠生辉，光彩夺目。

不知为什么，当我站在北极点上时，却突然想起了毛主席的一首诗，即：

水调歌头

游泳

一九五六年六月

才饮长沙水，

又食武昌鱼。

万里长江横渡，

极目楚天舒。

不管风吹浪打，

胜似闲庭信步，

今日得宽馀。

子在川上曰：

逝者如斯夫！

351

风樯动，

龟蛇静，

起宏图。

一桥飞架南北，

天堑变通途。

> 更立西江石壁，
>
> 截断巫山云雨，
>
> 高峡出平湖。
>
> 神女应无恙，
>
> 当惊世界殊。

当然，这是50年以前的诗。那时候，武汉长江大桥正在规划之中，而长江三峡水库还只是在诗人头脑里的想象而已。但是，现在，不仅好几座长江大桥早已通车，三峡水库也已经施工，我们的卫星也早已上天，炎黄子孙的脚步也终于延伸到了南北两极。于是，心情激荡，豪情满怀，斗胆包天，偷梁换柱，临摹成如下诗句：

水调歌头
一九九五年五月六日

> 先饮南极水，
>
> 后食北极鱼。
>
> 万里山川飞度，
>
> 极目苍天舒。
>
> 不管风暴雪狂，
>
> 胜似腾云驾雾，
>
> 魂系梦中路。
>
> 子在天上曰：
>
> 生者如斯夫！
>
> 日月动，
>
> 两极静，

连广宇。

一星飞转太空，

天地变通途。

再看环球如玉，

更有长龙飞舞，

沧海起宏图。

毛公应无恙，

当惊宇宙殊。